DE

LA VIE

ET

DE SON INTERPRÉTATION

DANS

LES DIFFÉRENTS AGES DE L'HUMANITÉ

PARIS. — IMP. SIMON RAÇON ET COMP., RUE D'ERFURTH, 1.

DE
LA VIE

ET

DE SON INTERPRÉTATION

DANS

LES DIFFÉRENTS AGES DE L'HUMANITÉ

PAR

CHARLES ET HECTOR JANTET

DOCTEURS EN MÉDECINE

PARIS

F. SAVY, LIBRAIRE-ÉDITEUR

20, RUE BONAPARTE. 20

1860

DE LA VIE

ET DE SON INTERPRÉTATION

DANS LES DIFFÉRENTS AGES

DE L'HUMANITÉ.

PAR

JANTET Charles et **JANTET Hector,**

Docteurs en Médecine

MONTPELLIER,

IMPRIMERIE L. CRISTIN ET Cᶜ, RUE CASTEL-MOTON, 5.

1860

PRÉFACE.

L'ouvrage que nous publions, et que nous avons jugé à propos de faire précéder d'une classification des sciences, renferme quatre parties.

Dans un premier chapitre, nous exposons la vie telle que nous la comprenons ; telle que nous l'ont fait connaître nos études anatomiques et physiologiques. Une seule chose aurait pu nous arrêter dans notre interprétation donnée à l'existence organique : les sentiments affectifs, les preuves morales, socratiques.

Longtemps, ces raisons admirables, exposées dans le Phédon par le disciple du vertueux martyr de la liberté de penser, nous ont préoccupés ; ce n'est pas sans chagrin que nous les avons abandonnées. Lancés sur la pente fatale du doute, nous avons dû subir toutes les conséquences du raisonnement ; ne voir que la réalité : triste et sombre parfois !

Les explications théologiques, métaphysiques,
théologo-métaphysiques actuelles, données à la
vie, et le plus ordinairement par des hommes
très-éclairés, étaient bien propres à nous faire
prendre une détermination radicale. Sur le vaste
problème de notre existence, préoccupation incessante de l'intelligence, nous n'avons trouvé
que fluctuations permanentes, oscillations successives, incertitudes perpétuelles : oscillations
et incertitudes qu'atteste trop l'analyse des principaux systèmes ontologiques contemporains ;
analyse présentée dans un deuxième chapitre
de notre ouvrage.

Accepter un système philosophique, fixer
nos idées sur une doctrine anthropologique,
était le but de nos investigations. Mais, à quel
système devions-nous acquiescer, à quelle doctrine pouvions-nous adhérer, lorsque tant de
sectes psychiques se présentent, chacune avec
la prétention singulière, mais hautement avouée,
de posséder seule la vérité ? Concilier les systèmes, prendre un lambeau de l'un, un lambeau
d'un autre ; pratiquer l'éclectisme, est un moyen
terme qui nous a toujours répugné, en science
comme en toute autre chose, et que nous avons
dû rejeter. Rester dans un doute perpétuel,

répéter avec certains esprits craintifs : çà peut être, comme çà ne peut pas être ; on ne s'inquiète pas de ces choses-là, est un pyrrhonisme insupportable , sinon absurde. Retourner vers le passé théologique était chose impossible, du jour où nous avions demandé à la raison compte de nos croyances. Et même en admettant cette possibilité, quelle croyance religieuse aurions-nous pu accepter, lorsque des milliers de sectes théologiques , aussi innombrables que les sectes métaphysiques, psychiques, possédant encore chacune , comme ces dernières, la prétention de posséder seule la verité , divisent les opinions des peuples et des Gouvernements, pour des questions que l'humanité à venir appréciera sainemènt ; mais dont heureusement elle n'aura pas à subir les funestes, les sanglantes conséquences ?

En réfléchissant à toutes ces interprétations, nous avons été amenés involontairement à en rechercher la cause. Cette cause, nous l'examinons dans un troisième chapitre ; et, comme corollaire de ce que nous venions d'avancer, nous avons donné, dans un dernier chapitre, un aperçu général des phases par lesquelles a passé l'anthropologie : aperçu général prouvant que, dans tous les siècles, dans tous les âges, les notions ontologiques ont présenté les mêmes fluctuations, les mêmes variantes, les mêmes incertitudes.

En analysant les systèmes philosophiques, nous avons été frappés de la supériorité de l'antique philosophie sur la philosophie contemporaine : les penseurs Grecs produisant des conjectures, des hypothèses individuelles ; les philosophes modernes reprenant ces conjectures, ces hypothèses et tâchant toujours de les concilier avec les notions théologiques de leur époque. Ce qui nous a fait dire bien des fois : les sciences progressent dans des proportions merveilleuses ; seule, la philosophie fait l'inverse.

En publiant un ouvrage, l'auteur a un but : notre seul but, notre seul désir, c'est de protester contre des hypothèses qui ont tant nui à l'anthropologie, et qui aujourd'hui encore rendent irréconciliables deux facultés de médecine célèbres.

Bien souvent des expressions par trop vives nous ont échappé, nous le reconnaissons et le regrettons. Des idées sont exposées plusieurs fois sous des termes différents ; mais ces répétitions qu'on pourra condamner, nous les avons crues nécessaires, surtout dans le chapitre des entités, afin de mieux nous faire comprendre.

Que le lecteur ne s'arrête pas à ces particularités ; qu'il voie l'ensemble de l'ouvrage ; qu'il laisse dans ses appréciations ces mille considérations banales et méchantes que le cœur humain est trop facilement porté à accueillir ; qu'il respecte notre manière de dire en tant qu'elle ne relève que de notre conscience, de notre raison, indépendante et libre de toute contrainte morale, de tout préjugé.

C'est aux médecins plus particulièrement que nous nous adressons ; c'est d'eux que nous attendons les vraies, les saines appréciations, car seuls ils sont initiés à la structure de notre merveilleux et incomparable organisme.

DE LA VIE

ET DE SON INTERPRÉTATION

DANS LES DIFFÉRENTS AGES

DE L'HUMANITÉ.

CHAPITRE PREMIER.

CLASSIFICATION DES SCIENCES.

Tous les êtres offrent, dans leurs gradations successives, des nuances tellement imperceptibles, qu'il est très difficile, impossible même, de jeter entre eux une ligne de démarcation parfaite; vérité exprimée déjà par Aristote : « La transition des êtres se fait peu à peu dans la nature; la continuité des gradations couvre les limites qui séparent les êtres inanimés des animaux , et soustrait à l'œil le point qui les divise. » (H. A. A.)

Quoiqu'un anneau immense relie toutes les existences, et de tant d'êtres fasse un tout indissoluble ; quoique l'unité la plus admirable subsiste sur la planète entière, l'homme a dû, pour se rendre compte de l'organisation de ces êtres , de leurs phénomènes ; pour parvenir plus facilement au but de ses recherches investigatrices, établir une division artificielle entre tous les corps de la nature. Les uns, il les a qualifiés du nom de corps inorganiques ; les autres, du nom de corps organiques : division fondée principalement sur la nutrition, ce vaste et grand mouvement d'échanges perpétuels qui constitue la vie.

La science première , la science de tous les êtres s'est donc trouvée scindée en deux branches secondaires : l'une, appelée science inorganique ou physique ; l'autre , organique ou biologique, division que nous devons toujours considérer comme purement artificielle ; car naturellement le savoir est un, la science est une par le fait de l'union inextricable, indissoluble de tout ce qui constitue la nature.

Si les pénomènes manifestés par les corps organiques et par les corps inorganiques ont nécessité , par leurs dissemblances , la division de
la science mère commune de toutes les autres ,
en science physique et en science physiologique , ou mieux biologique ; de même les différences offertes par les phénomènes de chacune
d'elles ont nécessité leur subdivision en plusieurs branches secondaires . Pour se rendre
compte des corps soit organiques , soit inorganiques , pour comparer leurs phénomènes, juger
de leurs manifestations , il a fallu grouper ou
diviser les faits , en former des catégories ,
qualifier ces catégories , leur donner un nom ;
en un mot, constituer autant de sciences.

Malheureusement , l'homme n'a pu s'arrêter
dans la division du savoir. L'esprit de subdivision, de morcellement , de mutilation , cachet
des recherches scientifiques actuelles , l'a jeté
dans une voie telle que chaque jour une nouvelle science surgit; il suffit que des moyens
d'investigation apparaissent pour constituer une
nouvelle branche de connaissance. Hier, nous
avions la Microscopie ; aujourd'hui , nous possédons la Mérologie, l'Élémentologie, l'Hydrologie,
l'Ovologie, la Stœchiologie, etc. Où s'arrêtera

ce morcellement, cette division, subdivision du savoir? C'est assez difficile de le prévoir. On fait pour les sciences ce qu'on pratique en pathologie où chaque symptôme, chaque phénomène morbide va bientôt constituer une maladie particulière. Triste siècle que le nôtre ! Siècle d'analyse, où les vues générales sont sacrifiées aux vues particulières ; où l'on entasse détails sur détails, observations sur observations, non pas pour arriver à la connaissance de la nature, pour reposer son esprit dans la contemplation des lois du monde et celles de l'homme, contemplation qui seule, comme l'a écrit Bordeu, fait le véritable médecin ; mais pour satisfaire certains mobiles étroits, mesquins, que l'esprit, naturellement égoïste de l'homme, est trop porté à poursuivre.

Une des plus fâcheuses conséquences, mais une conséquence nécessaire, inévitable d'un tel démembrement, c'est qu'aucune liaison, aucune solidarité n'existe dans le savoir. Comment cette solidarité pourrait-elle exister avec cette profusion de sciences secondaires remplies de détails aussi futiles que nuisibles, servant le plus ordinairement à obscurcir l'intelligence ? Pourquoi existerait-elle, lorsque le but des investigations actuelles est trop souvent d'observer, de découvrir des phénomènes pour étayer les préjugés, et non pour faire luire la vérité dégagée de toute espèce de notions fictives ?

L'antique Grèce comprenait bien autrement le savoir et son unité. Elle ne possédait pas comme nous des savants étrangers les uns aux autres, démembrant les sciences, constituant avec leurs lambeaux autant de branches scientifiques secondaires ; elle n'avait pas, ainsi que l'a dit, avec tant de raison, le savant traducteur des œuvres hippocratiques, M. Littré, ces corps savants composés d'éléments complètement hétérogènes : ces académies sans corps et sans tête, où les sciences organiques et les sciences inorganiques se regardent sans se comprendre, s'y parlent sans s'écouter ; ces académies, à sections de sciences morales et philosophiques, où des hommes ignorant les lois de la vie individuelle, raisonnent, avec les préjugés et les croyances de leur siècle, sur les lois de la vie collective. Sous le nom modeste de philosophes, les sages de la Grèce cultivaient toutes les sciences. Aucune n'échappait à leurs investigations. Tous avaient le sentiment profond de l'unité et de la solidarité du savoir. Tous étaient pénétrés de cette vérité : que toutes les parties du monde ont un tel rapport et un tel enchaînement l'une avec l'autre, qu'il est impossible de connaître l'une sans l'autre, et sans le tout : pensée formulée par Pascal, mais dont l'origine ne remonte ni à cet homme célèbre, ni à Aristote, ni à Hippocrate, mais à Pythagore, dont l'intelligence perçoit l'homme dans le monde, le microcosme dans le macrocosme.

Brisée après la chute des républiques grecques, dans ces tristes siècles de discussions monacales d'Alexandrie, précurseurs du moyen-âge, où la psychologie joua un rôle si brillant, cette unité, cette solidarité du savoir devait reparaître avec le réveil de l'esprit humain. En effet, elle n'a pas échappé aux philosophes modernes, surtout aux philosophes du XVIIIe siècle.

Dans son esquisse remarquable du tableau historique des progrès de l'esprit humain, Condorcet a écrit : « Tel a été le progrès général des sciences, qu'il n'en est aucune qui puisse être embrassée dans ses principes, dans ses détails, sans être obligée d'emprunter le secours des autres sciences. »

A peine ces paroles avaient-elles été exprimées, que Cabanis reprend : « C'est sans doute une belle idée que celle qui considère toutes les sciences comme formant un tout indissoluble, ou comme les rameaux d'un même tronc, unis par une origine commune ; mais, quoique toutes les parties des sciences soient unies par un lien commun, quoiqu'elles s'éclairent et se fortifient mutuellement, il en est dont les rapports sont plus multipliés, qui se prêtent des secours plus nécessaires ou plus étendus. »

A-t-on tenu compte de ces paroles ? A-t-on reconnu la solidarité des sciences ? Non. Au lieu d'imiter les philosophes grecs, de réunir le savoir, de le faire servir à un but unique : au perfectionnement de l'espèce humaine ; de le considérer comme un vaste tronc d'où émergent autant de rameaux, on continue à le scinder, à le diviser ; et, de cette mutilation, il arrive que ce sont les ergoteurs, les sophistes qui s'occupent des plus hautes questions, des plus vastes problèmes. Non seulement, on ne saisit pas l'enchaînement réciproque des sciences, on ne comprend pas combien elles sont solidaires, étroitement unies, combien elles se prêtent de secours mutuels ; mais même on ne se rend point compte de ce qui constitue le savoir. Partout les procédés, les moyens d'investigation étant substitués à l'objet étudié, l'imagination se plaît non seulement à confondre les sciences, mais encore à en multiplier le nombre.

Auguste Comte, partant de cette idée : que toutes les sciences sont solidaires, qu'un lien indissoluble les unit, les a dogmatisées dans la hiérarchie suivante : mathématique, astronomie, physique, chimie, biologie, sociologie. Certes, cette classification est bien belle ; non seulement elle simplifie les sciences, elle les réduit à un corps parfaitement délimité ; mais elle a de plus cet avantage de faire apercevoir de suite la gradation admirable par laquelle doit passer l'esprit humain pour arriver à la connaissance du monde et à celle de l'homme ; de montrer combien l'étude des êtres inorganiques est nécessaire pour parvenir à l'étude des êtres animés, et de là à la connaissance des lois de l'humanité. Aussi, satisfait-elle d'abord pleinement l'esprit ; mais pour peu qu'on réfléchisse, on voit bientôt qu'elle est défectueuse, et que son imperfection porte sur la substitution des moyens d'investigation à la science elle-même, moyens d'investigation qui constituent alors la science.

Prenons la mathématique : est-ce une science ? Si nous nous pénétrons de ce qui constitue une science, si nous savons que la science est un ensemble de faits, nous pouvons nous prononcer et avancer que la mathématique n'est qu'un ensemble de procédés propres à dévoiler et à faire progresser le savoir. En effet, quel fait trouve-t-on dans la mathématique ? Aucun. On y voit un ensenble admirable de définitions, de propositions, de notions abstraites, en un mot, de procédés. « Les mathématiques auraient été perpétuellement de pures spéculations, de simples curiosités et d'une entière nullité, si l'on n'eût trouvé le moyen de les associer aux vérités physiques. » (Buffon.)

On a très-bien saisi la différence existant entre la mathématique et les sciences ; car, tandis que ces dernières étaient qualifiées du nom de sciences physiques, les mathématiques étaient rangées parmi les sciences dites abstraites. Ces sciences abstraites ont été nombreuses ; leurs représentants devaient être fiers de voir figurer la mathématique parmi elles. Que de fois, se fondant sur cette prétendue science, ils s'en sont servi pour étayer leurs notions absolues ! Mais peu à peu ces sciences abstraites s'écroulent ; les unes sont considérées comme un corps de fictions, les autres rentrent dans le domaine de la science de l'homme. Seule, la mathématique subsiste et subsistera toujours, car ce n'est point un ensemble de fictions, mais un merveilleux corps de procédés des plus simples, de moyens d'investigations admirables, s'offrant à l'homme pour la connaissance de tous les corps, de tous les phénomènes de la nature, en aidant l'observation et en apportant des instruments aux expériences.

Et la chimie, est-ce une science ? Non. Notre négation paraîtra étrange, mal fondée. Cependant, si quelque chose pouvait montrer la vérité de nos paroles, certes c'est la malheureuse confusion que la création de la chimie a jetée dans le savoir. Constituée avec un lambeau d'une science, avec un lambeau d'une autre, la chimie a tout envahi, tout absorbé. Sans doute, nous n'avons plus comme au temps de Fourcroy, huit chimies, entre autres la chimie philosophique, la chimie économique, météorique, manufacturière, etc., mais nous possédons toujours une chimie organique, une chimie animale, une zoochimie dont le domaine s'étend tellement aux détriments de la biologie, que dans ce gouffre béant viendra s'engloutir l'étude de tous les êtres organisés : conséquence funeste de ce que la science est encore ici remplacée par les moyens d'investigations.

Ainsi, pour parvenir à la connaissance exacte du corps humain, machine merveilleuse, incomparablement supérieure à celles créées par le génie de l'homme, l'organisme devait être étudié dans toutes ses parties.

Avant les travaux de Bichat, les anatomistes se contentaient d'étudier l'anatomie descriptive. Après cet illustre médecin, on s'est mis à étudier l'anatomie générale ; mais ce qu'on négligeait et ce qu'il importait surtout de connaître, c'était l'anatomie des parties élémentaires. Pour une telle étude, il fallut quitter les pinces, le scalpel, recourir à des procédés chimiques. Les anatomistes en abandonnent l'étude, les chimistes s'en emparent ; alors chimie animale, zoochimie, procédés substitués à la science : conséquence fatale, inévitable, de ce qu'on ne s'était pas rendu compte de la nature même du savoir.

L'astronomie a besoin des mathématiques ;

a-t-on créé une astronomie mathématique ? L'astronomie s'appuie sur la physique ; a-t-on une astronomie physique ? La physique s'étaye sur la mathématique ; dit-on physique-mathématique ? Non, et avec raison, car on comprendrait de suite que s'il en était autrement, les moyens d'investigation seraient substitués au sujet étudié, et constitueraient autant de sciences.

Ce qui paraîtrait ridicule dans les autres sciences, existe malheureusement dans la biologie.

L'affection connue sous le nom de glycosurie offre un symptôme caractéristique : la présence du sucre dans l'urine. Par quel moyen sommes-nous parvenus à constater l'existence de ce principe hydro-carboné ? Par des procédés chimiques. Dirons-nous alors chimie-pathologique ? Non, car nous savons que nous faisons non pas de la chimie, mais bien de l'anatomie pathologique, à laquelle nous n'arrivons qu'après l'étude anatomique et non chimique des principes constitutifs de l'urine à l'état normal.

L'urine renferme de l'albumine ou la matière colorante de la bile ; le sang est privé d'un certain nombre de globules. Si l'on constate par des procédés chimiques la présence de l'albumine, de la matière colorante de la bile ou la diminution des globules, dira-t-on chimie-pathologique? Substituera-t-on les procédés, les instruments à la science elle-même?

On ne le fait point pour l'anatomie pathologique, et l'on ne craint pas de le réaliser pour l'anatomie normale!... Pourquoi en serait-il autrement? Il fallait fonder la chimie animale, il fallait lui donner des assises, et ces assises comment les former, sinon avec les débris des autres branches de connaissance.

Observation bien digne d'être notée : plus les procédés chimiques servent à faire progresser une science, plus cette science, par une malheureuse compensation, leur paie un large tribut. L'anatomie doit beaucoup aux procédés chimiques ; aussi a-t-elle vu son domaine envahi par ces procédés, dans une proportion égale aux secours qu'elle en a reçus. L'astronomie ne doit rien à ces moyens d'investigation ; aussi n'avons-nous pas de chimie astronomique. Si l'astronomie devait quelques progrès à ces procédés, soyons certains que depuis longtemps nous posséderions une chimie astronomique.

Nous ne craignons pas de le dire : c'est une manière fâcheuse d'interpréter les données expérimentales ; car alors la convergence des idées qui doit régner dans les sciences , fait place à une divergence fatale au progrès scientifique.

Pour voir à quelle confusion , à quel chaos on arrive en substituant les procédés employés par une science à cette science elle-même , on n'a qu'à jeter un regard sur un traité de chimie. Sous le nom de chimie animale, de chimie organique, on y voit la description des parties les plus importantes de l'organisme ; et cette description prend chaque jour une extension telle, que l'anatomie sera bientôt absorbée par la chimie.

Dans leur traité des principes immédiats , MM. Robin et Verdeil se sont élevés contre un tel empiètement fait par la chimie aux dépens de l'anatomie ; mais, inconséquents avec eux-mêmes, ils décorent leur ouvrage du titre de : Traité de chimie anatomique. Agir ainsi , c'est ne parvenir jamais à faire cesser la confusion qui règne dans les sciences.

Si l'étude des parties élémentaires , des principes immédiats du corps humain fait partie de la chimie, que devient l'anatomie ? Sera-t-elle réduite à l'anatomie descriptive, cette anatomie faite et refaite tant de fois depuis Vésale , cette

anatomie qu'on amplifie, qu'on surcharge chaque jour d'une foule de détails aussi futiles que
stériles ? Oui , cela existe malheureusement aujourd'hui. Qu'on entre dans une école de médecine , qu'on assiste aux leçons d'un professeur
d'anatomie ; une partie seule de l'étude statique
du corps humain y est exposée, celle qu'on
désigne sous le nom d'anatomie descriptive.
Point d'exposition des parties élémentaires ,
point de description des principes immédiats ,
pas même celle des sécrétions ; tout cela est du
ressort de la chimie : bile , sang, chyle, lymphe,
tout rentre dans le domaine de la chimie.

Cette manière de comprendre la science anthropologique n'est pas sérieuse. Le corps doit
être scruté , exploré dans toutes ses parties
constitutives , solides et liquides. Pour cette
étude , qu'on emploie un moyen d'investigation
quelconque , qu'on se serve d'un procédé chimique, physique, microscopique, peu importe ;
on fait de l'anatomie. Pourquoi abandonner à la
chimie une partie de l'étude statique de l'être
humain ?

Nous parlons du démembrement de l'anatomie aux dépens de la chimie. Une telle mutilation se pratique également aux détriments de la

physiologie, et ces empiètements sont tels que bientôt l'étude de la partie dynamique du corps humain fera partie de la chimie. Qu'on ouvre un ouvrage de chimie, de suite on aperçoit un mélange d'anatomie et de physiologie. A côté de la description du sang, de la bile, du chyle, se place celle des phénomènes physiologiques, parce que les procédés sont encore ici substitués à la science elle-même.

Qu'est la physiologie ? L'étude des actes accomplis dans l'organisme. Comment arriver à cette connaissance? Par des procédés chimiques, physiques, mathématiques. Ainsi, pour connaître la vision : procédés mathématiques; pour comprendre l'action des nerfs : expériences physiques; pour arriver à la connaissance des actes de l'appareil digestif : expériences chimiques. Dira-t-on alors chimie-physiologique, physique-physiologique? Oui, on l'a fait, et ceux qui ont lu les traités de chimie, ont dû être frappés d'une telle division.

Puis, que des découvertes s'accomplissent en physiologie; pour les uns, elles ne sont point physiologiques; pour d'autres, elles le sont; pour ceux-ci, elles sont physiques; pour ceux-là, chimiques. Au lieu de réunir tous les actes de l'organisme sous le nom collectif d'actes physiologiques, on les scinde, on les divise, on en fait rentrer une partie dans la physique, une autre dans la chimie; enfin, on ne craint pas d'en admettre qui soient dépendants d'une prétendue science : la psychologie humaine; nous disons humaine, car l'ange de l'école a traité de la psychologie des esprits. On a alors des actes physiques, chimiques, vitaux, psychiques; en un mot, on annihile la physiologie, on pratique dans l'étude de l'être humain, considéré à l'état dynamique, ce qu'on pratique en anatomie. On avait la chimie anatomique, animale, la zoochimie, la microscopie anatomique; on a également la physiologie chimique, la physiologie physique, expérimentale, philosophique, psychologique, etc.

Si la nature de la science avait été comprise; si l'on s'était rendu compte de ce qui la constitue, on aurait évité une telle mutilation, on n'aurait pas eu toutes ces dénominations des plus vagues, on n'aurait eu qu'une seule anatomie, qu'une seule physiologie : l'anatomie de toutes les parties constitutives du corps, la physiologie de tous les actes organiques.

Pour ceux qui admettent une chimie organique, un enchevêtrement tel existe entre cette
chimie et la physiologie qu'il est très difficile,
nous pouvons même dire impossible, d'assigner à chacune un domaine respectif. —
Où commence la chimie physiologique, où
finit-elle? D'où part la chimie organique, où
s'étend-t-elle? Questions des plus ardues qui,
font qu'aujourd'hui les uns appellent physiologique ce que d'autres qualifient du nom de
chimique.

Pour détruire cette confusion, pour séparer
d'une manière radicale la physiologie de la
chimie, on pourrait accepter une seule chimie, celle qui a pour sujet l'étude des corps
inorganiques, et pour but les différents phénomènes résultant de l'action réciproque des
divers éléments les uns sur les autres.

Mais pourquoi voudrions-nous que le minéralogiste conservât ce mot de science chimique, lorsque nous le repoussons? Pourquoi
l'accepterait-il, lorsque nous l'excluons du
domaine organique? Ou tout l'un, ou tout l'autre; il faut être logique. Si la chimie des corps
bruts, inorganiques, est conservée, nous ne

voyons pas de quel droit la chimie organique ne subsisterait pas. Faire autrement ce serait s'engager dans une déplorable querelle de mots.

Nous avons fait observer qu'une partie bien restreinte de l'anatomie est actuellement enseignée dans les amphithéâtres de médecine; que la plus grande partie rentre dans le domaine de la chimie. Ce que la chimie organique a produit dans l'étude statique de l'être humain, la chimie inorganique l'a réalisé en minéralogie.

Aujourd'hui, qu'est cette dernière science? qu'est la géologie? Air, eau, minéraux, tout rentre insensiblement dans la chimie inorganique. A la géologie, à la minéralogie, il ne reste plus qu'un misérable squelette: à l'une, la classification des terrains; à l'autre, la classification des minéraux. Ces deux sciences naturelles, ces sciences premières, ces sciences fondamentales, si utiles, si nécessaires au médecin, ne sont plus aujourd'hui que des cadavres; les moyens d'investigation ont pris leur place.

Cette division, cette confusion des sciences,

frappe l'esprit de tout homme qui veut réfléchir. Des connaissances nouvelles viennent
sans cesse s'ajouter aux anciennes, des faits
nouveaux viennent sans cesse grossir les anciens. Observations, expériences, rien n'arrête
des hommes désireux de parvenir à la découverte de la vérité. La physique, la chimie,
la mathématique, l'astronomie sont scrutées,
explorées de mille et mille manières; mais
on est péniblement affecté en songeant que
tant d'observations, tant d'expériences, loin de
servir au progrès, tournent bien souvent contre
le progrès lui-même; car la nature, l'histoire
de tous les êtres, sans en excepter l'homme,
au lieu d'être embrassée dans son ensemble,
est scindée, mutilée. Le botaniste s'occupe de
classer les végétaux, d'en décrire les formes.
Il cueille les plantes, examine les pétales,
les étamines. Tout le reste du savoir lui est
étranger. Parlez-lui des phénomènes de composition et de décomposition, de l'homme,
de l'animal, de la vie, il l'ignore le plus souvent. Et le minéralogiste! Comme le botaniste,
il classe ses minéraux; il en examine les formes
extérieures. Quant au reste du savoir, à quoi

bon s'en occuper? Et le géologue! Oh! celui-ci
a assez à faire de classer les terrains sans aller se livrer à l'étude du reste du monde et à
celle de l'homme.

Quel aboutissant peut avoir alors la science
lorsqu'aucune liaison n'existe entre les diverses branches des connaissances humaines?
lorsque chacun travaille dans une sphère des
plus étroites? lorsqu'on ignore que le vrai savoir ne consiste pas à accumuler faits sur
faits, pour la simple satisfaction de faire de
la science pour la science, mais bien pour
servir au bonheur de l'espèce humaine.

Nous avons dit qu'une conséquence des
plus tristes, mais une conséquence logique,
nécessaire du démembrement des sciences,
c'était de briser l'unité, la solidarité du savoir.
Une cause bien plus puissante de cette rupture, ce sont les notions absolues, les croyances, les fictions théologiques. Elles n'ont pas
seulement jeté un abîme entre les êtres organiques et inorganiques, mais entre les êtres
organisés eux-mêmes: plante, homme, animal, tout a été divisé par elles. Ces êtres,
leurs propriétés, ont été considérés comme

radicalement distincts. De là des sciences physiques, physiologiques, psychologiques, n'ayant
entre elles aucun enchaînement, aucune liaison.

Plus qu'aucune autre science, l'anthropologie a souffert de ces notions absolues. Au
lieu d'embrasser l'étude de l'homme dans son
véritable ensemble, au point de vue physique,
moral, intellectuel, l'anthropologie est scindée,
mutilée. Des rhéteurs, complètement étrangers
à l'organisation humaine, parlent de l'âme, de
ses facultés, des esprits animaux; ils traitent
du moral, de l'intelligence. Puis, par une fatalité déplorable, par une espèce de choc en
retour, les notions émises par ces sophistes
rejaillissent sur la science de l'homme, sur
son application, l'art médical, comme elles ont
rejailli et rejailliront encore sur les formes
gouvernementales.

Que dirions-nous, si des hommes en dehors
de la connaissance des phénomènes cosmologiques, constituaient une science avec les
fluides électrique, magnétique, calorique, etc.?
S'ils enseignaient publiquement une science,
des impondérables? Nous en ririons.

Et, cependant, cela se fait, cela s'accomplit lorsqu'il s'agit de l'anthropologie. On a l'âme, les esprits ; on fonde la psychologie, cette science dont les variations perpétuelles suffiraient à elles seules pour en montrer tout le vide, tout le néant ; car, que de psychologies ont vu le jour avec chaque âge, chaque pays, chaque peuple et même avec chaque individu ! Puis, le médecin est assez complaisant pour accepter toute la poussière qui s'échappe de ces discussions brillantes, pour l'incorporer à ses doctrines comme à ses systèmes médicaux. Non-seulement il n'est point satisfait de considérer les sciences dites physiques comme radicalement distinctes des sciences dites physiologiques, mais il ne craint pas d'adhérer à la mutilation des sciences physiologiques elles-mêmes, mutilation qui fait de l'anthropologie un misérable corps.

Comment s'étonner de voir la science de l'homme subir encore l'influence de tous ces systèmes sophistiques, formulés *à priori* sur la nature humaine ? Comment s'étonner de voir ces variations perpétuelles dans l'interprétation de la vie ? Comment être surpris de voir les médecins se traîner à la remorque des rhéteurs ?

Nous comprenons que les grands intérêts rendent l'homme superstitieux; qu'en face de ces croyances qui flattent son égoïsme, l'esprit humain est trop porté à sacrifier la vérité à ces illusions, mais nous comprenons également que si le médecin avait eu le courage de rompre avec ces fictions, notre science ne serait pas mutilée, ne serait pas l'humble servante d'une foule de sophistes. Nous savons que bien des erreurs auraient fui pour l'humanité et surtout pour l'art médical, car nous n'aurions plus ce ramassis de doctrines médicales fondées sur la croyance, sur l'âme, les archées, les impondérables, les causes intangibles, invisibles, sur le phlox et l'aphlox; la médecine n'aurait pas subi tant de fluctuations et passé par tant de phases.

Mais dans ce monde, tout doit avoir une fin, par cela même que tout a eu un commencement. Il est temps que les croyances et les illusions disparaissent, et si quelqu'un doit protester énergiquement contre elles, c'est nous Médecins. D'abord, parce que nous savons ce qu'est la vie : un mouvement d'échanges accomplis entre l'être organisé et le monde; puis, parce que ces notions ont brisé l'unité des sciences, surtout celle de l'anthropologie, au profit de rhéteurs complètement en dehors du savoir.

Prenant pour base des sciences l'objet étudié et non les moyens d'investigation, rompant avec toute espèce de fictions, nous disons : Dans la nature, une seule espèce de substances existe. La stratification moléculaire établit, il est vrai, des différences entre les corps organiques et inorganiques, mais la mort, ou plutôt la désagrégation des êtres animés, nous prouve que dans la nature les choses ne font que changer de place, que tout est naturellement le même, et momentanément non le même.

Ces substances organiques et inorganiques, nous les connaissons par leurs phénomènes, ou mieux, par les modifications qu'elles impriment à nos sens, modifications variant à l'infini, suivant l'état des corps, leur mode d'agrégation, et suivant l'état de nos sens. Ces phénomènes, nous les groupons ou nous les divisons suivant leur ordre de succession ou leurs rapports de ressemblance; car, qu'est-ce que savoir, sinon comparer les phénomènes entre eux, en faire des catégories se reliant successivement entre elles, et aboutissant toutes à des phénomènes généraux? Or, précisément la mort nous montre l'identité des substances organiques et inorganiques, en soumettant la matière organisée aux phénomènes primitifs manifestés par la matière inorganique, phénomènes dont nous ignorons le mécanisme premier, mais dont nous savons que la matière, plus ou moins diversifiée, est seule la cause, et non pas des êtres fictifs, distincts de la matière.

Les substances inorganiques ont la propriété d'être impénétrables, étendues, graves, etc. Ce sont là autant d'effets généraux, résultant du matériel du corps, effets se modifiant suivant l'agrégation moléculaire.

Mais si les phénomènes généraux de la matière sont naturellement les mêmes, ils peuvent se traduire d'une manière diverse et donner lieu à une foule d'autres phénomènes secondaires, suivant la stratification moléculaire.

Tandis que les corps inorganiques qui sont dans un état presque passif, ne présentent que des phénomènes communs à tous les êtres, les corps organiques qui sont dans un mouvement rapide de composition et de décomposition, de régénération et de destruction, offrent, outre ces phénomènes, d'autres manifestations particulières. Tous les corps sont plus ou moins élastiques, sonores, denses, etc.; mais seuls, les corps organisés possèdent la propriété de se régénérer par un double mouvement de composition et de décomposition, de se développer, de se reproduire, de sentir, de se mouvoir librement.

Ces phénomènes, il a fallu les diviser, en former des catégories, leur donner un nom. Les phénomènes communs à tous les corps ont été qualifiés du nom de phénomènes physiques ; les phénomènes propres aux êtres organiques ont été désignés sous le nom de phénomènes physiologiques. De là la division de la science première en deux branches principales: en science physique et en science physiologique ou biologique.

Cette division de la science de tous les êtres

était trop naturelle, pour ne pas se présenter promptement à l'esprit humain. Dans les âges écoulés, comme dans le siècle actuel, elle a été acceptée par les représentants de toutes les sciences. Malheureusement, aujourd'hui, comme par le passé, loin de considérer ces deux sciences comme émergeant d'un même tronc, de les envisager comme inséparables par le fait de l'unité première des êtres, par l'identité primitive des phénomènes, on continue à les envisager comme des branches de connaissances radicalement distinctes, erreur prenant sa source dans les fictions théologiques. Imbus de ces notions, les savants ne comprennent pas, ou plutôt ne veulent pas comprendre que si les sciences embrassent l'étude de phénomènes différents, ces phénomènes ne sont différents que passagèrement, éphémèrement, que tout est naturellement le même.

Ils admettent bien que les phénomènes inorganiques sont indissolublement liés aux substances ; qu'ils sont une conséquence de l'agrégat matériel ; mais, par une aberration inconcevable, que seule justifie la superstition, ils considèrent les phénomènes organiques comme dérivant, non pas de la matière elle-même plus ou moins modifiée, mais d'êtres illusoires, distincts de la matière.

Bichat est tombé dans cette erreur. Pour lui, les sciences physique et physiologique sont radicalement distinctes, car les phénomènes qui sont l'objet de ces deux sciences ont une origine tout à fait distincte.

« Le chaos, dit-il, n'était que la matière sans propriété. Pour créer l'univers, Dieu la doua de gravité, d'élasticité, etc. Une partie eut pour partage la sensibilité et la contractilité. »

Avec de telles hypothèses, qui respirent le souffle théologique, la séparation des sciences ne pouvait être plus radicalement et plus solidement établie.

Bichat s'était élevé contre l'âme de Stahl, contre le principe vital de Barthez; il avait énergiquement qualifié ces êtres illusoires. En admettant la sensibilité et la contractilité comme des principes dépendant d'un don de la divinité, et non comme une conséquence des phénomènes généraux de la matière, il est tombé dans des erremens aussi condamnables que ceux dans lesquels sont tombés ses illustres devanciers.

Si Bichat avait brisé avec la croyance, il n'aurait pas fait intervenir Dieu dans ses paroles; il n'aurait pas accepté, comme principes des phénomènes organiques, des propriétés provenant d'un don particulier de la divinité; il n'aurait point fait de la matière et de ses phénomènes, des êtres distincts; il aurait vu que la matière universelle présente des phénomènes généraux, les mêmes pour tous les corps ; que ces phénomènes généraux, ces propriétés premières, ces qualités, appelons-les comme nous voudrons, ont pour cause la matière; qu'elles sont indissolublement attachées au mode agrégatif; que ce mode agrégatif variant, ces phénomènes varient également.

Ce qui prouve que seule la croyance empêcha Bichat de voir la réalité, que seule cette croyance lui fit scinder radicalement les sciences physique et physiologique, c'est qu'il comprend très bien, lorsqu'il s'agit des phénomènes inorganiques, que tous dérivent

des phénomènes généraux de la matière :
« Quels que soient, écrit-il, les phénomènes
d'hydraulique, d'acoustique, d'optique, de dynamique, que vous examiniez, il faut toujours
arriver, par l'enchaînement des causes comme
terme de vos recherches, à la gravité, à l'é-
lasticité, etc. » Pourquoi ne pas tenir le même
langage pour les phénomènes organiques ?
Pourquoi s'arrêter à la sensibilité et à la contractilité, et faire de ces deux phénomènes
généraux deux principes, deux êtres au-delà
desquels on doit s'arrêter ? Pourquoi ne pas
les envisager comme le résultat de phénomènes plus généraux encore ? Pourquoi ne pas
appliquer à la sensibilité et à la contractilité
le langage, les paroles appliquées aux phénomènes inorganiques ? Pourquoi ne pas dire :
Quels que soient les phénomènes de sensibilité et de contractilité que vous examiniez, il
faut toujours arriver, par l'enchaînement des
causes comme terme de vos recherches, à la
gravité, à l'élasticité, etc.

M. Lordat a bien raison de dire, que les propriétés vitales de Bichat sont nullement fondamentales et antilogiquement exprimées : nulle-

ment fondamentales, car elles ont pour base la croyance, la divinité; antilogiquement exprimées, puisque le mot de propriété indique une qualité indissolublement attachée aux substances, dépendant des circonstances de leur agrégat, de telle sorte que toute altération de la qualité est l'effet infaillible du matériel du corps, et que Bichat applique ce terme de propriété à des êtres qui ne sont l'effet ni de la substance du corps, ni de sa construction, mais à des êtres distincts de la matière.

Dans cette question des sciences physique et physiologique, comme dans la plupart des questions actuelles, on abuse des mots, on leur attribue un sens particulier. Au lieu de ne considérer que la matière et ses phénomènes, on a des propriétés, des causes, des forces, des facultés, des lois, des puissances.

Quant à nous, si nous acquiesçons à cette division des sciences, en sciences physique et biologique, c'est que les phénomènes qu'elles embrassent sont distincts, quoique dérivant eux-mêmes de phénomènes généraux primitifs, identiques; mais quant à considérer ces phénomènes comme provenant de propriétés et de forces différentes, jamais; car cette division, loin d'établir l'unité entre tous les êtres, jette-rait entre eux un abîme profond. Nous voyons trop, nous savons trop, que les phénomè-nes organiques ne sont que des conséquences des phénomènes généraux de la matière, pour les faire dériver de facultés occultes.

La science première, la science de tous les êtres, divisée en sciences organique et inor-ganique, ces dernières peuvent elles-mêmes se subdiviser en plusieurs branches secondaires.

D'abord, en dehors des êtres organiques, il est des différences bien tranchées, portant soit sur l'objet étudié, soit sur ses phénomènes.

L'astronomie, par exemple, diffère essen-tiellement de l'étude des autres corps. Elle en diffère, car non-seulement nous ne connais-sons pas la composition des astres, mais même les phénomènes qu'ils manifestent. Un seul procédé, un seul moyen d'investigation, la mathématique, a pu être appliqué à leur étude. Les procédés physiques ont également servi à leur étude, mais dans des proportions bien. restreintes. Au contraire, combien les phé-nomènes des autres corps inorganiques nous sont mieux connus, combien ils ont pu être plus facilement explorés ! Pour leur recherche, tous les procédés qui nous dévoilent la connaissance des objets ont pu être appliqués : procédés mathématiques, physiques, chimiques. Aussi savons-nous ce qu'est un minéral. N'ignorons-nous pas ses phénomènes. Tandis que ces mondes qui sillonnent l'espace infini, qui sait ce qu'ils renferment, qui jamais parviendra à le connaître ?

Ces différences devaient donc motiver une division entre l'astronomie et la science des autres corps inorganiques.

Quant à ces corps inorganiques, des différences très marquées existent entre eux ; les uns sont solides, liquides, gazeux ; d'autres, brillants, ternes, rouges, blancs ; ceux-ci sont cristallisés d'une certaine manière ; ceux-là sont plus ou moins poreux, denses, élastiques. On pourrait, sur ces variétés de forme, de couleur, etc., constituer autant de branches de connaissance. Mais ces différences, comme toutes celles que présentent les êtres inorganiques, peuvent s'effacer promptement : de gazeux, le corps peut devenir solide ; de rouge, il peut devenir blanc, vert ou jaune. Pour l'étudier, il faudrait alors s'adresser à plusieurs sciences ; il faudrait faire ce qu'on pratique aujourd'hui. Ainsi le fer est étudié en géologie, en minéralogie, en physique, en chimie. Le géologue traite des terrains dans lesquels ce métal se rencontre ; le minéralogiste en décrit les formes extérieures ; le physicien expose les phénomènes superficiels, sa couleur, sa densité, sa capillarité, son électricité, phénomènes qui sont pour lui autant d'êtres fictifs ; le chimiste parle ensuite des phénomènes qui résultent des combinaisons du fer avec d'autres corps ; de telle sorte qu'on peut très bien connaître une partie restreinte de l'étude du fer, mais ignorer l'autre partie. Comme si cette étude ne pouvait pas se synthétiser !

Pour nous, l'étude de tous les phénomènes inorganiques doit rentrer dans deux sciences : la géologie et la minéralogie. Au géologue doit appartenir l'étude de tous les phénomènes premiers, superficiels de la matière ; de ces phénomènes qui, aujourd'hui, encombrent, sous le nom de fluides, tant de sciences.

Les phénomènes superficiels étudiés, les

corps classés d'après leurs phénomènes, au minéralogiste doit appartenir l'étude de la composition de ces corps, leur division d'après leur analyse, l'étude des différents phénomènes résultant de l'action réciproque des divers éléments les uns sur les autres.

En agissant ainsi, en faisant abstraction des procédés employés par les sciences, on arrive à ce résultat : de faire rentrer la chimie, qualifiée de chimie inorganique, dans la minéralogie, de faire de ces deux sciences un corps unique. De même pour la physique elle rentrerait dans la géologie.

Si nous divisons la science de tous les êtres inorganiques en sciences astronomique, géologique et minéralogique, nous acceptons, quant aux corps organiques, ces trois sciences: botanique, zoologique et anthropologique; divisions fondées sur les modes d'existence qui différencient momentanément l'homme de l'animal, l'animal de la plante.

Le seul moyen de former un faisceau unique du savoir, de faire que tant et de si merveilleuses découvertes accomplies dans ce siècle, puissent servir au progrès de l'huma-

nité, c'est de fonder les sciences sur des divisions naturelles, d'imiter les philosophes
de l'antiquité qui, dans leurs vastes conceptions, embrassaient l'étude de la nature entière.
On parviendra alors à fonder la philosophie
naturelle qui, seule, fera fuir tant de fictions,
tant d'erreurs jetées dans le savoir, erreurs et
fictions qui n'ont pas peu contribué à obscurcir les sciences et à produire bien des fléaux
pour l'humanité.

CLASSIFICATION DES SCIENCES.

SCIENCE INORGANIQUE OU PHYSIQUE.
- *Astronomie :* procédés mathématiques et physiques.
- *Géologie :* procédés mathématiques et physiques.
- *Minéralogie :* procédés mathématiques, physiques et chimiques.

SCIENCE ORGANIQUE OU BIOLOGIQUE.
- *Botanique :* procédés mathématiques, physiques et chimiques.
- *Zoologie :* procédés mathématiques, physiques et chimiques.
- *Anthropologie :* procédés mathématiques, physiques et chimiques.

CHAPITRE DEUXIÈME.

—

CONSIDÉRATIONS GÉNÉRALES SUR LA VIE.

La vie est un vaste et perpétuel échange, une transformation nécessaire de tous les êtres organisés. Plante, animal, homme, vivent et meurent aux dépens les uns des autres. Ce mouvement de composition et de décomposition, de création et de destruction, entrevu par le génie antique, dévoilé dans l'âge moderne, par les découvertes merveilleuses réalisées dans l'étude du monde et dans celle de l'homme, loin d'établir des distinctions radicales entre tous les êtres animés, nous initie aux rapports admirables existant dans le grand Tout, sur notre planète; nous permet de saisir la grande unité reliant toutes les existences, l'anneau immense rattachant le dernier des êtres organisés à l'être le plus perfectionné.

★

L'antiquité avait dit : tout est naturellement le même, momentanément non le même, seuls nos sens diversifient les objets. Le moyen-âge avait répondu : tout n'est pas le même. L'âge contemporain reprend : tout est le même, et le démontre.

Plante, homme, animal, sont des êtres organisés d'une manière plus ou moins parfaite, puisant la même origine dans des milieux leur servant de source féconde, où chacun déverse sa propre existence. Pour accomplir leurs actes physiologiques, une substance est nécessaire : à l'homme, l'animal et la plante ; à l'animal, la plante et l'animal ; à la plante, l'homme, l'animal et la plante elle-même. Tous ces êtres luttent pour la conservation de leur existence. Par suite de cette lutte nécessaire, éternelle, des débris couvrent le monde, débris provenant des désagrégations successives, et devant tôt ou tard reconstituer de nouveaux êtres. Fatalement cela devait être ; car, qui peut alimenter la vie ? Qui peut entretenir ce mouvement rapide de destruction et de régénération constituant l'existence organique ? Qui peut fournir des matériaux aux échanges accomplis entre le monde et l'être organisé ? Des suhstances nutritives provenant de la mort ou mieux de la désagrégation de la plante, de l'homme et de l'animal.

Lorsque nous définissons la vie un vaste et perpétuel échange, il ne faudrait pas en conclure que les corps inorganiques sont dans un état passif, qu'ils ne se transforment pas également; le penser serait étrangement s'abuser. Dans la nature tout s'altère, tout se régénère, tout est dans un mouvement éternel d'activité générale que l'antiquité a caractérisé par ces paroles: *Circulus æterni motûs;* mais cette transformation de la matière inorganique est loin de ressembler aux échanges opérés entre le monde et l'être organisé. Ces échanges sont continus, réguliers, commencent avec l'existence des corps organiques, finissent avec leur destruction, en maintiennent constamment le type primitif; tandis que la transformation de la matière inorganique s'opère ou par la composition ou la décomposition qui toujours modifie le type primitif, la forme première du corps, et jamais par un double échange régulier. Le temps altère le verre, le fer, le minéral, etc., leur type primitif se modifie; car, jamais entre eux et les milieux il ne s'est établi un mouvement d'échanges à double courant, à marche régulière et resserrée dans un temps fatalement limité.

Si les êtres vivants se renouvellent sans cesse, si la rénovation de leur organisme constitue leur existence, pour effectuer la mutation continue de leurs éléments, ils devaient offrir plusieurs modes d'organisation : l'un, commun à la plante, à l'animal et à l'homme, propre à opérer les échanges, le développement, la reproduction de l'organisme : la végétalité ; un autre, commun à l'homme et à l'animal, destiné à fournir des matériaux nécessaires à la nutrition : l'animalité ; enfin, un troisième, la sociabilité, permettant aux hommes de s'assister mutuellement afin de se procurer les substances indispensables à la conservation de leur économie. Tous ces modes d'existence s'enchevêtrent régulièrement, se subordonnent graduellement. Sans animalité, pas de sociabilité ; sans végétalité, pas d'animalité ; sans nutrition, pas de développement et de reproduction. « La nutrition, fondement de toute vitalité, existe donc indépendamment de toutes les autres fonctions, tandis qu'il est impossible que ces fonctions existent sans elle. » (Aristote.)

La plante, par une nécessité fatale, n'a point à se préoccuper de ce qui peut sustenter son organisme. Clouée au sol, esclave de ce qui l'entoure, elle n'a qu'à puiser dans la nature les matériaux propres à son économie. Vêtements, nourriture, tout lui est prodigué. Elle n'avait besoin d'aucun mode spécial d'organisation qui la mît à même de changer de séjour, d'aller mettre son existence en rapport avec de nouveaux lieux et de nouveaux êtres; qui lui permît de se mouvoir librement, d'exécuter des mouvements volontaires. La vie de relation, ce mode de prévoyance donné à l'homme et à l'animal pour leur procurer les échanges, ne devait point exister pour le végétal, la terre se chargeant elle-même de pourvoir à la sustentation de la plante.

Il est vrai, la plante, comme l'animal, se meut, comme lui elle exécute des mouvements; mais ces mouvements, loin d'être volontaires, semblables à ceux de l'aiguille aimantée qui se tourne invariablement vers le pôle boréal, sont toujours identiques, fatalement les mêmes.

Dans tous les âges, cette motilité des végétaux a frappé l'esprit de l'homme. L'être humain a voulu savoir pourquoi la plumule, la radicule de la plante, suivent perpétuellement la même direction; pourquoi ses racines se dirigent vers un terrain fertile; pourquoi sa corolle se ferme ou s'épanouit au contact des rayons lumineux; pourquoi certaines fleurs offrent des phénomènes si remarquables dans les temps de la fécondation; pourquoi certaines tiges, comme celle du houblon, prennent infailliblement la même direction.

L'explication de ces phénomènes a singulièrement varié, et, chose remarquable, toujours elle a porté l'empreinte du degré plus ou moins grand de la civilisation. Tantôt dans les temps de ténèbres, on les a rapportés à l'action de la divinité, à la providence; tantôt avec la métaphysique, à des fluides, à des esprits, à des êtres fictifs, distincts de la matière. Aujourd'hui, ces notions règnent encore. Comme par le passé, l'esprit superstitieux fait croire à l'homme que n'a point ennobli, dignifié le savoir, que Dieu fait mouvoir les plantes comme il fait rouler les fleuves, comme il produit la foudre. La science des causes invisibles, intangibles, la métaphysique discute et rediscute sur des êtres illusoires, considérés comme les auteurs de la motilité des végétaux. Les uns, avec Barthez, la font dépendre d'une force vitale douée de propriétés sensitives et motrices, ou de lois primordiales; car, pour cet illustre médecin, le végétal exécute deux espèces de mouvements; les autres, avec Bichat, de propriétés distinctes de la matière (qui jamais aurait songé que des propriétés d'un corps fussent des êtres distincts de ce corps?), propriétés dont Dieu a doué la substance organique, etc.

Certes, ces explications seraient bonnes, si elles expliquaient quelque chose. Malheureusement, elles n'expliquent rien. Bien plus, elles servent à obscurcir l'intelligence, à enrayer le savoir, en faisant, des phénomènes de la matière, autant d'êtres distincts de cette matière.

Si le végétal se meut et se dirige en vertu de propriétés dont Dieu a doué la matière organique; si sa corolle, ses étamines, exécutent des mouvements en vertu d'une force vitale, pourquoi le minéral ne se cristalliserait-il pas de telle ou telle manière, en vertu de certaines forces, de certaines propriétés dont Dieu aurait doué la substance inorganique ? Pourquoi l'aiguille aimantée ne se dirigerait-elle pas vers le nord, en vertu d'une force vitale ? Pourquoi n'accorderions-nous pas une âme au succin, à l'aimant ? On l'a fait pour les phénomènes du règne inorganique. N'avons-nous pas les phénomènes électriques, magnétiques, considérés comme des êtres, des fluides, qu'on fait mouvoir comme des pantins, qu'on compose et décompose en fluide électrique, positif et négatif, avec lesquels on crée des explications dont rira la postérité ? La science des êtres organiques ne pouvait échapper à ces explications. Elle aussi, après avoir eu la divinité comme cause des phénomènes, devait posséder des facultés, des esprits, des causes intangibles.

Les meilleurs moyens de secouer cette poussière du passé, c'est d'observer les phénomènes de la nature, de voir dans quelles circonstances ils se produisent et se succèdent, de les grouper et de les diviser suivant leur ordre de ressemblance et de succession. Une fois généralisés, peu importe qu'on donne à ces phéno-

mènes un nom synthétique quelconque, pourvu qu'on les envisage comme des manifestations de la matière, comme des attributs de
l'agrégat matériel qui, diversement modifié,
produit des effets différents. Ce qu'on oublie
malheureusement, c'est que le savoir consiste
à observer les phénomènes, à voir dans
quelles circonstances ils se produisent, à les
généraliser suivant les ressemblances qu'ils
offrent dans leurs manifestations, et non à discuter sur des chimères, à produire, à créer,
avec chaque âge, chaque siècle, une foule
d'êtres imaginaires qu'on fait mouvoir à sa
guise, avec lesquels on construit des théories
d'abord toutes puissantes, puis croulant bientôt pour faire place à d'autres théories tout
aussi belles et tout aussi solidement étayées.

Le végétal se meut, ses racines, sa corolle
exécutent des mouvements quelquefois bien
remarquables. Cette motilité suppose une modification de la plante par les agents extérieurs.
Mais cette modification, comme celle de l'aimant, qu'est-elle? que se passe-t-il? Nous
l'ignorons, comme nous ignorons ce qui se
passe dans la production des phénomènes

électriques, caloriques. L'agent de ces phénomènes, c'est la matière. Faites disparaître la
matière, ces phénomènes cessent; mais le mécanisme premier, la nature intime de ces phénomènes nous est et nous sera toujours inconnue, comme le mécanisme premier d'une cause
quelconque.

Expliquer pourquoi la plante se meut,
pourquoi ses racines se dirigent vers tel
terrain, etc., serait vouloir expliquer pourquoi l'oiseau se dirige vers telle contrée,
pourquoi l'enfant, en venant au monde, recherche le sein de sa mère. Reconnaissons cette
grande loi naturelle, ce phénomène général :
tous les êtres organisés, plante, animal,
homme, sont fatalement portés à rechercher
ce qui doit alimenter leur existence, ce qui
doit les faire végéter, sans cela la matière serait depuis longtemps dans le chaos.

Si la vie de relation, ce mode spécial qui
doit procurer à l'être organisé les substances
nécessaires à son existence, ne se retrouve pas
chez le végétal, la vie végétative, cet autre
mode d'organisation qui doit opérer les échanges, qui doit opérer la rénovation de l'être,

en assimilant et désassimilant les produits, est des plus simples. Chez l'homme et l'animal, outre les organes fondamentaux de désassimilation et d'assimilation, d'autres organes secondaires, propres à favoriser ces deux grandes fonctions, sont nécessaires, et cela dans une proportion d'autant plus vaste, qu'on s'élève davantage dans l'échelle organique. Chez le végétal, au contraire, organes assimilateurs et désassimilateurs sont unis, point d'organes intermédiaires.

Si de la plante on remonte à l'animal, on voit qu'il a reçu tout ce qui lui était fatalement indispensable; mais, obligé de se procurer lui-même des substances nécessaires à la sustentation de son être, il a dû forcément posséder un organisme plus achevé que celui du végétal. Si l'animal, ainsi que la plante, n'avait pu se mouvoir librement; si, comme elle, il avait été fixé au sol, il n'aurait jamais pu exister. Il lui fallait des muscles capables de multiplier son existence, de le mettre à même de se procurer ce que possède le végétal, une alimentation convenable, des milieux plus ou moins appropriés à son organisme. Il lui fallait un système nerveux qui fût la source de ses mouvements. En un mot, l'animal devait avoir un mode d'existence particulier qui lui permît de végéter, d'effectuer ses échanges entre lui et le monde.

Enchaînement admirable de ce qui s'observe dans la nature, cette vie de relation qui n'avait pas échappé à l'esprit observateur d'Aristote et à celui de Buffon, est d'autant plus perfectionnée, que la prévoyance de l'animal doit être plus grande.

Comparons les animaux du dernier degré de l'échelle organique à la plante: les différences qui les séparent sont si peu tranchées, qu'il est impossible de jeter entre eux une ligne de démarcation parfaite.

Les physiologistes ont cherché à résoudre cette question: Où commence le règne animal? où finit le règne végétal? Pour sa solution, bien des idées divergentes ont été émises, et, aujourd'hui même, les discussions sur un tel sujet prouvent toute la justesse des paroles d'Aristote.

L'éponge, les alcyons, les arthrodiées, les zoocarpées de Bory-Saint-Vincent, ont-ils besoin d'une vie de relation? ou s'ils en possèdent une, est-il nécessaire qu'elle soit perfectionnée? Comme le végétal, ils ont les milieux appropriés; ils n'ont qu'à puiser dans cette grande nature, mère commune de tous les êtres.

Il n'en est pas de même des animaux supérieurs. Plus ils sont dans la nécessité de vivre d'une existence indépendante, plus ils sont obligés de se procurer des matériaux indispensables à la nutrition, ce phénomène général qui caractérise les substances organiques, plus leur vie de relation doit être parfaite. Aussi, en étudiant ce mode d'existence dans les diverses séries du règne animal, on observe une progression admirable dans son achèvement, depuis le mollusque jusqu'à l'homme. A mesure que la prévoyance de l'animal grandit, à mesure que les charges imposées par son organisme augmentent, que les besoins deviennent plus nombreux, la vie de relation se perfectionne graduellement. Et, comme si un lien naturel eût rivé à la même chaîne le perfectionnement de l'une au perfectionnement de l'autre, la vie végétative devient de plus en plus compliquée avec le développement de la vie de relation.

Si de l'animal on arrive à l'homme, l'on retrouve la vie de relation plus achevée encore.

L'animal a des vêtements; ses vêtements s'adaptent aux climats, varient suivant les saisons. Il possède, le plus souvent, un gîte. Son système locomoteur le met à même de se procurer, dès sa naissance, ou quelques jours après, sa nourriture.

Mais l'homme! Il naît nu; son enfance est longue, bien longue! Malheur à lui, s'il ne trouve point préparé ce que lui refuse la délicatesse de son organisme! Malheur à lui, si des moyens de prévoyance, créés par ses semblables, ne mettent pas sa constitution à l'abri des agents extérieurs, le menaçant sans cesse d'une ruine complète!

Point de vêtements, point d'habitation, point de mouvements capables de le mettre à même de se procurer promptement son alimentation! Ce que le végétal possède, ce que l'animal a en grande partie, tout lui a été refusé.

Pour conjurer les malheurs que lui préparait sa frêle organisation, l'homme devait donc posséder une vie de relation des plus parfaites. Aussi, cette perfection a été telle, qu'elle a permis aux humains de se réunir entre eux afin de s'assister mutuellement.

Ainsi, croître et décroître, composer et dé-composer, telle est l'existence générale, commune, universelle des corps organiques. Le végétal, puisant dans les milieux des matériaux tout préparés, n'avait besoin d'aucun mode spécial d'existence propre à le mettre en communication avec les autres êtres de la nature ; un supplément d'existence qui le mît à même de se mouvoir librement, de changer de place, etc. L'animal, pour opérer la rénovation de son organisme, devait se procurer, lui-même, des substances nutritives, se mouvoir, aller à leur recherche, les distinguer, les choisir. Pour se procurer des substances, il lui fallait des muscles ; pour rendre ces muscles propres à la locomotion, des nerfs ; pour distinguer, choisir ces substances, l'animal devait éprouver des sensations, les retenir, les comparer, se mouvoir d'après elles. Mais chez l'homme seul, cette vie de relation devait atteindre des proportions les plus vastes. Seul de tous les êtres, l'homme devait posséder un système locomoteur qui lui permît d'exécuter les mouvements les plus étendus, les plus variés; seul, il devait posséder un système nerveux infiniment supérieur à celui des autres êtres; seul, il devait avoir un organe encéphalique qui lui permît de retenir, de comparer ses sensations dans une proportion bien plus vaste que ne peut le faire aucune espèce animale; car, seul de tous les êtres, il doit non-seulement se procurer le plus de matériaux nécessaires à son organisme, mais se tenir le plus en garde contre une infinité d'éléments destructeurs. Et, suivant les milieux dans lesquels il se trouve placé, cette sensibilité, par ses manifestations, confirme ces grandioses paroles : « Tout ce que la terre produit est conforme à la terre. » Par ses sensations, l'homme va recevoir l'empreinte, le cachet ineffaçable, non-seulement de ses semblables, mais des milieux eux-mêmes, des climats.

La vie de relation devant procurer à l'homme tout ce qui lui est nécessaire, indispensable, le but auquel doit tendre la société est de

satisfaire les besoins surgis de ce mode d'existence. Ne point le faire, ce serait détruire cette
loi fondamentale de l'existence humanitaire,
qui fait que nous vivons pour tous comme
tous vivent pour nous.

Si la vie de relation met l'animal et l'homme
à même d'exister; si cette vie est pour eux la
source d'une foule de peines, par une merveilleuse compensation, ce mode d'existence est,
et devait être, la source de leurs plaisirs.
Aussi, plus la vie de relation est perfectionnée,
plus la gradation est élevée dans la durée et
l'intensité du bonheur, comme elle l'est dans
la durée et l'intensité du malheur.

« L'étrange chose, disait Socrate, que ce
que les hommes appellent plaisir, et comme
il a de merveilleux rapports avec la douleur,
son contraire; car, si le plaisir et la douleur
ne se rencontrent jamais en même temps,
quand on prend l'un il faut accepter l'autre.
Je regrette qu'Esope n'ait pas eu cette idée.
Il en eût fait une fable. Il nous eût dit que
Dieu voulut, un jour, réconcilier ces deux
ennemis, mais que, n'ayant pu y réussir, il
les attacha à la même chaîne, et que, pour

cette raison, aussitôt que l'un est venu on voit bientôt arriver son compagnon. »

Les jouissances des animaux inférieurs devaient être en rapport avec leurs peines. Or, quelles peines éprouvent-ils? Semblables au végétal, ils puisent dans les milieux. Peuvent-ils connaître le plaisir, lorsqu'ils connaissent à peine la douleur? Leurs sens, infiniment peu perfectionnés, ne leur permettent pas d'éprouver des sensations nombreuses et variées; leur cerveau, à l'état rudimentaire, les met à peine à même de retenir et de comparer leurs sensations. Aussi, leurs plaisirs, comme leurs douleurs, sont-ils éphémères, des plus restreints. Chez eux, point de sensations pénibles ou agréables partagées par d'autres soi-mêmes, point de douleurs et de jouissances morales. Ils vivent pour eux, ils végètent pour eux. Jamais leurs souffrances et leurs plaisirs ne sortent de l'horizon de leur individualité.

En s'élevant dans l'échelle animale, on retrouve le plaisir et la douleur plus intenses et plus durables, car la vie de relation met l'animal supérieur à même d'éprouver plus de peines. Ses sens, plus perfectionnés, lui procurent des sensations plus variées, plus étendues; son cerveau lui permet de retenir et de comparer ses sensations dans une proportion plus vaste. Puis, la vie de relation forçant les animaux supérieurs de vivre, il est vrai dans un laps de temps très court, pour leurs semblables, aux douleurs et aux jouissances purement individuelles viennent s'ajouter des douleurs et des jouissances morales, se répercutant sur d'autres soi-mêmes, solidarisant leur existence. L'insecte, le mollusque végètent pour eux. L'insecte dépose sa larve; peu lui importe qu'elle éclose. De même que la terre est l'appareil digestif des plantes; qu'elle leur procure des matériaux tout préparés, de même les milieux se chargent du soin de la progéniture de l'insecte. Mais l'oiseau, le mammifère! ils vivent pour eux et leurs semblables; ils prennent soin de leurs petits, les abritent, les protègent, leur procurent leur nourriture. Ils souffrent avec eux, ils jouissent avec eux. L'oiseau pleure la destruction de sa couvée, le mammifère l'enlèvement de ses petits. Ils sont heureux de les voir heureux.

Les jouissances de l'homme sont bien plus nombreuses et bien plus durables que celles de l'animal, car sa vie de relation lui impose des obligations plus étendues ; ses sens plus perfectionnés lui procurent des sensations infiniment variées ; son cerveau le met à même de les retenir et de les comparer dans une proportion plus élevée.

L'homme, comme l'animal, est porté à rechercher le plaisir. Le mobile de tous ses actes est d'acquérir le bien-être, d'obtenir le plus de jouissances possibles, vérité qui ne cessera de grandir avec le développement du savoir, vérité que n'a pu renverser la superstition qui fait de l'homme, en proie à une nourriture agreste, à des haillons, un être heureux : erreur funeste, préjugés déplorables que la moindre réflexion peut dissiper. Mais si nous nous rappelons la nature de la constitution humaine, si nous nous pénétrons de ce fait, que la vie de relation a été donnée à l'animal afin de lui procurer les matériaux nécessaires à son organisme ; que ce mode d'existence est plus achevé chez l'homme, afin de lui permettre d'acquérir ces mêmes matériaux, tout en s'aidant et en s'assistant mutuellement avec ses semblables, nous constatons que le bien-être, le plaisir, ne sont ni ces jouissances qui s'achètent au prix du malheur d'autrui, ni ces plaisirs qui portent atteinte à notre organisme, faisant partie intégrante de l'humanité par le fait du perfectionnement de la vie de relation. Penser le contraire, ce serait se servir du masque dont se couvrent tant d'hypocrites qui, abusant de la doctrine matérialiste, se procurent le plaisir à l'aide du crime ou du vice.

De plus, ces jouissances doivent avoir pour contre-poids, comme celles de l'animal, la douleur; et, ce qui le prouve, c'est que bien souvent on est malheureux au sein de la richesse, parce que la peine ne vient pas se marier à la douleur, comme on est très heureux lorsqu'à la douleur succède le plaisir. Qui de nous n'a vu fuir le plaisir par sa continuité même? qui de nous n'a éprouvé des sensations d'autant plus douces, que la privation de l'objet aimé a été plus longue et plus douloureuse.

Ce qui caractérise surtout nos souffrances et nos jouissances, c'est qu'elles ne sont

point confinées dans une sphère des plus
étroites ; c'est qu'elles ne sont point exclusivement bornées à l'individualité. Loin de se fonder sur des sensations purement individuelles,
sur des sensations telles que les éprouvent les
êtres en dehors de l'humanité, elles se ratta-
chent à des sensations qui lient notre existence à celles d'autres êtres, à des êtres dont
les douleurs et les plaisirs sont pour nous au
tant de sensations pénibles ou agréables.

L'animal inférieur souffre et jouit pour lui,
car il vit pour lui. L'animal supérieur possède
des jouissances et des douleurs morales, mais
des plus éphémères ; car, si sa vie de relation
lui impose des obligations, si son existence est
liée à celle d'autres êtres, s'il souffre et jouit
avec eux, s'il compatit à leurs peines, partage
leurs joies, ce n'est que dans un laps de temps
très court, pendant quelques jours, quelques
semaines : puis ces jouissances et ces douleurs sont des plus restreintes, car le cerveau
de l'animal supérieur ne lui permet pas de retenir et de comparer ses sensations dans une
proportion bien élevée.

Mais l'homme ! par la nature même de sa

constitution doit vivre pour lui et pour les siens, non point pendant quelques mois, mais pendant son existence entière. Sa vie est tellement solidarisée à celle d'autres soi-mêmes, qu'il est forcé de les servir, de les aider comme ils sont obligés de l'assister. Sans cette assistance mutuelle, permanente, pas de société, pas d'humanité.

De là résultent des sentiments de solidarité, d'autant plus développés, que les services rendus et les bienfaits reçus par l'homme sont plus nombreux. Sur ces sentiments reposent les peines et les jouissances morales : plus ces sentiments sont grands, plus l'homme partage les jouissances de ses semblables, plus il compatit à leurs douleurs. Le bonheur et la douleur morale sont en raison directe de l'assistance mutuelle, et autant l'être humain doit aimer et servir ses semblables, autant il doit s'assimiler leurs peines et leurs joies, leurs douleurs et leurs plaisirs ; autant sa haine doit être profonde pour tous ceux qui portent atteinte à son bien-être et à celui de ses bienfaiteurs.

Le bonheur et la douleur morale, n'ont pas

seulement pour base l'assistance mutuelle, il
leur faut encore, pour point d'appui, le savoir.
Il ne suffit pas de recevoir des bienfaits, de
rendre des services, il faut encore pouvoir se
rendre compte de ces services, pouvoir apprécier ces bienfaits, sans cela l'assistance mutuelle, la réciprocité des secours cesserait
ou n'aurait jamais existé, car l'homme serait
comparable, ou à un pauvre insensé qui répond par des outrages aux mille soins dont
on l'entoure, ou à un animal qui répond par la
méchanceté à la bonté de l'homme. Aussi, de
tous les êtres, avons-nous été mis le plus à
même de connaître les services rendus et les
bienfaits reçus ; de juger des joies ou des peines, d'en garder le souvenir, en retenant et
en comparant nos sensations, en les groupant,
en les transformant en sensations complexes et
durables, en en formant des sentiments, et cela
dans une proportion bien plus élevée, bien
plus étendue que ne peut le faire aucun des
êtres en dehors de l'humanité. Puis, par le
fait du perfectionnement de l'intelligence humaine, plus l'homme peut connaître, plus il
peut apprécier les bienfaits, plus il peut se

rendre compte de ces services, plus ses peines et ses douleurs morales augmentent. Les sentiments de solidarité humaine ne sont pas seulement en raison directe de l'assistance mutuelle, ils sont aussi en rapport avec le développement de l'intelligence. L'homme aime d'autant plus, sert d'autant plus ses semblables qu'il en reçoit plus de bienfaits, qu'il peut apprécier davantage ces bienfaits et en garder un souvenir plus durable.

Dans son esquisse mémorable des progrès de l'esprit humain, Condorcet a tracé ces lignes: « La vérité, la vertu et le bonheur forment un lien indissoluble. »

Rien ne peut mieux nous prouver la réalité de ces paroles, que la réflexion sur le passé; rien ne peut mieux nous montrer l'enchaînement du bonheur, de la vertu, de la vérité, que le parallèle des populations ignorantes et civilisées; rien, enfin, ne peut mieux nous faire apercevoir le faisceau inextricable formé par le physique, le moral et l'intelligence, que la comparaison du passé au présent, du présent au présent, du présent à l'avenir.

Dans la première enfance de l'humanité,

dans ces siècles tout à fait reculés où la pensée plonge en vain, comme elle s'absorbe dans
la contemplation de ces mondes infinis qui
gravitent autour de notre planète, qu'était
l'homme sous le rapport physique, moral, intellectuel? Possédait-il le bonheur, la vérité
et la vertu?

En réfléchissant sur la constitution anatomique et physiologique du corps humain, on
peut le prévoir.

Croître et décroître, telle est la vie; composer et décomposer, tel est le fondement de
l'existence organique.

Pour opérer les échanges entre lui et le
monde, l'homme dut, tout d'abord, se procurer, au moyen de sa vie de relation, les agents
les plus indispensables à sa conservation, et
se prémunir contre une infinité de dangers.

Point de milieux appropriés à son organisme; bien plus, des milieux sans cesse à
même de le détruire. Que serait-il devenu
s'il n'avait pu s'adapter les agents extérieurs
et les faire servir à la sustentation de son
organisme?

Réunis fatalement en familles, en tribus, en

peuplades, les hommes s'adressèrent à tout ce qui pouvait protéger leur existence, et si quelque chose pouvait nous faire juger de ce que l'homme dût entreprendre, certes c'est la méditation de ce beau passage du *Traité de l'ancienne médecine :*

« En remontant dans les siècles écoulés, je pense que le genre de vie, dont en santé on use de nos jours, n'aurait pas été inventé si l'homme, pour son boire et son manger, avait pu se contenter de ce qui suffit au bœuf, au cheval, au mouton, à tous les êtres en dehors de l'humanité, à savoir : des herbes, du foin et des fruits. Les animaux s'en nourrissent, s'en accroissent, et vivent sans avoir besoin d'aucune autre alimentation.

» Sans doute, dans les premiers temps, l'homme n'eut pas d'autre nourriture, et celle dont en santé on use de nos jours, me semble une invention qui s'est élaborée dans le long cours des âges. D'une alimentation forte et agreste, naissait une foule d'affections telles qu'on les éprouverait encore aujourd'hui par la même cause. Chez ceux qui se sustentaient avec ces matières dures et indigestes, survenaient des douleurs intenses, des maladies, en un mot une mort prompte. Les hommes en souffraient moins, sans doute, à cause de l'habitude. Ceux qui étaient d'une constitution faible périssaient, les autres résistaient. C'est ainsi que de nos jours les uns digèrent avec facilité les aliments d'une grande force, les autres n'en triomphent qu'avec beaucoup de peine et de douleur. Telle fut, ce me semble, la cause qui engagea les hommes à chercher une nourriture en harmonie avec notre nature. » (Hip.)

Le vieillard De Cos avait un sentiment profond de notre nature. Ses paroles sont d'autant plus remarquables qu'elles se fondent, non point sur des croyances ridicules, sur des arguments sophistiques, mais sur la constitution humaine. Oui, dans l'enfance de l'humanité, l'homme se réunit fatalement en familles, en tribus; mais tout en se réunissant en peuplades, à combien d'agents grossiers il fut forcé de s'adresser pour pouvoir exister, et combien de souffrances et de maladies un tel régime occasionnait, souffrances et maladies qui nous expliquent la rareté des populations primitives et la vigueur des natures sauvages. Les êtres faibles périssaient. Seules, les constitutions robustes résistaient. Or, ne savons-nous pas que tout ce que la terre produit est conforme à la terre? Comment les populations primitives n'auraient-elles pas joui d'une organisation plus puissante que celle d'aujourd'hui, puisque les générations qui leur donnaient le jour, étaient elles-mêmes des natures fortes, vigoureuses?

Quelle grandeur dans les conceptions d'Hippocrate! quelle vaste étendue dans ses paroles! Chaque fois que nous parlons de la vie, imitons le père de la médecine; étayons-nous sur la nature humaine; interrogeons-la. Fondons, ainsi que l'a dit Rabelais, la foi profonde, et pour la fonder, laissons de côté tant de mots vides, propres à d'autres temps, trop vieux pour le xixe siècle. Si une nécessité fatale, si un besoin impérieux poussa l'homme à changer de nourriture, de régime, à approprier son alimentation à la nature de sa constitution, comment aurait-il pu remplir ce besoin, satisfaire à cette nécessité sans le perfectionnement de sa vie de relation? Qu'on cesse de s'extasier devant ce mode d'existence qui seul nous fait subsister ; qu'on voit la vie de relation infiniment plus achevée chez l'être humain comme forcément nécessaire à son existence, alors on comprendra l'origine de la société, le merveilleux se dissipera et tout s'expliquera comme le plus simple des phénomènes.

Les paroles d'Hippocrate ne sont pas applicables seulement au régime alimentaire, mais encore à tout ce qui a trait à la sustentation de l'organisme: aux vêtements, aux habitations, à l'air, à l'eau. Sous le rapport végétatif, l'homme des âges reculés fut des plus malheureux; sur lui venait s'appesantir la plus affreuse misère, misère tenant aux milieux, misère tenant à lui-même, à son peu d'intelligence, qui le rendait incapable de modifier convenablement les milieux, qui lui permettait de s'adapter incomplètement les agents extérieurs, et son malheur était d'autant plus grand que les climats étaient plus contraires à son organisme.

Heureusement, ses sensations étaient fortes et rares, son cerveau ne lui permettait pas de les retenir et de les comparer dans une proportion bien élevée; autant il était malheureux sous le rapport végétatif, autant sa vie de relation était peu perfectionnée. Admirable solidarité entre la vie végétative et la vie de relation qui fait que la satisfaction prompte de l'une entraîne le perfectionnement de l'autre, solidarité qui nous prouve que le bien-être matériel, végétatif, est le pivôt du développement de l'intelligence, compensation merveilleuse qui fait que bien souvent l'homme est heureux de voir sa misère voilée par son ignorance. S'il avait pu apprécier son malheur, si ses sens avaient été développés, ses souffrances auraient été trop nombreuses, trop durables, l'existence aurait été pour lui un fardeau; mais, par le fait de son ignorance, quelques plaisirs grossiers, quelques jouissances fugaces, surtout des jouissances musculaires, ces plaisirs qu'aiment tant les enfants grands ou petits, suffisaient à voiler son infortune, à lui faire oublier son malheur.

Sa morale était en harmonie avec son état physique. Pour aimer et servir, pour partager les peines et les jouissances de ses semblables, il faut recevoir des bienfaits et pouvoir apprécier ces bienfaits. Or, quels bienfaits recevait-il? Sauf l'assistance mutuelle que se prêtaient les membres d'une même tribu, n'avait-il pas à se défendre contre les attaques de l'homme lui-même? n'avait-il pas à se prémunir contre les irruptions d'animaux à face humaine, pour nous servir de l'expression énergique de Buffon?

Que dirions-nous aujourd'hui en voyant un peuple envahir le territoire d'un autre peuple, en massacrer les habitants, s'emparer des terrains fertilisés au prix de bien des peines, de bien des labeurs? Nous vouerions à l'exécration ce peuple. Eh bien! ce que nous repoussons aujourd'hui, ce que notre intelligence flétrit actuellement, se pratiquait continuellement et au grand jour autrefois. Qu'était-ce que ce Moïse qui conduisait, et cela au nom de Dieu, une misérable peuplade à l'extermination des tribus, paisibles possesseurs des champs qu'elles avaient fertilisés? qu'était-ce que ce Nemrod, ce tueur d'hommes, ce grand chasseur agréable à Dieu? qu'étaient-ce que ces

Romains enlevant les filles et les épouses des Sabins? des êtres ignorants qui ne voyaient, ne considéraient que leur bien-être et celui d'un petit nombre de leurs semblables. Peu leur importait les douleurs et les joies de ceux qui étaient étrangers à leur assistance mutuelle; ils faisaient ce que tout être ignorant et malheureux aurait fait à leur place. L'homme ne pouvait et ne devait donc pas aimer et servir des êtres qui le rendaient si malheureux. Aussi, ses jouissances et douleurs morales furent des plus restreintes. Sauf quelques bienfaits réciproques, quelques services mutuels entre les membres d'une même famille, d'une même tribu; sauf quelques jouissances et quelques douleurs morales, on ne voit dans ces tristes temps qu'une tuerie immense organisée entre les humains.

Ce que nous avons peine à comprendre, c'est qu'on ait vanté les vertus des âges primitifs? Pourquoi en serait-il autrement, lorsqu'on fait le panégyrique du bien-être matériel de ces populations dont l'infortune, le malheur, était la triste compagne.

Pour nous, nous disons: Si l'homme était

malheureux sous le rapport physique, il ne l'était pas moins sous le rapport moral. Excepté quelques jouissances et quelques douleurs morales des plus éphémères, le brigandage, l'égoïsme le plus outré, les haines violentes étaient des actes parfaitement légitimes pour une telle époque, car au lieu d'avoir à se louer de ses semblables, il avait le plus souvent à se prémunir contre leurs attaques. Quels devoirs, quelles obligations avait-il à remplir envers tant d'êtres qui le rendaient si malheureux. Ces devoirs ne devaient-ils pas découler de ces droits naturels, inhérents à sa constitution, qui lui commandaient de repousser lo brigandage par le brigandage, la violence par la violence.

« Grands dieux! s'est écrié Pline, puis Juvenal, c'est de l'homme que l'homme tire le plus de maux. »

Oui, c'est de l'homme, et toujours ce sera ainsi jusqu'à l'annihilation de son égoïsme naturel par le perfectionnement de son intelligence qui développera en lui les sentiments de solidarité humaine.

Que de fois n'a-t-on pas dit et répété:

L'homme naît bon, la civilisation le rend méchant. Et, cependant, si l'on se fonde sur la nature même de notre constitution, il est facile de voir qu'on naît méchant; que la méchanceté est d'autant plus grande que le milieu dans lequel on a reçu le jour est moins civilisé.

Pourquoi la vie de relation nous a-t-elle été donnée? pourquoi cette vie est-elle plus parfaite chez nous que chez l'animal? Pour nous mettre à même d'exister, pour nous procurer les matériaux nécessaires à notre existence. Le but de tous nos actes n'est-il pas de satisfaire les besoins surgis de ce mode d'existence, besoins grandissant avec le savoir? Ceci est incontestable: nous avons un égoïsme nécessaire, fatal, que la civilisation doit rendre de moins en moins brutal, de moins en moins individuel, en développant les sentiments de solidarité, les sentiments de réciprocité mutuelle, sentiments d'autant plus grands et plus purs qu'on reçoit plus de bienfaits, qu'on peut apprécier davantage ces bienfaits, et les jouissances qu'ils nous ont procurées.

Si le bonheur et la vertu, si le bien-être,

les jouissances et les douleurs morales étaient
à l'état rudimentaire, si l'homme était en
proie à la misère et au crime, il était également plongé dans la plus stupide ignorance.

Nous parlons du passé, les mêmes réflexions peuvent s'appliquer au présent. On
peut, de nos jours, observer le même enchaînement, le même lien entre le bonheur, la
vertu et la vérité.

Et d'abord, où réside le bien-être, le bonheur purement végétatif, individuel ?

Il suffit de jeter un regard sur les diverses
contrées du globe pour constater que les peuples les plus instruits sont les peuples les plus
heureux, et leur bien-être devient tel, qu'il
produit un effet inverse de celui occasionné
par la détresse des générations primitives.
Autrefois, les natures faibles périssaient; seules,
les natures fortes résistaient. Aujourd'hui, grâces à nos moyens d'action perfectionnés, les
constitutions faibles résistent, cause puissante
d'accroissement des populations, cause grandissant sans cesse avec le développement du
progrès, mais en même temps cause puissante
de l'affaiblissement des organismes, par suite

de l'entrecroisement des natures fortes et faibles.

Et, chose remarquable, à mesure que l'intelligence se développe, à mesure que le savoir grandit, non-seulement le pouvoir sur la matière devient plus grand, non-seulement l'homme peut s'adapter plus facilement les agents extérieurs, modifier les milieux, accomplir avec plus de facilité ses échanges entre lui et le monde, mais ses plaisirs, ses jouissances individuelles deviennent plus nombreuses, plus douces, plus variées; elles perdent insensiblement de leur force, de leur violence primitive; conséquence inévitable, nécessaire de ce fait : que la satisfaction prompte de la vie végétative entraîne le perfectionnement de la vie de relation.

Examinons les sensations éprouvées par le barbare et le civilisé. Parlons d'abord des sensations du goût. L'ignorant, aux sensations lentes, difficiles à se produire, se contente, le plus souvent, de mets forts, agrestes. Au contraire, le civilisé est forcé de surbordonner son genre d'alimentation au perfectionnement de ses sens; ses sen-

sations étant devenues plus nombreuses,
plus variées, plus délicates, son régime alimentaire doit suivre la même progression,
devenir plus varié, plus délicat. Quand on
vante le régime des habitants des campagnes,
comparé au régime des habitants des villes,
on ne se rend pas compte de l'organisation
humaine; on n'envisage pas les modifications
profondes imprimées à notre nature par les
milieux.

Quel abîme sépare les temps primitifs où
l'homme se nourrissait de fruits, d'herbes et
de foin, du siècle de Périclès où l'on man-
geait la chair du chien, du hérisson, etc.!
Quelle comparaison établir entre les populations actuelles, ignorantes et civilisées, sous
le simple rapport du régime alimentaire! Le
Kirghize, le Kalmouk s'enivrent avec une liqueur préparée avec le lait fermenté de jument;
l'Esquimaux se contente de la chair du pho-
que; et même dans notre pays, quelle différence entre les habitants! Qu'on observe, qu'on
réfléchisse, et toujours on voit la délicatesse
du régime alimentaire s'adapter au degré plus
achevé de la civilisation. Qu'un jour le sa-

voir pénètre grandement dans les campagnes,
ce jour-là, forcément, les habitants devront
changer leur alimentation. Sans doute le paysan est heureux avec une nourriture agreste,
d'autant plus heureux qu'il s'éloigne davantage
de la civilisation ; mais combien sont plus
grandes les jouissances de l'être dont les sens
sont développés !

Les autres sensations suivent une voie identique : ainsi, le paysan est au milieu de cette
vaste nature où il trouve tant d'objets, où il
voit tant de phénomènes propres à l'inonder
de douces émotions, à faire naître en lui des
sensations nombreuses. Jouit-il de ce spectacle
majestueux ? Non. Amenez-le dans la cité, c'est
alors qu'on peut juger de ses sensations et
voir combien elles sont fortes. Comme l'enfant, il préférera tout ce qui brille, tout ce qui
l'impressionne fortement.

En lisant une description des mœurs russes,
par Robert Peel, nous avons pu constater la
vérité de nos paroles : « Je me rendis, écrit
Robert Peel, chez un maître de poste, qui
n'était qu'un amas de décoration. Je fus tout à
coup effrayé par sa pompe ; il me donna un

employé que j'aurais pris pour un général, tant son uniforme était resplendissant. »

Ne rions ni de ces décorations, ni de cette pompe. Tout ceci est naturel, très naturel. Négliger cette pompe, ne pas faire luire aux yeux de l'ignorance ces décorations, ce serait ne pas comprendre la nature humaine. N'en rions point, car le barbare est un grand enfant qu'on contente en satisfaisant ses appétits grossiers ; il s'amuse avec des hochets, comme il s'effraye à l'aspect de certains phénomènes naturels, que son intelligence est incapable de saisir.

Que ce soit dans tous les temps, dans tous les lieux, l'esprit égoïste des hommes n'a que trop compris tout le parti qu'il pouvait tirer de ce luxe grossier. A mesure que le savoir a grandi, force a été de se dépouiller de ces pompes, de toutes ces décorations. Le Russe rit, sans doute, en voyant le Circassien chamarré d'or et d'argent. Nous, nous rirons du Russe, en pensant au maître de poste ; d'autres riront également de nous, en nous voyant fascinés par des hochets dignes du passé, indignes du XIXe siècle.

Ce que nous disons des sensations se rapportant au goût, à la vue, peut s'appliquer à
toutes les autres sensations, aux sensations de
l'ouïe, de l'odorat, du tact; toujours on trouve
la même gradation.

Laissons ce bonheur individuel; ne parlons
plus de ces sensations que partagent les animaux; arrivons aux jouissances collectives qui
découlent de l'assistance mutuelle, à ce bonheur
moral qui lie notre existence à celle d'autres
êtres, à ce bonheur bien plus pur et bien plus
durable; car, tandis que le temps ne fait que
grandir les jouissances morales, le temps ou
plutôt l'habitude, ce mot si éloquemment
exprimé par Hippocrate, ne tarde pas à annihiler le bonheur physique individuel. Le
voluptueux voit bientôt ses plaisirs anéantis
par l'habitude; il en recherche sans cesse de
nouveaux; il remonte toujours et fatalement
à une source nouvelle de jouissances qui
devient pour lui un tombeau, car la véritable jouissance est celle qui s'achète au
prix de la peine, celle dont le contre-poids
est la privation. Mais le bonheur moral, ce
bonheur partagé par d'autres nous-mêmes, lié

à d'autres existences, quelle gradation inverse il suit! L'habitude, loin de l'annihiler, le
grandit, car loin d'avoir pour assises, comme
le premier, un égoïsme tout à fait individuel,
il repose sur les sentiments de solidarité.

Pour apprécier ce bonheur, pour savoir
quels sont les devoirs que nous avons à remplir envers les autres êtres, il faut connaître.
Avant de servir, il faut savoir. Or, que peut
servir l'ignorance? ce qu'elle connaît. Dans
l'antiquité, elle connaissait la tribu, la peuplade; ses obligations s'étendaient aux membres de la tribu, de la peuplade. Aujourd'hui
encore, l'ignorant, l'homme primitf, que
sert-il? son village, sa famille. Si l'on inter-
roge l'histoire, si l'on scrute les phases des
temps écoulés, on ne voit que guerres, luttes
acharnées; d'abord de tribu à tribu, de peuplade à peuplade, puis de nations à nations.
Actuellement, quels sont les peuples les plus
belliqueux, les plus enclins à la destruction?
Les peuples les plus barbares, les peuples
des contrées où le savoir a jeté des racines
peu profondes. Au contraire, dans les régions
où la civilisation a pénétré grandement, les

luttes des nations entre elles sont vues avec horreur. Ah ! nous sommes bien éloignés de ces siècles où les mères rendaient grâces aux dieux, de la mort de leurs fils pour la tribu ou la patrie !

Si des nations nous descendons à l'homme lui-même, il est facile d'observer où réside le bonheur moral. La plus grande jouissance que nous puissions éprouver, c'est de confondre notre existence avec celle d'autres nous-mêmes, de la multiplier, de parvenir à la rattacher à celle de l'humanité, de vivre d'une vie immense, de plonger le regard dans les âges les plus reculés, comme de laisser errer et absorber nos pensées dans les réflexions sur les siècles à venir.

L'ignorant possède-t-il ce bonheur ? vit-il d'une existence humanitaire ? Non, il vit pour lui, il végète pour lui. Et, si l'infortune a frappé des hommes au cœur généreux, des hommes dont le mobile est le bonheur de leurs semblables, de l'humanité, il laisse échapper ces tristes mais caractéristiques paroles : « Ils devaient s'occuper de leurs affaires », car son cerveau, son intelligence ne lui permet pas de

jouir de ce ravissement d'esprit, de cet enivre-
ment que procure à l'homme la contemplation
de l'humanité écoulée et à venir.

L'ignorant croît, vit et meurt, souffre et
jouit comme l'animal; ses souffrances sont
peu intenses, ses plaisirs des plus bornés, des
plus fugaces. Le savant souffre beaucoup, mais
ses jouissances sont infinies, car s'il sait souffrir, il sait jouir.

Et les vérités! quelles sont-elles pour celui
dont le plaisir ne s'adresse qu'à une végétalité
individuelle, dont le composer et le décomposer est tout? quelles sont-elles pour celui
qui boit et mange sans s'inquiéter du sort de
ses semblables? où sont les vérités pour celui
dont la vertu consiste, comme chez le sauvage, à satisfaire, par des moyens condamnables, des besoins tout à fait brutaux, individuels? Ah! ces vérités ne sont que trop en
harmonie avec ses plaisirs; son savoir est trop
en rapport avec son bonheur. Ignorer et croire,
voilà l'horizon de son intelligence.

Ignorance, crime, misère, tel est le premier âge, âge qui subsiste malheureusement
encore pour tant de peuples, comme le der-

nier sera le bonheur, la vertu et la vérité. A l'égoïsme naturel doit succéder l'amour de la grande famille humaine, l'amour universel, âge auquel nous parviendrons par le savoir qui fera luire cette vérité : que nous vivons pour tous comme tous vivent pour nous.

Aujourd'hui, comme par le passé, que signifient tant de termes vagues pour expliquer l'homme? Pourquoi ne pas le considérer comme le premier des êtres organisés, ayant de plus que l'animal un perfectionnement plus grand de la vie de relation, perfectionnement indispensable pour le faire exister? Pourquoi ne pas reconnaître cette loi, ce phénomène général, que les êtres devaient jouir d'une vie de relation d'autant plus parfaite que les moyens de prévoyance étaient plus nombreux et plus difficiles à obtenir? Pourquoi ne pas reconnaître pour mobile de nos actions un pur égoïsme, égoïsme d'autant plus brutal que l'individu, par le peu de développement de son intelligence, se rapproche davantage de l'animal?

Oui, répétons-le : savoir sentir, retenir les sensations, les comparer, telle est la supériorité de l'animal sur la plante, supériorité motivée par la nécessité de se procurer des matériaux indispensables à son organisme. Mais retenir et comparer ses sensations dans une étendue plus vaste, développer ses sensa- d'une manière bien plus grande à l'aide de sens très perfectionnés, comparer les sensations présentes aux passées, en faire jaillir, par la réflexion, de nouvelles, tel est le propre de l'homme ; puis suivre les voies tracées par notre organisation, se procurer le plus de jouissances possibles sans porter atteinte ni à soi-même, ni aux autres, étendre son propre bonheur, ne point le confiner dans une sphère des plus étroites, mais le rattacher à celui d'autres êtres, telle est la vertu, la véritable et pure source de nos jouissances.

Nous venons d'exposer la vie telle que l'ont révélée les découvertes modernes. Les médecins l'envisagent-ils ainsi ? Nous allons en juger par l'exposé des différentes doctrines médicales.

CHAPITRE III.

—

DISSENSIONS AU SEIN DES ÉCOLES ONTOLOGIQUES

ACTUELLES.

Lorsqu'on compare le présent biologique au passé; lorsqu'on scrute les monuments scientifiques des siècles écoulés, on est pris d'un sentiment profond d'admiration pour les travaux si beaux et si nombreux que les âges nous ont légués. Faire l'étude de l'être humain a été l'ambition des hommes les plus illustres; mais, par le fait de la complication si grande des phénomènes physiologiques, combien cette étude a été longue, pénible, et le sera encore! Sans doute par les travaux modernes, par les découvertes de l'antiquité, une foule de questions sont à jamais vidées ; cependant, malgré les progrès merveilleux de la science anthropologique, beaucoup de problèmes sont encore à expliquer! Seront-ils résolus? Qui pourrait en douter, lorsque tant de questions des plus ardues, après avoir été débattues, maniées et remaniées ont à jamais reçu leur solution? Qui se refuserait d'y songer, lorsque le grand et l'éternel miracle accompli entre l'homme et le monde est dévoilé? Les anciens ont fait ce que le temps antique comportait de réaliser. L'âge moderne fait à son tour ce que le siècle scientifique lui permet d'accomplir.

Mais à ce sentiment profond d'admiration pour les travaux de tant de générations entrées dans la tombe, se mêle une pensée pénible en songeant à ces fictions, à ces entités qui se sont succédées avec chaque âge, ont croulé avec chaque progrès, et toujours ont entravé la marche ascendante de la science de l'homme.

La lutte entre les notions fictives et la réalité existe malheureusement encore. La croyance ne cède que difficilement la place à la certitude; mais cette lutte, si faible dans l'enfance de l'humanité et au moyen-âge; cette lutte, si puissante au siècle philosophique de la Grèce, et sous le monothéisme après la réforme, est redevenue de plus en plus faible avec la marche progressive des sciences. et la dépréciation des notions absolues qui, semblables à de vieux chênes, n'ont plus pour attester leur passé qu'un tronc vermoulu que le temps dégrade toujours, sans s'arrêter jamais dans sa marche destructive.

En descendant le long cours des âges, on voit la science anthropologique enveloppée de notions fictives; mais à chaque progrès scientifique les illusions faiblissent, et, aujourd'hui, si l'on en retrouve des débris, des lambeaux épars que se disputent entre elles des écoles médicales, espérons que le savoir ne tardera pas à les faire disparaître.

Ce qui prouve et ce qui prouvera perpétuellement que l'esprit humain nagera dans un océan de chimères sans fond ni rive, tant que ses conceptions ne s'étayeront point sur la réalité, tant que sa méthode sera fictive, tant qu'il abordera des questions dignes de la croyance, indignes du raisonnement, des questions que seule l'imagination peut résoudre, ce sont les dissensions que tous les siècles, tous les pays ont vues surgir au sein des écoles ontologiques.

Dans l'antiquité, dans les temps modernes, que de noms à jamais célèbres ont cherché à se rendre compte de la vie ! S'étayant sur le vide, sur le néant, se fondant sur de préten dus axiomes, leurs conceptions étaient frappées d'inanité. Systèmes sur systèmes sortaient de ces cerveaux chagrins, et de telles investigations, à quoi aboutissaient-elles ? à produire chez les uns le plus énervant découragement ; à montrer l'existence non point comme un bien, mais comme un mal ; et chez les autres, à enfanter de beaux rêves, à les bercer de douces illusions, mais d'illusions des plus égoïstes.

Aujourd'hui même, de quelque côté que nous jetions nos regards, nous n'apercevons que dissensions au sein des écoles ontologiques, preuve de la fragilité des opinions basées sur l'imagination. Si ces dissensions servaient seulement à entraver la marche de la science de l'homme, comme amis du progrès, nous pourrions déplorer un tel débordement de notions fictives, mais nous faisons plus que les déplorer, nous en gémissons, car non-seulement elles entravent le progrès, mais elle affectent péniblement le cœur, en faisant de tous les êtres organiques, l'homme excepté, de malheureuses créatures, des jouets souffrants.

Pour juger jusqu'où peuvent aller les divergences suscitées par les discussions des questions imaginaires, transcrivons quelques passages tirés des ouvrages des représentants des diverses écoles ontologiques.

D'abord, arrivons à l'école de Montpellier :

Cette école, on le sait, fait de l'organisme humain une véritable trinité. Outre l'âme et l'agrégat matériel, elle admet une troisième substance, la force ou le principe vital. Pour elle, il est expérimentalement et rigoureusement prouvé que l'animal n'a point d'âme, mais un principe vital, semblable à celui du crétin de la première espèce, seulement muni d'instruments plus nombreux et plus développés, mais privé de tout ce qui caractérise

l'intelligence. L'intelligence vient de l'âme;
l'instinct du principe vital.

L'âme est immatérielle, immortelle, indi-
vise, possède la conscience, la pensée, la volonté, l'agérasie, etc. Le principe vital est divisible, caduc, soumis à la vieillesse, à la
destruction; il agit insciemment, spontanément et finalement; c'est-à-dire qu'il a des
fonctions à remplir, mais qu'il les accomplit
fatalement, nécessairement, sans avoir conscience de ses actes. L'animal n'a donc ni volonté, ni liberté, ni conscience, ni pensée, ni
responsabilité. C'est une machine automatique
vitale.

Le principe vital renfermé dans les solides,
dans les liquides, dans les principes immédiats
de l'organisme, vient par voie héréditaire, et
comme il a trouvé, dans le sein de la mère où
il a été créé, les éléments nécessaires à son
agrégat, il s'en sert pour fabriquer les organes. C'est la puissance architectonique de la
merveilleuse instrumentation humaine et animale, mais cet architecte est un véritable
ignorant, car il agit sans savoir ce qu'il fait.

S'il est fabricateur de l'organisme, il en est également le conservateur.

Une fois l'existence de l'âme et du principe vital admise et prouvée expérimentalement, rigoureusement, baconiennement, chacun de ces êtres a un rôle à remplir. Au principe vital appartiennent les fonctions immanentes, la circulation, par exemple, les fonctions naturelles, la digestion, les fonctions instinctives, l'acte de la génération. L'âme conçoit et perçoit. Toutes les fonctions volontaires lui échoient, et, unie au principe vital, elle coopère avec lui dans un grand nombre de fonctions soit hygides, soit pathologiques, fonctions que Galien appelait animales, et que, depuis, on a désignées sous le nom de fonctions de la vie de relation. La théorie de ces collaborations forme une doctrine anthropologique appelée doctrine de l'alliance.

Enfin, ce qu'on ne doit pas oublier, c'est que la force vitale où le principe vital, ces termes sont synonymes, et l'âme pensante, réunis dans un même agrégat, constituent avec le corps une seule personne, par union hypostatique.

Tel est le résumé succint de la doctrine anthropologique professée à Montpellier ; rien ne peut mieux la caractériser que ces vers de notre grand fabuliste :

> A l'égard de nous autres hommes,
> Je ferais notre lot infiniment plus fort ;
> Nous aurions un double trésor :
> L'un, cette âme pareille en tous tant que nous sommes,
> Sages, fous, enfants, idiots,
> Hôtes de l'univers sous le nom d'animaux ;
> L'autre, encore une autre âme, entre nous et les anges,
> Commune en un certain degré ;
> Et ce trésor à part créé,
> Suivrait parmi les airs les célestes phalanges,
> Entrerait dans un point sans en être pressé,
> Ne finirait jamais, quoiqu'ayant commencé :
> Choses réelles, quoique étranges !

Oui, bien étranges, mais bien réelles, *car le double dynamisme humain est un fait dont la dubitation est une preuve de noviciat, et dont la négation formelle est une preuve d'inscience relative, passible d'un renvoi à l'école.* **Ce sont les propres paroles du chef du vitalisme barthézien.**

Haller avait dit : « L'opinion de ceux qui doutent de l'existence des esprits : *est somniantis animi crassissimus error.* » M. Lordat a la même opinion de ceux qui n'acceptent pas son principe vital; il leur prodigue des épithètes tout aussi améniteuses, tout aussi flatteuses que celles données par le grand physiologiste du xviiie siècle. Pour l'honorable professeur de Montpellier, ceux qui contestent l'existence du double dynamisme, sont des ignorants. Il faut, certes, dirons-nous avec Bordeu, être bien convaincu de l'existence des esprits pour prodiguer des paroles aussi sévères à des personnes souvent bien respectables.

Devant une assertion si formelle: la dualité du dynamisme humain est un fait dont la dubitation est une preuve de noviciat, et dont la négation formelle est une preuve d'inscience relative, passible d'un renvoi à l'école, les regards n'ont pu s'empêcher de se tourner vers ce phare immense qui projette enfin, sur la science anthropologique, un jet de lumière éblouissant. Comme le monde est organisé actuellement, on croit peu, on doute beaucoup. L'on va à l'école, l'on cherche, l'on s'enquière, mais hélas! mirage trompeur, plus on avance, plus on cherche, plus l'illusion s'écroule, et au doute ne tarde pas à succéder l'étonnement. On est surpris en voyant à quelles conséquences arrive un homme intelligent livré à son imagination ; puis, on est peiné en songeant que ces fictions, loin d'être emportées par le souffle scientifique, sont ramassées et servent de piédestal à toute une école.

Nous étions allés à l'école en doutant du principe vital. Aujourd'hui, de novices que nous étions, nous sommes devenus de véritables ignorants.

Comment ne le serions-nous pas devenus, lorsque nous voyons ce principe vital, qualifié d'abord du nom de *majordome* (en métaphysique, on aime beaucoup les allégories, le langage pittoresque), puis du titre moins aristocratique de *princeps coquorum*, n'être pas accepté par ceux qui devaient le mieux le priser?

« Ce chef, écrit Cayol, ce *princeps coquorum* n'est autre que le principe vital qui pourra, désormais, figurer avec sa jaquette et son bonnet de coton, pour faire oublier les brillants oripeaux du malencontreux majordome. Le professeur a voulu, comme il l'annonce, faire une apologie de la définition bonaldienne, et il n'a réussi qu'à en faire la caricature.

» Le principe vital de M. Lordat est une puissance de l'ordre des causes métaphysiques, forces de l'ordre métaphysique agissant d'après les tendances de la finalité; puissance de l'ordre métaphysique, susceptible d'affections morbides, qui altèrent plus ou moins la santé. Je laisse au lecteur le soin de débrouiller, s'il se peut, cette définition, et d'expliquer, à ses fidèles adeptes, comment une puissance de l'ordre métaphysique peut être susceptible d'affections morbides? Qu'est-ce qu'une puissance métaphysique de l'ordre vital?

» Ce principe vital, ce majordome, ce chef des domestiques, a des attributs qui supposent une certaine dose d'intelligence, suivant la remarque du père Ventura. Cette remarque a de la portée. M. Lordat l'a bien senti. Voici sa réponse :

« Dans notre doctrine, on ne peut rien supposer. C'est pourquoi nous ne voyons pas une manifestation de l'intelligence dans la force vitale, que la philosophie nous oblige à distinguer cette puissance de l'âme pensante. Elle agit aussi sagement et aussi utilement, et cependant elle est asynéidète, elle a le pouvoir d'un automate ; mais cet automate n'est pas un automate cartésien, mécanique, c'est un automate vital. Ce sont les faits qui nous forcent à confesser, bon gré mal gré, une puissance mécanique nécessaire, puissance qui agit vers un but sans posséder l'intelligence ; qui jouit d'une spontanéité et d'une intelligence capables de rappeler la liberté mentale ; qui, par conséquent, a mérité le titre de cause de l'ordre métaphysique, et qui est soumise, néanmoins, à quelques qualités de l'ordre physique ; par exemple, à la caducité, à la division, à la vieillesse, à la résolution ou à l'anéantissement. »

« C'est bien le cas, ajoute Cayol, de dire : *obscurum per obscurius*. Voilà donc une cause de l'ordre métaphysique soumise à quelques qualités de l'ordre physique. Si c'est là ce que M. Lordat appelle de la philosophie inductive, expérimentale, ce n'est pas, certes, de la bonne philosophie. Une telle philosophie peut nous ramener, si l'on n'y prend garde, à la tour de Babel, à la confusion des langues. »

M. Lordat à M. Cayol, représentant de l'hippocratisme moderne: « L'hippocratisme mo-

derne de M. Cayol est l'anti-hippocratisme
formel de l'hippocratisme véritable, l'opposé
formel de la pensée d'Hippocrate. Point de
distinction entre l'homme et les bêtes. L'anthropologie est fondée, par M. Cayol, sur la
physiologie bestiale. »

M. Cayol à M. Lordat: « Il ne faut pas
presser beaucoup la doctrine du double dynamisme pour en faire sortir le matérialisme. »

M. Lordat à M. Cayol : « Le monothélisme
de M. Cayol n'est pas exactement celui de
Stahl qui, par privilége, admettait, dans la
force vitale, une faculté provenant de la grâce
divine. M. Cayol ne veut rien devoir à la foi
chrétienne, il aime mieux une hypothèse à lui. »

M. Cayol : « Je regrette que M. Lordat n'ait
pas senti qu'il est dans notre langue des mots
dont l'usage inopportun et intempestif peut
être taxé de grave inconvenance. M. Lordat
qui devait se connaître en hypothèses, puisqu'il en use et en abuse sans cesse, donne ce
nom à la force vitale. Si la force vitale est une
hypothèse, il faut reconnaitre qu'elle n'est pas
de la même famille que les hypothèses arbitraires et incohérentes de M. Lordat. »

En présence d'une joute aussi brillante, d'un tournoi scientifique où des paroles si bienveillantes sont échangées, que faire? Accepter le principe vital de la nouvelle Cos? Ce n'est pas possible; car, acquiescer à la doctrine du double dynamisme, ce serait accepter des hypothèses arbitraires et incohérentes, ce serait se lancer dans *l'obscurum per obscurius,* être ramené à une nouvelle confusion des langues.

Quoi! deux hommes qui devaient se traiter réciproquement avec des termes bienveillants, des paroles en rapport avec leur position scientifique, se prodiguent des expressions si acrimonieuses! c'est à affliger tout médecin qui a la dignité de sa profession.

Mais ce n'est pas seulement M. Cayol qui s'élève énergiquement contre le vitalisme de Montpellier. Laissons la parole à un homme dont un volumineux traité de matière médicale est tout empreint de la doctrine de Barthez :

« L'école de Montpellier est plus philosophique ou plutôt plus raisonneuse qu'expérimentale. Elle s'occupe moins des phénomènes organiques que des lois de son principe abstrait; son enseignement est le vitalisme ontologique, animisme timide, l'une des formes dégénérées de ce système. Le vieux vitalisme est usé, parce que dès qu'il sort du vague et des lieux communs, il est impuissant; les progrès de l'anatomie, de la chimie et de la physique, l'ont débordé et devaient le faire. »

Certes, si M. Cayol s'est élevé contre la doctrine du double dynamisme humain, M. Pidoux ne lui est pas inférieur dans sa protestation.

Que penser, que dire, que faire en face d'attaques aussi énergiques, dirigées contre le principe vital, attaques parties non pas de médecins sceptiques, matérialistes, mais de médecins si recommandables par leurs croyances?

Vous nous traitez, M. Lordat, de novices, si nous doutons de la doctrine du double dynamisme humain; vous nous qualifiez d'ignorants, si nous la rejetons; vos études vous ont tellement convaincu de la réalité du principe vital, qu'à vos yeux un homme qui l'ignorerait, pourrait être un officier de santé, mais

non un docteur en médecine, et que celui qui
le repousserait sciemment vous paraîtrait radicalement incapable de porter ce titre. Soit;
nous acceptons toutes vos épithètes; nous ne
dirons même pas avec M. Pidoux: « Votre enseignement est le vitalisme ontologique, animisme timide, l'une des formes dégénérées de
ce système, écrasé dès qu'il sort du vague et
des lieux communs. » Nous ne vous répon-
drons pas avec Cayol: « Votre langage est celui de la tour de Babel; votre doctrine, la charge de celle de Barthez; votre apologie de la
définition bonaldienne, une caricature, l'*obscurum per obscurius.* » Non, nous sortons purement et simplement de votre école. De
novices que nous étions avant d'y entrer, nous
sommes devenus de véritables ignorants; car
au doute a succédé une négation complète;
mais, comme l'ignorance ne nous sied guère,
comme nous ne voulons pas rester perpétuellement dans un tel état mental, nous allons à
l'école de M. Cayol, école si maltraitée par
M. Lordat, une véritable école bestiale, car
elle n'établit point de distinction entre l'homme
et l'animal. C'est l'honorable professeur de
Montpellier qui l'écrit.

L'hippocratisme moderne, tel est le titre de la doctrine professée par Cayol, n'a pas la prétention de s'étayer sur la philosophie inductive, baconienne, expérimentale, mais sur la philosophie synthétique, spirituelle.

Pour avoir une idée exacte de cette nouvelle secte médicale, citons plusieurs passages empruntés à un ouvrage auquel Cayol a prodigué les éloges les plus flatteurs, à un ouvrage qui devait, suivant le journal représentant la doctrine de l'hippocratisme moderne, faire un événement dans le monde médical :

« Dieu, qui a tout créé avec poids et nombre, a partout, dans les choses fondamentales, imposé le nombre trois. Nous croyons (*vous devez croire, car la croyance est seule capable de produire d'aussi belles assertions*) que Dieu a créé trois substances: 1° la substance matérielle; 2° la substance spirituelle; 3° le *medium plasticum*. »

Quant aux preuves de l'existence de cette admirable trinité, il n'en existe pas, l'auteur l'avoue. « Mais il y a, ajoute-t-il, des motifs sérieux qui militent en faveur de ce *medium plasticum*, de cette substance dynamique qui n'est ni matière ni esprit. »

Ces motifs, les voici, et pour nous ils sont tels, qu'il faut réellement être bien prévenu contre l'hippocratisme moderne pour les rejeter :

« 1er MOTIF. — L'étude de l'existence de la substance dynamique ne répugne nullement au sens commun. Saint Augustin, De Maistre et tant d'autres, sans parler de l'antiquité toute entière, ont cru aux natures plastiques. »

Ce motif est on ne peut plus sérieux. Toutes les fois que des théologiens, des métaphysiciens auront accepté des erreurs pour la vérité, des fictions pour la réalité, ce sera un motif d'acquiescer à ces erreurs, à ces fictions. Le peuple a cru, les théologiens ont cru et ont fait croire que le soleil tournait autour de la terre ; l'antiquité a cru, le moyen-âge a cru aux plus grossières superstitions, aux magies, aux résurrections, aux possessions ; aujourd'hui même, la nécromancie reparait, les tables dansent, parlent ; jamais les esprits n'ont joué un rôle aussi important : toutes ces croyances, toutes ces absurdités, nous devons les accepter comme des vérités.

« 2e MOTIF. — Si toute substance est matérielle et spirituelle, c'est vraiment un abîme qui sépare l'esprit de la matière. Or, dans la matière, il n'y a pas de vide, donc... »

Ce motif est plus sérieux encore. Le vide ne peut exister; il faut le combler. Rien de plus simple: on place entre la matière une substance qui ne tient ni de l'esprit, ni de la matière, qui n'est ni spirituelle, ni matérielle, mais immatérielle. Quel galimatias!

« 3° Motif. — Dieu, dit le chanoine Muzarelli, a pu *(ce prêtre n'est pas bien sûr dans son affirmation)* créer un troisième genre de substance entre l'esprit et la matière. L'âme des bêtes peut être de ce nombre. Personne ne peut contester cette proposition. »

Nous la contestons si peu, que nous sommes surpris de lire ces mots: « a pu, peut être, » qui impliquent une espèce de doute. Nous aurions préféré voir M. le chanoine, dire: Dieu a créé un troisième genre de substance; l'âme des bêtes est de ce nombre.

Le jésuite Rojat résolvait bien autrement une telle question. Demandez-lui si les bêtes ont des âmes, il vous répond sans hésiter: « Les bêtes ont des âmes, car ce sont des diables. »

Mais continuons les citations empruntées à l'ouvrage de M. Faget :

« Les anciens distinguaient, avec soin, le caractère spirituel de l'homme du principe animal, *immisitque Deus in hominem spiritum et animam.* L'union de cet esprit avec l'animal-homme est aussi étroite que mystérieuse. Il est bien entendu que nous concevons l'union du principe sensible avec l'âme raisonnable, l'âme unique de l'homme, aux mêmes titres que les cartésiens concevaient l'union de ce qu'ils appellent le corps avec l'âme intellectuelle. Seulement, les cartésiens pensent que l'âme agit sans intermédiaire sur la matière du corps, tandis que nous croyons qu'entre elle et cette matière existe un *medium plasticum* immatériel, sans faire, du tout de ce principe, une âme, pas même une âme de seconde majesté. Comme on le voit, nous sommes séduits, sinon entraînés, par l'opinion ancienne qui admettait entre l'esprit et la matière l'existence d'une substance intermédiaire immatérielle et non spirituelle. La force vitale s'exerce toute entière sur l'homme, elle est éclairée et ennoblie par son union avec l'âme pensante ; elle veille, sous la dépen-

dance de l'âme, à l'accomplissement des fonctions végétales et animales; elle est, en quelque
sorte, l'âme souveraine de ces fonctions. On peut
donc la confondre avec l'âme des bêtes. »

Ainsi, outre l'âme et le corps, l'hippocratisme
moderne reconnaît encore l'existence d'une
troisième substance, la force vitale, être immatériel et non spirituel. Choses réelles, quoique
étranges...! Cette force vitale, unie et associée
avec l'âme pensante dont elle est dépen-
dante, est éclairée et ennoblie par elle; elle
veille à l'accomplissement des fonctions végétales et animales; elle est fabricatrice, conservatrice, médicatrice; c'est l'âme des bêtes.

On pourrait, de prime abord, ne pas apprécier
toutes les différences qui séparent l'hippocratisme
moderne du vitalisme de Montpellier; cependant,
elles sont assez radicales.

D'abord, la nature de deux forces vitales n'est
pas la même. Le principe vital barthézien n'est
pas immatériel; ce mot répugne au sens intime
de M. Lordat, car l'immatérialité entraîne l'immortalité et la non divisibilité, tandis que pour
M. Lordat, le principe vital est soumis à la
caducité, à la division, à la vieillesse, à l'anéan-

tissement. De plus, il vient par voie héréditaire ; il est créé dans le sein de la mère.

La force vitale de M. Cayol, au contraire, est immatérielle, n'a pas été créée, ne provient pas de la mère, mais du *medium plasticum*; elle n'est point soumise à la caducité, à la vieillesse, à la destruction.

Puis, ces deux êtres créés, chacun d'eux a son rôle distinct. Le principe vital de M. Lordat est une puissance fabricatrice et conservatrice de l'organisme, sans être sous la dépendance de l'âme. Il n'est ni éclairé, ni ennobli par son union avec l'âme pensante. S'il accomplit les fonctions immanentes, naturelles et instinctives, il le fait sans être sous la dépendance de l'âme ; il peut les accomplir sans elle. Les seules fonctions où l'âme et la force vitale coopèrent ensemble, sont les fonctions de la vie de relation : l'âme conçoit, perçoit ; le principe vital exécute.

Au contraire, la force vitale de Cayol est un être sous la direction de l'âme ; elle est une faculté de cette âme. Si elle fabrique et conserve l'agrégat humain, c'est sous la dépendance de l'âme ; si elle veille à l'accomplissement des fonctions animales et végétales, c'est encore sous la dépendance de l'âme. L'âme, unie et associée avec elle, l'ennoblit et l'éclaire, l'éduque, lui commande. La force vitale est un domestique, mais un domestique qui n'exécute que les volontés du maître. Le principe vital de M. Lordat a un pouvoir plus étendu : il travaille, il fabrique des organes, il les conserve sans être éclairé par un autre être, sans être sous la dépendance de personne; il exécute des œuvres merveilleuses, sans recevoir de conseils.

Dans ces deux doctrines, chose remarquable, on voit la part du lion toujours la plus forte. Qui peut pousser l'homme à créer des aperçus aussi grandioses, à fonder des doctrines anthropologiques aussi vastes et aussi solidement étayées ?

M. Lordat nous l'a dit : « Ce sont les faits qui nous forcent à confesser, bon gré malgré, l'existence d'une puissance agissant aussi sagement et aussi utilement que l'âme, et cependant asynéidète; d'une puissance qui n'est pas un automate cartésien mécanique, mais vital, agissant vers un but sans posséder l'intelligence. »

M. Faget nous l'apprend également : « Tandis que toute base analytique nous est apparue comme un sable mouvant, toute base synthétique ou spirituelle peut être justement comparée à un roc inébranlable. »

« A l'heure qu'il est, l'hippocratisme moderne n'a pas d'adversaires sérieux. »

Cette dernière phrase de M. Faget est-elle sérieuse ? est-ce sérieusement qu'il écrit : « L'hippocratisme moderne n'a pas d'adversaires sérieux ? » Oui, c'est sérieusement, car chaque école ontologique a la prétention de posséder la vérité.

Dans cette question du vitalisme, M. Lordat voudrait que les lettrés puissent juger de la valeur des arguments donnés en faveur du principe vital. Or, quel lettré était mieux à même d'apprécier la valeur de ces arguments que le Père Ventura ?

Nous voudrions pouvoir rappeler toutes les objections faites à la doctrine barthézienne par le célèbre prédicateur. Comment a-t-on répondu ? On a sacrifié le nom de *majordome* comme un titre trop aristocratique ; on lui a substitué celui de *princeps coquorum* ; on a fait du principe vital une vraie nullité, un homme de rien, agissant sans avoir conscience de lui-même, de ses actes; ce qui fait dire au Père Ventura : « M. Lordat explique ce qu'il entend par le principe vital; ce n'est plus un major-dome, mais un homme de rien. Expliqué de cette manière, nous n'avons plus à nous en occuper; nous sommes portés à croire que c'est là un des problèmes sur lesquels il peut y avoir des avis divers. Nous ne sommes pas ennemis de ces forces, de ces êtres inétendus comme les esprits répandus dans la nature. L'ancienne et bonne philosophie les admettait. »

Nous aimons le Père Ventura disant : « Ce sont là des problèmes livrés à nos disputes, sur lesquels il peut y avoir des avis divers. » Eh! que seraient tant de prétendues sciences sans ces questions diverses, source d'un verbiage intarissable, de tant de mots vides dont il est si difficile d'effacer plus tard les empreintes. Il faut bien alimenter ces discussions où ne figurent jamais ni vainqueurs ni vaincus. Aussi, la bonne, l'ancienne philosophie, la glorieuse scolastique de Dun Scott, les admettait ces êtres inétendus, peut-être pas le principe vital, mais

ces milliers de malins esprits, l'effroi et la ter-
reur du moyen-âge.

Dans la discussion élevée entre M. Lordat
et l'illustre prédicateur, le résultat était tel
qu'on devait le prévoir. L'un et l'autre avaient
raison. Seulement, il fallait distinguer: *distinguo*. On s'était mal compris ; le *majordome*
était une expression trop pittoresque, on l'a
supprimée ; on l'a remplacée par une expression
moins pittoresque, plus démocratique qui, cette
fois, ne devait pas tracasser l'esprit du Père
Ventura. Au majordome aux brillants oripeaux,
à la pittoresque jaquette on a substitué un
princeps coquorum au bonnet de coton. Mais
quel chef! un marmiton de la pire espèce qui
ne sait rien faire avec intelligence, une nullité
dont le sort est des plus tristes ; car, si l'on
demande à M. Lordat ce que devient, après
l'existence, ce malheureux et pitoyable chef
des cuisiniers, il répond comme la dame Argante
à Mme de Mariveaux : « Son sort! le sort d'un
intendant. »

Hélas! trois fois hélas! sommes-nous en plein
XIXe siècle?

Malgré toutes les réponses, toutes les objections, aucun résultat définitif n'est sorti de cette discussion. La controverse étant finie, l'adversaire du professeur de Montpellier ajoute : « Nous ne dirons pas : *hic vietor*.... comme le vieux athlète de Virgile, car il n'y a ni vainqueurs ni vaincus. M. Lordat répond à ce que nous n'avons pas voulu attaquer, et nous avons attaqué ce que le savant professeur ne voulait pas défendre. »

Cette déclaration est on ne peut plus instructive. On discute, on rediscute, on écrit objections sur objections, réponses sur réponses, et à la fin, après s'être escrimé sur des mots, il arrive que les objections et les réponses ne se correspondent jamais. De cette manière, il était impossible de constater des vainqueurs et des vaincus.

Du double dynamisme, passons au dynamisme unitaire ; car si nous possédons des doctrines anthropologiques, basées sur une trinité humaine, sur l'âme, le principe vital et l'agrégat matériel ; si c'est une vérité pour des médecins, que Dieu a tout fait avec poids, mesure et nombre, et a partout, dans les choses fondamentales, imposé le nombre trois, il est d'autres

doctrines fondées sur l'âme et l'agrégat matériel, à l'exclusion de tout être intermédiaire,
et, chose pénible à dire, ici encore nous
constatons les mêmes divergences, les mêmes
dissensions.

Descartes n'avait reconnu dans l'organisme
que deux substances, l'âme spirituelle, pensante
et le corps. Cette âme était l'apanage exclusif
de l'homme; les animaux étaient de simples
machines, des automates physiques; leurs fonctions végétatives étaient expliquées par des
lois mécaniques, les pores, les vaisseaux, les
globules sanguins et leurs fonctions animales,
ou de la vie de relation par des esprits animaux,
espèce de vent très subtil, ou mieux, de flamme
très pure et très vive, montant continuellement
en grande abondance du cœur dans le cerveau,
se transmettant aux nerfs, puis aux muscles
où ils donnaient le mouvement. Les parties les
plus agitées et les plus pénétrantes du sang
sont les plus propres à produire ces esprits.
Les fonctions végétatives de l'homme sont sous
la dépendance des lois physiques; mais quant
aux fonctions de la vie de relation, l'âme les
exécute. Elle conçoit, elle perçoit, elle a le

pouvoir de faire agir les esprits animaux à sa
guise, d'exécuter des mouvements volontaires.
Cette âme est immortelle, elle émane de Dieu.
Lafontaine a caractérisé ainsi le système de
Descartes :

> . . . . . Ils disent donc
> Que la bête est une machine ;
> Qu'en elle tout se fait sans choix et par ressorts ;
> Nul sentiment, point d'âme, en elle tout est corps.
> Telle est la montre qui chemine
> A pas toujours égaux, aveugle et sans dessein.
> Ouvrez-la, lisez dans son sein :
> Mainte roue y tient lieu de tout l'esprit du monde,
> La première y meut la seconde,
> Une troisième suit ; elle sonne à la fin.
> Au dire de ces gens, la bête est toute telle.
> L'objet la frappe en un endroit ;
> Ce lieu frappé s'en va tout droit,
> Selon nous, au voisin en porter la nouvelle :
> Le sens, de proche en proche, aussitôt la reçoit.
> L'impression se fait. Mais comment se fait-elle ?
> Selon eux, par nécessité ;
> Sans passion, sans volonté :
> L'animal se sent agité
> Des mouvements que le vulgaire appelle
> Tristesse, joie, amour, plaisir, douleur cruelle,
> Ou quelqu'autre de ces états.
> Mais ce n'est point cela : ne vous y trompez pas.
> Qu'est-ce donc ? — Une montre. — Et nous ? — C'est autre chose !.

Le cartésianisme a eu ses partisans, mais il a eu ses adversaires, et les plus redoutables sont, sans contredit, les partisans des fluides, des causes impondérables. Sans parler du passé, consultons le présent. M. Lordat s'exprime ainsi sur le cartésianisme : « Le cartésianisme des bêtes est une hypothèse absurde. Il peut suffire pour le commun des hommes qui suivent une loi écrite sans en chercher l'esprit, mais non pour ceux qui sont, dans leur position, obligés de scruter leur vie intérieure. Dans tous les temps, l'hypothèse de l'automatisme mécanique des animaux a paru insoutenable. Les démonstrations de l'organisation du fœtus, celles des fonctions naturelles et de l'instinct, par la mécanique, sont des raisonnements qui n'ont causé que la pitié ou le rire. Les fonctions naturelles, les instincts ne peuvent être expliqués par les lois de la physique, puisque les cartésiens, qui croyaient arriver à ce résultat, se sont couverts de ridicule et ont succombé dans cette entreprise. »

Le Père Ventura : « M. Lordat abandonne avec raison les idées de Descartes sur la constitution des animaux ; il n'en fait pas de pures machines ; il admet en eux un principe, source de la vie, des mouvements et des sensations. Ce principe est immatériel, toute l'école en est d'accord, dit Bossuet. »

Sur ce dernier point, M. Lordat n'est pas d'accord avec Bossuet et le Père Ventura. Il veut bien admettre un principe vital chez l'animal. Mais ce principe vital est-il immatériel? Ce mot immatériel répugne au sens intime de M. Lordat, car l'immatérialité peut sembler entraîner l'indivisibilité et l'immortalité. Les impondérables sont-ils immatériels? M. Lordat est dans le doute au sujet de cette question. Or, si le doute existe pour l'immatérialité des impondérables, à plus forte raison doit-il exister lorsqu'il s'agit d'une puissance vitale.

Après le cartésianisme vient le stahlianisme. Comme Descartes, Stahl ne reconnaît dans l'homme que le corps et l'âme; car ceux qui reconnaissent un être intermédiaire entre ces deux substances ont été égarés par cet axiome absurde : qu'il ne peut exister aucun commerce entre la substance immatérielle et la matière. Seulement, pour Stahl, le rôle de l'âme dans l'exercice des fonctions humaines est tout autre que celui assigné par Descartes.

Dans la doctrine stahlienne ou animique, la vie humaine est l'effet de l'âme pensante. L'âme, faite à l'image de Dieu dont elle provient, fabrique les organes, et, une fois l'organisme achevé, elle préside à toutes les fonctions, soit de la vie végétative, soit de la vie de relation : fonctions naturelles, fonctions immanentes, volontaires, tout rentre sous son empire ; car, si elle a créé l'organisme, l'âme le conserve.

Quant à l'animal, il possède également une âme immatérielle. Cette âme exécute les fonctions de la vie végétative et de la vie de relation.

Cette doctrine anthropologique est en harmonie avec les dogmes de la religion catholique. Aussi, le Père Ventura l'accepte-t-il, et il ajoute : « Le système défendu par M. Lordat nous semble erroné. L'âme intelligente opère seule dans le corps humain : *nulla pars corporis habet proprium opus, animâ recedente* » (Saint THOMAS-D'AQUIN.)

M. Lordat est loin d'accepter la doctrine de Stahl, dont il n'est pas une proposition qui ne heurte le sens commun.

« Depuis plus de cinquante ans, écrit le professeur de Montpellier, je démontre à ceux qui cherchent la vérité, sans idée préconçue, l'arbitraire, la fausseté, l'absurdité du stahlianisme. J'en fais voir les conséquences logiques, l'identité du dynanisme humain et celui des bêtes, la divisibilité de l'âme pensante, par conséquent sa mortalité. L'animisme a pour base une hypothèse d'autant plus vicieuse, qu'elle heurte continuellement le sens intime humain; il a pour base la persuasion que la cause des fonctions naturelles est la même que le principe de l'intelligence et de la volonté. Cette hypothèse est regardée par le vitalisme comme une absurdité. L'attribution des fonctions naturelles et instinctives à l'âme pensante peut être une croyance générale dans le monde soit vulgaire, soit littéraire, où l'on ne sait que faire de la constitution exacte de l'homme et où l'on se contente de reconnaître en soi un corps et une âme. »

Dans un discours d'ouverture du cours de pathologie générale, M. Jaumes affirmait qu'il est un terrain neutre où tous les hommes éclairés se rencontrent et s'apprécient : la philosophie première ou la métaphysique, science

largement accessible, parce qu'elle a pour fondements et pour moyens ces vérités éternelles
que l'entendement, suivant l'expression de
Bossuet, perçoit toujours les mêmes.

Est-ce vrai, nous le demandons aux médecins, que ces vérités éternelles sont toujours
perçues les mêmes? Sans remonter dans le
passé, qui leur servirait d'enseignement éclatant, qu'ils suivent les discussions actuelles;
qu'ils réfléchissent à toutes les contradictions
se manifestant, chaque jour, au sein des écoles
ontologiques, et qu'ils se prononcent!

Certainement, tant qu'il s'agit de s'arroger
une âme, de s'immortaliser, c'est toujours
une vérité éternelle pour le cœur égoïste de
l'homme. Mais quelle est cette âme, quels
sont ses attributs, quel rôle joue-t-elle dans
l'organisme? Alors l'accord cesse, l'harmonie
disparaît, et éclosent tant d'appréciations si
diverses, si opposées, et surtout si pleines de
récriminations!

Que penser même de l'existence de l'âme,
si l'on était tenté d'accepter cet être fictif,
lorsqu'on entend M. Cayol traiter avec dédain,
ridiculiser même le principe vital, et M. Jaumes

dire : « Les attributs du principe vital sont définitivement établis. Sa réalité est aussi bien prouvée que celle de l'âme ? »

Quoi ! vous appelez des vérités éternelles, que l'entendement perçoit toujours les mêmes, l'existence du principe vital ! Vous affirmez que son existence est aussi bien prouvée que celle de l'âme, lorsque M. Roche proclame que toutes les discussions sur le principe vital sont indignes d'occuper des hommes sérieux ! lorsque Cayol prétend que M. Lordat a fait la caricature de la définition bonaldienne, la charge de la doctrine de Barthez ! lorsque M. Pidoux vous lance ces paroles si accablantes : « École plus raisonneuse qu'expérimentale, animisme timide, l'une des formes dégénérées de ce système, écrasé dès qu'il sort des lieux communs ! » Sont-ce des vérités éternelles, que l'entendement perçoit toujours les mêmes, cette âme spirituelle unie et associée à une force vitale, immatérielle et non spirituelle ? cette force vitale fabricatrice, veillant, sous la dépendance de l'âme, à l'accomplissement des fonctions animales et végétales ? Est-ce une vérité éternelle que ce *medium plasticum*, cette substance immatérielle intermédiaire entre l'âme et le corps, comblant le vide existant entre la matière et l'esprit? Sont-ce des vérités éternelles, que ces expressions alambiquées de substance spirituelle, mais non immatérielle; de substance immatérielle, mais non spirituelle?

Savez-vous ce que vous faites? Une philosophie de mots nous reportant à de malheureuses époques, au siècle des Sprenger. Chacun se paye de termes, d'expressions variées; on a l'*anima*, l'*animus*, le *spiritus*, le *Nous* et le ψυχη, le *rouach*, le *nephesch*, le *neschamah*, l'ανεμος, le πνευμα, les substances spirituelles, les substances immatérielles et non spirituelles, etc.

M. Jaumes a raison de prétendre que la métaphysique est une science largement accessible. Les adeptes de cette science ne font jamais défaut; le nombre en a été grand dans l'antiquité, plus grand à la fin du moyen-âge, et, quoique affaibli de nos jours, il n'en est pas moins imposant. C'est bien simple à comprendre: dans les sciences, les propositions sont démontrées ou réfutées; dans cette vaste science des *vérités éternelles*, le spectacle est tout autre:

on discute, on rediscute perpétuellement sur des questions indémontrables, irréfutables, et, à l'aide des *nisi*, des *distinguo*, des *peut-être* et des *qu'en sait-on*, on peut librement jouer sur le sens des mots et donner carrière à de misérables équivoques.

Comment ne pas déplorer les conséquences d'aussi étranges discussions, lorsqu'on voit un médecin parler du *phlox* et de l'*aphlox*, de la *matière inerte* et de l'*impondérable*? Écoutons ses paroles :

« Dans sa jeunesse et dans son âge d'enfantement, la terre a produit la lune et l'a associée à sa rotation sur elle-même. Plus tard, quand la terre eut produit des montagnes et des voies volcaniques suffisantes pour la liberté de son expansion et de ses excrétions, elle n'enfanta plus à l'extérieur ; mais la force de son *phlox* central et rayonnant fut employée à organiser et à manifester des minéraux, des cristaux, des végétaux et une foule d'êtres hybrides qui furent des liens transitoires pour engendrer les règnes végétal et animal. Alors, ces derniers surgirent par une évolution graduelle et ramificative, et par un changement progressif et l'épuration de la substance *phloxo-aphloxique* de la terre. La progression des végétaux s'opéra par les agames, par les cryptogames et par les phanérogames. Mais la progression du règne animal s'exécuta par les infusoires, les polypes, les radiaires, les vers, les annélides, les crustacés, les arachnides, les mollusques, les quadrumanes, les bimanes, les orangs-outangs, les troglodytes, les papous, les boschimanes, les Cafres, les Nègres, les Malais, les Mongols, les Caucasiens. L'homme est l'extrait quintessencié, le résumé final des élaborations immenses et progressives de la nature. Il a son *phlox* et son *aphlox*. »

On rira de ce *phlox* et de cet *aphlox*. On pourra traiter d'excentrique une telle production. Excentrique! Eh! pourquoi? M. Christophe n'a-t-il pas le droit de s'appuyer sur des rêveries? ne peut-il pas donner le jour à des notions imaginaires? M. Lordat n'admet-il pas des causes invisibles, intangibles de l'ordre vital et de l'ordre physique, des fluides impondérables? M. Faget, avec De Maistre et saint Augustin, sans parler de l'antiquité toute entière, ne croit-il pas au *medium plasticum?* aux substances immatérielles et non spirituelles , substances qui sont peut-être le fluide *phloxique* de M. Christophe?

Dans l'antiquité , dans les temps modernes , que de voix éloquentes se sont fait entendre pour protester contre toutes ces discussions , toutes ces productions stériles !

« C'est l'étude de l'anatomie en exercice, ou, si l'on aime mieux, de l'anatomie et de la physiologie , qui doit être la base , l'unique point de départ des progrès ultérieurs de la médecine. Fouillons donc l'organisme dans ses replis de composition les plus cachés, en nous aidant du scalpel, du filtre et du microscope. C'est dans cette voie qu'est le progrès , et non dans des stériles discussions , indignes d'occuper des hommes sérieux, sur le principe vital, la force vitale, les propriétés vitales. » (ROCHE.)

Certes, voilà de belles paroles. Oui, toutes ces discussions sont indignes d'occuper des hommes sérieux. Nous adhérons pleinement à une telle déclaration. Mais pourquoi ceux qui s'élèvent contre ces discussions ne se prononcent-ils pas ouvertement contre le passé ontologique? pourquoi ne rompent-ils pas avec toute espèce de notions absolues? Pourquoi? Rien n'est plus facile à expliquer, en réfléchissant sur la constitution humaine. Tant que ces discussions ne portent pas atteinte au bonheur de l'homme, on peut les rejeter; mais, dès qu'elles servent son intérêt, les repousser est difficile.

M. Roche admet bien que les discussions sur le principe vital sont indignes d'hommes sérieux, mais il a soin d'ajouter : « L'âme est l'apanage exclusif de l'homme ; c'est elle qui le distingue des autres êtres de la création. Cette âme est immortelle comme la source d'où elle jaillit, de la divinité. Inaltérable, elle ne peut devenir malade. Immatérielle, nous tenterions en vain de l'atteindre et même de la modifier. »

Voilà où conduit l'adoption des transactions, des atermoiements. Vous vous élevez, M. Roche, contre le principe vital ! S'occuper de la force vitale est, pour vous, chose indigne d'occuper des hommes sérieux ! A notre tour, ne pouvons-nous pas vous lancer les mêmes accusations, vous faire les mêmes reproches? Vous ne voulez pas discuter sur le principe vital, la force vitale, les propriétés vitales, et d'un seul trait vous

tranchez à votre profit ce problème immense !
« Seul, l'homme a une âme immatérielle, immortelle. » Sur quoi vous fondez-vous pour
produire une assertion aussi étrange ? Quelles
sont vos preuves pour avancer une affirmation
aussi inepte ? « L'âme est inaltérable comme
la source d'où elle jaillit. » Mais non ! l'âme
ne jaillit pas de la divinité ; c'est saint Augustin
qui le dit , c'est Cuvier et M. Lordat qui l'affirment. L'âme vient par propagation , et cela devait être , et cela est rationnel ; car , si l'âme
venait directement de Dieu, comment expliquer
le péché originel ? comment quelque chose
d'impur sortirait-il de la divinité , de la pureté
même ? comment se rendre compte de la grâce
divine du baptême ? « L'âme est l'apanage exclusif de l'homme ! » Pensez-vous faire progresser la science avec de telles assertions ,
d'aussi captieux raisonnements ? pensez-vous
que le progrès de l'anatomie soit dans une telle
voie ? Vous parlez de discussions stériles, indignes d'occuper des hommes sérieux ! Ce que
vous dites de l'âme, n'est-ce pas bien puéril ?

L'école à laquelle appartient M. Roche est
l'organicisme. Cette école rejette l'animisme ;

elle en rit. Elle repousse le vitalisme, lui pro- digue les paroles les plus plaisantes; elle prend en pitié l'hippocratisme moderne. Et, cepen- dant, cette école croit à Dieu, à l'âme, aux fluides, aux impondérables; elle possède la sensibilité et la contractilité distinguées en in- sensibles et sensibles, êtres distincts de la matière, dont Dieu a doué la substance orga- nique. Elle a une âme, mais c'est une espèce de momie, car elle n'intervient nullement dans les fonctions végétales et animales. Les deux principes, la sensibilité et la contractilité, suffisent à leur exercice.

Certes, pour nous, c'est le plus singulier de tous les vitalismes. Au moins, à Montpellier, on a le bon esprit de comprendre un vitalisme unitaire, tandis qu'à Paris c'est un vitalisme de la pire espèce, un vitalisme multiforme. Puis cette âme qui ne fait rien...? Ah! l'école de Barthez a beau jeu en face de ces hypothèses organiciennes. Aussi, M. Lordat les traite comme elles le méritent; il dit que l'âme, con- sidérée de cette manière ironique et presque dérisoire, a une existence pareille à celle des dieux d'Epicure, et est bien moins sérieuse que celle de Lucrèce ; que les partisans de l'anatomisme sont semblables aux orfèvres des anciens païens qui, quand ils avaient fait un homme, un animal, les regardaient comme pénétrés d'un esprit et d'une puissance divine, et leur rendaient un culte de latrie.

Dans une question, lorsqu'on est placé entre l'erreur et la vérité, entre la réalité et les fictions, toute transaction est impraticable.

Si M. Lordat demandait à M. Roche : Où sont vos preuves de l'existence de l'âme ? Si M. Lordat demandait à M. Piorry : Où sont vos preuves de l'immortalité de l'âme ? Si M. Jaumes demandait à ce foudre de guerre, à M. Malgagne, l'athlète vaillant de l'école organicienne, dont la parole est si acerbe à l'égard de l'école vitaliste, mais qui ne craint pas de se draper dans les fictions théologiques : Où sont vos preuves pour venir affirmer publiquement, au sein d'une école de médecine, que Dieu a fait des lois éternelles ? Pour répondre, il faudrait bien s'appuyer sur la croyance.

Nous n'en finirions pas, si nous voulions citer toutes les élucubrations, tous les systèmes biologiques surgis de l'imagination. Si nous avons parlé de quelques écoles, c'est que se sont les plus célèbres. Combien est-il de petites églises constituant autant de branches hérétiques, qui prennent un lambeau d'une doctrine, un lambeau de l'autre ! Que d'écoles secondaires, et pas une d'elles qui ne s'attire, de la part de l'autre, un grave reproche, celui d'être matérialiste.

Le malheur de la science de l'homme, c'est qu'on ne cesse de l'inonder de mots, d'expressions. On attribue une signification à ces mots ; on répète tellement ces expressions, qu'on finit par se familiariser avec elles, et une fois que le *maître* a parlé, la foule applaudit, reçoit des jugements tout faits et les répète par habitude ; puis, ces notions admises, rien n'est plus facile que d'en déduire les conséquences les plus nombreuses, les plus variées, mais les plus déplorables : déplorables au point de vue de la physiologie et de l'art médical, déplorables au point de vue religieux, plus déplorables encore au point de vue humanitaire, car elles portent atteinte aux sentiments affectifs qui grandissent et ennoblissent notre existence.

Examinons quelques-unes de ces conséquences. Supposons l'existence du phlox, du
principe vital, de l'âme, admise, prouvée expérimentalement ou spirituellement, et voyons
les déductions auxquelles nous sommes amenés.

D'abord, retournons à l'école de M. Lordat :
La dualité du dynamisme nous rend compte
de quatre ordres de fonctions hygides, divisées
en fonctions immanentes, naturelles, instinctives, et en fonctions opérées par l'action des
deux puissances, l'âme et le principe vital.
Si nous possédons quatre fonctions hygides,
nous devons avoir une pathologie plus vaste
que celle des autres écoles. En effet, nous
avons : 1° des modes excentriques et inusités
de l'âme, qui troublent le cours de la vie
intellectuelle; 2° des affections morbides du
principe vital, qui altèrent plus ou moins le
cours de la santé; 3° des affections morbides
portant sur l'exercice des lois de l'alliance des
deux puissances; 4° les maladies de l'agrégat
matériel. L'essence de la maladie est dans
l'affection du principe vital.

De cette pathologie découlent quatre espèces

de thérapeutique : 1° une thérapeutique physique exercée sur l'agrégat ; 2° une thérapeutique vitale dont le but est de modifier l'état actuel de la puissance biotique ; 3° une thérapeutique mentale pour mettre l'âme dans un état d'intelligence désirable pour l'intérêt de la santé ; 4° une thérapeutique spondématique capable de gouverner l'alliance des puissances.

M. Lordat a bien raison de dire que la physiologie et la pathologie, telles quelles sont envisagées à Montpellier, diffèrent essentiellement de celles des autres écoles. A l'aide de ces vastes aperçus, il est facile de se rendre compte d'une foule d'actes physiologiques, d'obtenir promptement la solution de questions qui, de prime-abord, paraîtraient très difficiles à expliquer.

Pour exemple, prenons la théorie du magnétisme animal et celle de l'anœsthésie artificiellement produite. Que se passe-t-il dans l'éthérisation et dans le magnétisme animal ?

« Nous avons vu, répond M. Lordat, dans le magnétisme animal et l'éthérisation, une diminution de l'union de l'âme pensante et de la force vitale, diminution plus profonde que celle du sommeil, durant laquelle la force vitale éprouve la perception et exerce les réactions attachées à ses facultés ; tandis que le principe intelligent restait étranger aux impressions, et se reposait ou pensait. »

Sans la doctrine de l'alliance, pouvait-on jamais espérer de résoudre une telle question ? pouvait-on espérer de parvenir à une solution aussi prompte et aussi solidement établie ?

Et la théorie des crimes, comment la fonder sans la doctrine du double dynamisme ? comment expliquer certains actes, si l'on n'admet pas des instincts provenant du principe vital ? Comme le fait remarquer M. Lordat, n'existe-t-il pas des instincts qui ne peuvent se rapporter ni aux actes de l'ordre physique, ni à ceux de l'intelligence ?

Citons textuellement : « Par exemple, l'inceste génératif peut être séparé de la volonté mentale ; l'inceste raisonné des filles de Lot est accompagné d'une circonstance physiologique remarquable : *Elles donnèrent donc cette nuit, dit l'Ecriture, du vin à leur père, et l'aînée dormit avec lui sans qu'il sentît ni quand elle se coucha, ni quand elle se leva ; elles donnèrent donc encore à boire à leur père, et sa seconde fille dormit avec lui sans qu'il sentît ni quand elle se coucha, ni quand elle se leva. L'aînée enfanta Moab; la seconde, Ammon.*

» L'ignorance de Lot, ajoute M. Lordat, signifie-t-elle autre chose sinon qu'une fonction humaine s'est opérée sans la participation du sens intime? »

Si de tels faits se produisaient de nos jours, et si la justice avait égard à de telles interprétations, que deviendrait la société? Dieu merci! nous sommes dans un siècle où ces actes révolteraient le cœur de tout honnête homme; où un père, qui commettrait une action aussi odieuse, serait frappé par la justice sans qu'elle eût égard à la non participation du sens intime.

En réfléchissant à toutes ces déductions, nous avons éprouvé un sentiment bien triste. Est-ce possible de tenir de pareils raisonnements? On nous parle d'une doctrine d'alliance, d'une union hypostatique, terme vague qui nous reporte à l'école d'Alexandrie, aux discussions des eutychiens et des nestoriens; on explique le sommeil, l'éthérisation par une diminution passagère de l'union de l'âme et de la force vitale ; on rapporte un acte aussi condamnable que celui commis par Lot, à des instincts provenant de la force vitale ; on proclame que l'essence de la maladie est dans l'affection du principe vital ! Sur quoi donc se fonde-t-on pour tenir ce langage ? Si l'on se servait de ces vérités premières dont parle Bossuet, à merveille ! mais parler de philosophie rigoureuse, expérimentale, c'est à tomber des nues, c'est à douter du progrès de l'anthropologie !

Sortons de l'école du double dynamisme, retournons à l'école de Cayol et examinons quelques conséquences de l'hippocratisme moderne.

Après avoir établi que toute science doit reposer sur une idée générale, spirituelle, où les sens n'ont rien à voir, une vérité primordiale, évidente par elle-même, au-dessus de toute démonstration, M. Faget s'élève aux considérations les plus élevées : résurrection de la chair, transformation du sang à travers le poumon en fluides nerveux, artériel, atrabilaire, etc., et une foule d'autres questions sont résolues promptement, grâces aux principes spirituels.

D'ailleurs, laissons parler M. Faget : « Le sang, traversant les trois organes fondamentaux qui sont trois parenchymes, se transforme, par suite d'une élaboration qui restera sans doute toujours bien mystérieuse, en trois autres fluides tout à fait distincts.

« Dans la tête, il produit le fluide nerveux d'une subtilité comparable à celle des fluides impondérables et incoërcibles qu'étudie la physique. Aussi, est-il permis d'admettre que ce fluide, qui est l'expression la plus élevée de la force vitale et dont les anciens faisaient leurs esprits vitaux, animaux, puisse être le moteur ou l'intermédiaire des phénomènes aussi surprenants que ceux qu'on peut voir dans les cabinets de physique. Il y a donc lieu d'étudier ce que de nos jours on a voulu appeler magnétisme animal. Malgré toutes les analogies, nous n'avons pas le droit de confondre le fluide nerveux avec le fluide électrique ou magnétique. Dans l'état actuel de la science, il faut croire à un fluide nerveux. »

Nous aimons la philosophie synthétique de M. Faget ; ses assertions spirituelles donnent une explication si satisfaisante des phénomènes physiologiques...!

M. Cayol avait raison de prétendre que l'ouvrage de M. Faget, couronné par la Société de Médecine de Caen, serait un événement dans le monde médical. Certainement, ce livre est un événement et peut faire naître bien des réflexions. Qu'on le lise, qu'on médite sur les déductions auxquelles entraîne l'adoption des axiomes intuitifs, et qu'on dise s'il est permis de venir étaler au grand jour de telles notions ?

Laissons de côté ces assertions *spirituelles*, arrivons à la thérapeutique de l'hippocratisme moderne.

« Tout dans l'univers se conserve par la seule puissance de Dieu qui a tout créé. Voilà un axiome que pas un esprit droit ne sera tenté de nier. La médecine a mission pour travailler à la conservation de l'homme. Le médecin doit donc mettre son premier soin à étudier comment Dieu conserve les êtres et l'homme en particulier. Le médecin n'a donc qu'à imiter Dieu. Il doit et même il ne doit être que son premier ministre. Mais comme si la pensée de Dieu, pouvant et agissant en tout et partout, était trop accablante pour nous, on a inventé le mot nature pour voiler cette action incessante de Dieu. Il n'en est pas moins évident que la nature en tant que cause, n'est qu'une cause seconde dans les mains de la cause première. Ce n'est qu'à ce titre qu'entre Dieu et le médecin, nous concevons l'action de la nature. Prétendre à l'art de guérir, c'est donc s'efforcer d'imiter l'art de la nature, ou plutôt la providence de Dieu à la fois si visible et si cachée. »

Franchement, est-il possible d'accepter de telles notions? est-il permis de ne point protester contre cette nature médicatrice? Ne pas le faire, ce serait arriver en médecine au scepticisme le plus douloureux, au découragement le plus énervant.

Si M. Lordat fait intervenir dans les fonctions, soit hygides, soit pathologiques de la vie de relation, la force vitale et l'âme pensante, ne formant avec le corps, par union hypostatique qu'une seule personne; si pour l'honorable professeur de Montpellier les besoins tant hygiéniques que thérapeutiques découlent: 1° ou de l'agrégat matériel; 2° ou de la force vitale; 3° ou de l'âme; 4° ou de l'âme et de la force vitale; si M. Faget croit au fluide nerveux, à l'action de Dieu dans la conservation des êtres, à son intervention dans la cure des maladies, pourquoi M. Christophe, après avoir admis l'existence du phlox et de l'aphlox, de la matière inerte et de l'impondérable, ne se livrerait-il pas aux déductions les plus étendues? La cause des maladies étant dans le phlox susceptible d'altération, ce médecin devait former des états pathologiques du phlox. En effet, il en a formé, et nous l'en remercions, car ils prouvent à quels errements peut arriver un homme dont le point de départ des investigations est idéal. Voici ces états pathologiques : *l'hypéraristophose, l'abaristophose, l'hipéraristophosose, l'abaristophosose, la cacaristophose, etc.*

La création de ce phlox, du principe vital, a produit un langage des plus harmonieux et surtout des plus imitatifs. La susception anœsthésique, l'œsthésia, la synéidésie, la cacoathélie, les causes procoarctiques, l'abaristophose, la cacaristophose, que de noms euphoniques, que de termes harmonieux! les apprendre rend bien digne d'entrer dans le corps médical.

Pauvre science de l'homme, sera-t-elle donc éternellement le refuge de tous ces glossateurs dont le moyen-âge a été une véritable pépinière! Les systèmes passent! Oui, les systèmes passent; mais de ces systèmes quelle source de notions erronées il jaillit!.....

Nous parlons des conséquences anthropo-logiques qui surgissent de ces étranges discussions. Chose pénible à dire, ce qui tourmente le plus chaque chef d'une école, dans tout ce dédale, ce labyrinthe de controverses interminables, c'est de pouvoir mettre sa doctrine en harmonie avec les croyances théologiques.

Le professeur Cayol a eu le courage de prononcer ces paroles, attestant chez lui autant de loyauté que d'intelligence : « S'il m'était démontré par une autorité compétente, qu'une proposition quelconque de l'hippocratisme moderne est en opposition avec les dogmes catholiques, je la supprimerais sans hésiter comme fausse et erronée, lors même que sa suppression devrait entraîner la ruine de la doctrine toute entière. »

Quel aveu de la part du chef, du premier représentant de l'hippocratisme moderne!

Si les médecins de l'antiquité, Anaxagore, Hippocrate, Démocrite, Diogène d'Apollonie, avaient suivi une telle voie ; s'ils avaient discuté avec leurs prêtres, leurs oracles, pour mettre leurs idées en harmonie avec les notions théologiques régnant à pareille époque, nous en ririons peut-être, et cependant dans l'antique Grèce le savoir n'avait pas atteint les développements merveilleux qu'il a acquis de nos jours ! Ils ne l'ont pas fait. Bien au contraire, ils ne cessaient de protester contre les notions théologiques, protestations que les castes sacerdotales punissaient sévèrement, comme le prouve l'odieuse persécution exercée contre Anaxagore, ce Galilée de l'antiquité. Et songer qu'au XIXe siècle des médecins veulent harmoniser les croyances théologiques avec les doctrines médicales !

Si l'astronomie se basait sur les dogmes catholiques, si un astronome prétendait, conformément aux traditions juives, que la terre ne tourne pas, qu'elle est immobile, qu'en penseraient les autres astronomes ? Ils riraient et passeraient outre. Eh bien ! ce que les autres savants n'oseraient entreprendre, on veut et on ose le réaliser dans la science anthropologique.

Si des médecins protestants, juifs, mahométants, boudhistes, etc., tenaient le langage de M. Cayol, qu'adviendrait la science de l'homme ? Si l'anthropologie devait s'harmoniser avec les dogmes des innombrables branches d'églises qui hérissent l'univers, à quelles conséquences funestes, pitoyables on arriverait! Que ceux qui voudraient faire rentrer l'anthropologie dans le giron du culte papal sachent une fois pour toutes que leurs efforts seront stériles, et qu'il serait plus facile de faire remonter, de son embouchure à sa source, l'eau d'un fleuve, que de faire pactiser la croyance avec la certitude, la réalité avec l'illusion.

Cayol, en avançant cette profession de foi médico-catholique, se fondait sur la croyance. M. Lordat, lui aussi est catholique! il veut mettre en harmonie son double dynamisme avec les dogmes du culte papal; il le fait non-seulement en s'étayant sur la foi, mais encore sur la philosophie baconienne.

Suivant cet éminent professeur, la doctrine

du double dynamisme est telle pour le catholicisme, que certaines obscurités de la révélation pourraient être éclaircies par une connaissance approfondie du dynamisme barthézien. Aussi, deux prêtres, parodiant des paroles célèbres, ont-ils dit : « Si le principe vital, si la dualité du dynamisme humain n'était pas démontré par l'ensemble des faits médicaux, les moralistes religieux auraient dû l'inventer pour fortifier leurs préceptes et leurs promesses. »

Malheureusement MM. les curés n'ont pas été tous de l'avis de ces deux honorables abbés. Un homme éloquent, un prédicateur des plus distingués, s'est élevé contre la doctrine du double dynamisme, et a déclaré que la seule théorie que l'on pût catholiquement admettre était l'animisme, le stahlianisme, dont M. Lordat démontre, depuis plus de cinquante ans, l'arbitraire, la fausseté et l'absurdité.

Nous parlions de divergences perpétuelles au sein des écoles ontologiques ; actuellement nous allons voir des théologiens rejeter le lendemain ce qu'ils admettaient la veille.

De toutes les définitions de l'homme, la plus

exacte, la plus convenable pour M. Lordat,
est la définition bonaldienne: « L'homme est
une intelligence servie par des organes. » Dans
cette définition, le professeur de Montpellier
reconnaît la doctrine du double dynamisme;
car, pour M. Lordat, feu Bonald a voulu dire:
« L'homme est une intelligence servie par des
organes vivifiés par la force vitale. » Cette définition, le Père Ventura l'a déclarée vraie autrefois, et suivant lui, bien développée, elle
pouvait équivaloir à un traité complet de physiologie. Aujourd'hui, le Père Ventura a changé
d'opinion: à ses yeux, la définition bonaldienne
n'est plus vraie; cette définition est radicalement fausse. Contradiction qui attire à ce
prédicateur ces paroles: « Quel était le person-
nage éminent qui faisait l'éloge de la définition
bonaldienne? C'était vous, mon Révérend
Père. Ce que vous disiez être vrai hier, aujour-
d'hui vous le déclarez radicalement faux. »
(BONALD, arch.)

M. Lordat n'a pas laissé échapper ces paroles. Il s'en est servi et les a dirigées contre
le Père Ventura. « Cet argument, dit-il, n'a
pas été sans effet. La science n'y a pas gagné
grand'chose, mais l'ennemi a été blessé. »

Si, la science y a gagné quelque chose. Sans doute son domaine ne s'est pas enrichi de faits nouveaux, mais ces attaques, ces objections, ces revirements d'opinion de la part d'hommes aussi éminents, ne servent qu'à grandir, à rehausser le savoir et à déprécier toute espèce de fictions.

Quels sont donc les motifs qui ont poussé le Père Ventura à rejeter la définition bonaldienne, à la qualifier de radicalement fausse? Ces motifs sont faciles à comprendre. En admettant cette définition, l'homme n'est plus un composé réel, subtantiel, naturel, mais un composé factice, artificiel. En adoptant la définition bonaldienne, on tombe dans le nestorianisme; car, ainsi que le fait remarquer le Père Ventura, le corps n'est pas plus servi par l'intelligence que l'intelligence n'est servie par les organes. Les opérations humaines ne sont pas tout à fait de l'âme seule, ni du corps tout seul, mais sont du corps animé ou de l'homme-corps, en un mot, de l'homme.

« La nature ou l'essence de l'homme, dit le Père Ventura, consiste en cela que l'intelligence est unie au corps d'une manière si in-

time, qu'elle ne forme avec le corps qu'un composé réel, substantiel, essentiel. La nature ou
l'essence de l'homme consiste encore en cela
qu'en conséquence de cette unité d'être, propre
de l'âme et partagée par le corps, les opérations
humaines ne sont ni de l'âme toute seule, ni
du corps tout seul, mais sont du corps animé
ou de l'homme-corps, sont de tout le composé,
sont, en un mot, de l'homme. »

Le Père Ventura voit la définition bonaldienne
dans Platon, qui disait: « L'homme n'est qu'un
esprit qui a pour appendice le corps. » Ce qui
est faux. Il s'élève aussi contre Descartes.

« Pour Platon et plus tard pour Descartes,
l'âme n'est unie au corps que comme le moteur est uni au mu, comme le batelier est uni
au bateau: union, vous le voyez, mes Frères,
la plus éphémère, la plus vaine, car le moteur
et le mu, le maître et le serviteur, le batelier
et le bateau ne sont pas un, mais deux, ce qui,
par rapport à l'homme, est complètement faux,
l'âme et le corps étant unis à l'homme d'une
manière substantielle. »

M. Lordat repousse comme calomnieuse l'épithète de nestoriens anthropologistes donnée

aux adhérents de la définition bonaldienne; car, pour lui, si l'homme est composé d'une intelligence et d'organes vivifiés par une puissance vitale, le tout est rendu unitaire, en une personne ou une hypostase. Si dans la définition bonaldienne, le mot union hypostatique a été omis, c'est que le mot homme renferme tous les éléments unifiés, car homme est personne, et par conséquent unité hypostatique. D'ailleurs, si le Père Ventura qualifie de nestoriens anthropologistes ses adversaires, M. Lordat lui inflige à son tour le titre de monothéliste-anthropologiste, épithète qui nous reporte au temps des eutychiens.

Parmi les objections faites par le Père Ventura à la doctrine du double dynamisme, plusieurs nous ont frappés. Ainsi nous voyons celle-ci:

« Consultez le symbole de saint Athanase, si révéré dans l'Eglise et récité dans ses offices. « L'homme, y est-il dit, est composé d'une chair humaine et d'une âme raisonnable. » Il n'y a pas ici de troisième principe. « *Fides autem catholica est.... perfectus homo ex animâ rationali et humanâ carne subsistens.* » On ne voit ici que la chair inanimée et le principe intelligent.

Mais la suite est plus imposante : « *Sicut anima rationalis et caro unus est homo, ità Deus et homo unus est Christus.*» Ainsi, comme on ne pourrait pas dire qu'il y a un être intermédiaire entre le verbe divin et l'homme, pour former la personne du Christ, on ne peut dire ici, en aucune manière, qu'il y ait un être intermédiaire entre le corps et l'âme dans leur union substantielle, car ici la similitude doit être de la plus rigoureuse exactitude. »

A cette objection si formidable, que répond M. Lordat ? « La chair humaine dont parle l'évêque d'Alexandrie, n'était pas dans la condition de la viande sur l'étal, mais d'une chair pénétrée de la force vitale. »

Comme on peut le prévoir, l'objection a dû crouler devant un tel argument; mais, s'il en a été à peu près de même de toutes les objections formulées par le Père Ventura, il en est deux sur lesquelles on n'a pu s'entendre, et, franchement, elles nous paraissent si graves par leurs conséquences, que nous entrevoyons la nécessité d'un concile pour les résoudre.

Première objection : « M. Lordat se trompe étrangement dans l'interprétation de la vision d'Ezéchiel. Elle est toute contre son système. Ezéchiel, revêtu de la puissance du Créateur, ordonne aux ossements de se rapprocher, et les cadavres se reconstituent, mais restent immobiles et inanimés. *Spiritum non habebant.* Ce n'est que lorsque l'esprit est rendu, que ces corps reprennent la vie, le mouvement et l'intelligence, *et ingressus in eâ spiritus, vixerunt et steterunt super pedes suos.* Dans le système de M. Lordat, ces corps, rétablis par le principe vital, auraient dû être capables, sinon d'intelligence, du moins de se tenir sur leurs pieds avant l'avenue de l'âme.

M. Lordat : « Quand Dieu a voulu rendre la vie humaine à des ossements d'hommes, il n'a pas envoyé des âmes pensantes qui sussent choisir les os, les revêtir de parties molles et les mettre en mouvement à mesure que le système anatomique avancerait. C'était pourtant le meilleur moyen de nous faire voir qu'il n'y a dans l'homme qu'une seule puissance, et de nous donner un avant-coureur du stahlianisme. Au lieu de ce procédé, il a d'abord envoyé une puissance architectonique vitale qui opéra sans intelligence, sans aucun sentiment d'elle-même, le rapprochement des os, leur ajustement, la formation des chairs, la disposition des ligaments, l'organisation des muscles, des nerfs, des vaisseaux, d'une peau capable de protéger ces organes. »

Mais au moins ces corps auraient dû être capables de se tenir sur leurs pieds!

M. Lordat: « Je ne vois pas qu'une force vitale ait besoin de faire la station pour qu'on la croit vivante. »

Malgré cette réponse, l'objection a résisté. Le Père Ventura ne s'est pas trouvé satisfait.

Deuxième objection : « La vie vient de la vie. Cela est vrai pour les animaux, mais non pour l'homme : *Anima brutorum ex aliquâ virtute corporeâ producitur; anima verò humana à Deo.* (Saint THOMAS-D'AQUIN.)

M. Lordat, au contraire, admet la propagation des âmes; il s'appuie sur l'autorité de saint Augustin, de Tertullien, de saint Jérôme; il produit, en faveur de cette opinion, un argument des plus formidables : « Puisqu'une âme, dit-il, n'est pas la fille du père de l'agrégat vivant dont elle doit être l'hôte, il n'est pas logiquement possible de la rendre responsable du péché d'Adam. Sortie des mains de Dieu, elle est exempte de toute accusation. Cependant il est écrit : « *Ecce enim in iniquitatibus conceptus sum et in peccato concepit me mater mea.* » Or, si dans l'homme il n'y a succession que dans la chair qui, à l'exemple des bêtes, a été engendrée par une espèce de vertu corporelle, où réside le péché originel ? à quelle substance s'adresse la grâce divine du baptème ? Est-ce que Dieu a fait une âme toute neuve capable de la désobéissance d'un premier père d'où elle ne descend pas. »

Mais, répondra-t-on à M. Lordat, elle était pure avant d'entrer dans l'organisme, elle a été souillée en s'unissant avec la matière. Ceci n'est pas, le corps ne peut pas plus souiller l'âme que l'âme ne peut souiller le corps, car ce serait supposer un acte du corps seul, ce qui n'est point, car l'essence de la nature de l'homme est que les actes humains ne sont ni du corps seul, ni de l'âme seule, mais de l'homme-corps, de l'âme et du corps.

Grave question ! Nos âmes descendent-elles en ligne directe de Dieu ou de ce malheureux père dont la désobéissance nous a causé tant de maux. Si elles descendent de Dieu, pourquoi

faire retomber sur nous les fautes d'Adam?
A quoi sert le baptême? Comment comprendre
que quelque chose d'impur sorte de la pureté
même!

Nous ne sommes point surpris que, dans
cette question si capitale pour le sort éternel
de tant de pauvres petites créatures mortes
sans la grâce divine du baptême, le professeur
de Montpellier et le prédicateur n'aient pu
s'entendre, l'un malgré la philosophie inductive, l'autre malgré la philosophie thomistique.

A notre tour, nous dirons à M. Lordat et
au Père Ventura : Si vous citez le témoignage
d'Ezéchiel et de saint Augustin pour montrer
l'orthodoxie ou la fausseté du principe vital,
à quoi bon transiger, accepter un juste milieu. Soyez au moins conséquents : mettez
d'accord le témoignage de Josué arrêtant le
soleil pour exterminer toute une ville, et
celui du martyr du xviiᵉ siècle, de Galilée
dont la persécution sera l'éternelle flétrissure imposée à toute notion fictive. Vous parlez d'Ezéchiel, nous voudrions savoir comment vous expliquez une foule d'actes de cet
étonnant prophète, affirmant que Dieu lui a

fait manger à son déjeuner une livre de par-
chemin, lui a prescrit de se lier comme un
fou, de se coucher 390 jours sur le côté droit,
40 sur le côté gauche, lui a fait manger....
Non, la plume se refuse à retracer de telles
monstruosités; qu'on lise les chapitres III et IV
de ce visionnaire. Nous voudrions également,
puisqu'on parle sans cesse de l'ange de l'école,
qu'on nous dise ce qu'il faut penser de saint
Thomas affirmant que le diable peut imiter
tous les changements pouvant se faire par les
germes et de nature, mais que pour tout ce
qui se fait sans germe, ou la métamorphose
d'un homme en bête, le diable ne peut l'imiter;
enfin, nous désirons qu'on nous déclare ce
que signifient les paroles d'Albert-le-Grand
attestant que la sauge, placée dans une fontaine, peut produire un grand orage.

Si M. Ventura rejette le vitalisme, que doit-
il penser de l'âme des organiciens, de cette
âme, apanage exclusif de l'homme, inaltérable,
ne prenant aucune part dans les fonctions
végétatives et animales? Certes, celle-là ne
forme pas un composé réel avec le corps; elle
n'agit pas simultanément avec l'organisme. Les

actes humains ne sont pas de l'homme-corps,
mais les uns de l'âme, les autres du corps.

Nous parlions des conséquences des plus
tristes au point de vue humanitaire, surgies de
toutes ces notions absolues. Ce qui perce, en
effet, dans toutes ces discussions, c'est un
amour exagéré de son individualité, un égoïsme
raffiné qui, tout en élevant l'homme, ravale si
bas les autres créatures.

Qu'est la plante, l'animal et l'homme? Cette
question si vaste, cette préoccupation perpétuelle de tant d'intelligences, ce problème
immense, tant scruté, est tranché sur-le-
champ par les écoles ontologiques. Prenant pour
point de départ un inconnu, mais un inconnu
basé sur l'égoïsme, la solution en est facile :
seul l'homme a une âme ; l'animal est une
machine, ou il possède un principe dont l'origine
et la nature varient avec chaque école, mais
dont le sort est toujours des plus tristes ; de
telle sorte qu'étant incapable de résoudre une
première question, celle de l'existence de l'âme,
des rhéteurs sont venus la compliquer et au
lieu d'un inconnu en ont fait deux. Tous, ils
sont d'accord sur ce point : l'homme a une âme

immortelle, l'animal n'en possède point, ou s'il en possède une, elle est destructible.

Le médecin...! lui qui devrait être l'homme le plus doux envers les autres créatures...! lui qui sait que la vie est un vaste et perpétuel échange, une rénovation éternelle et nécessaire de tous les êtres organisés, se montrer si cruel envers tant de malheureuses existences, c'est à révolter le cœur le moins sensible!

Laissons l'ignorance croire; laissons-lui prononcer ces paroles aussi niaises que stupides, en voyant le bonheur ou le malheur : « C'est Dieu qui l'a voulu. » Cessons d'interpréter la santé, la maladie, par des fétiches; cessons de faire remonter à Dieu, si Dieu existe, la guérison ou la terminaison des affections qui accablent l'humanité; occupons-nous des phénomènes du monde et de l'homme ; répudions toutes ces discussions oiseuses, indignes d'occuper des hommes sérieux. Contre ces distinctions fatales que des médecins ne craignent pas de jeter entre tous les êtres de la nature, nous ne saurions trop nous élever, car elles affectent trop péniblement le cœur; puis, si des hommes doivent élever la voix en faveur de l'animal, si

des hommes doivent protester contre l'abîme
établi entre le monde organique et inorganique,
entre les êtres organisés eux-mêmes, n'est-ce
pas nous, anthropologistes, qui pouvons connaître l'anneau immense reliant toutes les
existences?

Nous condamnons toute espèce de notions
absolues; nous repoussons tout système, soit
théologique, soit métaphysique; mais combien
nous préférerions à toutes les explications de
MM. Lordat, Cayol, Roche, ce beau langage :

« L'animal souffre en ce monde, qu'importe!
Il ne doit attendre aucune compensation dans
une vie supérieure..! ainsi il n'y aurait point de
Dieu pour lui! Le père tendre de l'homme
serait, pour tout ce qui n'est pas homme, un
cruel tyran...! Créer des jouets, mais sensibles,
des machines souffrantes, des automates qui
ne ressembleraient aux créatures supérieures
que par la faculté d'endurer le mal...! Que la
terre vous soit pesante, hommes qui avez pu
avoir cette idée impie! qui portez une telle
sentence sur tant de vies innocentes et malheureuses. » (MICHELET.)

Tout ce que la terre produit est conforme

à la terre. L'aimant attire l'aimant, la plante se plaît dans tel terrain; dans l'un elle se flétrit, dans l'autre elle épanouit sa corolle, elle est riche d'organisation et de beauté. De même nous ne savons ce qui nous attire vers notre grand historien. De quelle bonté, de quelle douceur sont empreintes ses paroles envers tous les êtres, surtout envers ces humbles fils de la nature, ces petits que nous méprisons. Homme aussi grand d'esprit que de cœur, chaque fois que son nom vient se mêler à nos réflexions, il nous console, il nous fait aimer la vie.

Dans un mémoire que nous avions adressé à la Société de Médecine de Lyon, nous avions déjà protesté contre les questions ontologiques et surtout contre le principe vital.

M. le docteur Tessier, chargé de faire le rapport sur notre mémoire, nous a reproché de nous être élevés contre le principe vital.

« Ce qui est bien plus déplacé, dit M. le rapporteur, c'est la diatribe que ce mémoire renferme contre le principe vital et que votre commission ne pouvait laisser passer sans protester. »

Or, quel vitalisme professe M. Teissier?

quel vitalisme professe la docte commission qui nous inflige le blâme ? Dans des questions aussi graves, il ne s'agit pas seulement de protester, de lancer le blâme, il s'agit de faire mieux, de montrer la voie dans laquelle nous devons sûrement marcher.

Devons-nous suivre le vitalisme de M. Lordat, celui de Cayol, l'animisme de M. Pidoux, le stahlianisme du Père Ventura, etc. Etrange perplexité dans laquelle vous nous avez jetés! Nous avions tort, vous aviez raison; mais c'était donc une raison, parce que nous avions mal fait, de ne pas faire luire à nos yeux l'astre brillant qui devait nous conduire ?

Nous ne comprenons pas, nous sommes étonnés que des médecins, des professeurs, dans des questions aussi graves par leurs déductions, ne se prononcent pas contre ou pour tel système ontologique.

M. Teissier disait : « On se croirait reporté, en lisant ce mémoire, au temps de Van-Helmont qui admettait, au moins, une archée. »

M. le docteur Teissier serait-il partisan de l'helmontisme ? Nous ne le pensons pas, car ce serait s'engager dans une doctrine funeste,

surtout au point de vue théologique, l'helmontisme étant identique à l'hérésie des nestoriens.
M. le rapporteur aime mieux garder le silence
au sein de la Société de Médecine, car en se
déclarant partisan de tel ou tel système, peut-
être quelques honorables membres auraient-ils
trouvé ses paroles condamnables. M. Teissier
a préféré s'exprimer librement dans un discours
d'ouverture du cours de pathologie interne, et
dire : « Dans l'école vitaliste et dans l'école
organicienne il y a des exagérations. Chaque
école représente un progrès. »

Franchement, il nous est impossible de comprendre une telle manière de faire. Il est vrai,
elle est bonne en ce sens qu'elle ne froisse
personne.

Quoi ! vous appelez des exagérations les
conséquences que nous venons d'énumérer,
conséquences des plus graves au point de vue
théologique. Vous dites que chaque école représente un progrès...! Mais vous ne savez
donc pas que l'école organicienne est une école
incompatible avec les dogmes catholiques !
que les organiciens sont pires que les lucré-
ciens, les épicuriens, car leur âme, considérée

d'une manière ironique et presque dérisoire, est bien moins sérieuse que l'âme de Lucrèce ou que les dieux d'Epicure! Vous ignorez donc que le stahlianisme est une doctrine fausse, arbitraire, absurde; que c'est un monothélisme anthropologique comparable à l'hérésie des eutychiens; que l'helmontisme est un nestorianisme anthropologique! Vous ignorez également ces accusations portées contre le principe vital par un médecin des plus érudits de notre époque: « Animisme timide, une des formes dégénérées de ce système, écrasé dès qu'il sort du vague et des lieux communs. » Puis, ces paroles n'ont donc pas retenti à vos oreilles: « La dualité du double dynamisme est un fait dont la dubitation est une preuve de noviciat et dont la négation est une preuve d'inscience. »

Et ces grandes et belles discussions sur la propagation des âmes, sur la vision d'Ezéchiel, sur la définition bonaldienne, sont-ce des exagérations?

Sans renier aucun progrès de la science moderne, M. Teissier dit qu'il s'éloigne également de toute doctrine exclusive, vitaliste ou organicienne.

Ce langage nous rappelle celui des indifférents en matière de religion. Demandons-leur de quel religion ils sont? Leur réponse ne se fait pas attendre: dans l'une ils trouvent de bonnes choses, dans l'autre de mauvaises; dans une troisième de grandes vérités, dans une quatrième quelques exagérations; mais, en somme, toutes ont du bon et du mauvais; seulement, il faut avoir un esprit assez sage pour trier le bon grain du mauvais, et former une nouvelle communion religieuse avec les débris de toutes les autres; de telle sorte qu'ils sont de toutes les religions et, partant, d'aucune.

C'est là un éclecticisme que nous ne pouvons accepter. Aussi, préférons-nous les médecins qui marchent résolument dans la voie qu'ils se sont tracée. En tout et partout nous savons trop combien les transactions ont porté des fruits détestables.

Nous ne nous étions pas contentés de protester dans notre mémoire contre les fétiches de la médecine; nous avons plus fait, nous avons voulu provoquer une déclaration franche du vitalisme, en publiant un article dans la *Gazette médicale de Lyon*.

Comment nous a-t-on répondu? On nous a opposé Bichat....!

Pour juger comment est apprécié notre célèbre physiologiste par l'école barthézienne, citons quelques passages empruntés à un des derniers ouvrages de M. le professeur Lordat:

« A juger Bichat par ses ouvrages, il ne paraît pas qu'il fût plus avancé que les médecins de son époque, en philosophie. Nulle part on ne voit qu'il ait porté son attention sur les principes de la métaphysique générale; quant à la philosophie naturelle, inductive, il ne la possédait, je crois, ni par la nature, ni par l'étude. Il a saisi et goûté les hypothèses de Bordeu, particulièrement son idée de la sensibilité; il connaissait très bien l'irritabilité de Haller. Grâces à son penchant pour les suppositions, il était en état de s'en servir pour théoriser à son aise.

» L'anthropologie de Bichat est une théorie *à priori*, dont les premières propositions étaient des hypothèses. De pareilles propositions ne sont pas chez nous en grande considération; les propriétés vitales sont antilogiquement exprimées, nullement fondamentales. »

Puis, après avoir rappelé ce passage, où Bichat dit : « Ce principe, appelé archée par Van-Helmont, âme par Stahl, principe vital par Barthez, est une abstraction qui n'a pas plus de réalité qu'en aurait un principe également unique, qu'on supposerait présider aux phénomènes physiques, » M. Lordat ajoute : « Cette tirade doit suffire à tout médecin, digne de ce nom, pour juger combien l'auteur était peu en état de philosopher sur des matières aussi graves. »

Enfin, terminons par ces lignes : « Les propriétés vitales de Bichat ne veulent ni la dualité du double dynamisme humain, ni une différence radicale entre les deux puissances de ce dynamisme, ni une différence entre l'homme et les animaux. »

Cette dernière phrase, tracée par la main même du chef de l'école barthézienne, doit montrer, une fois pour toutes, quel abîme existe entre le vitalisme de Montpellier et les propriétés vitales de Bichat. Bichat n'établit point de distinction entre l'homme et l'animal; ses propriétés vitales sont antilogiquement exprimées, nullement fondamentales; donc, allier la doctrine de Barthez aux propriétés vitales de Bichat, c'est ne comprendre ni Bichat, ni Barthez, c'est établir entre ces deux illustrés médecins une alliance bien étrange.

La docte Commission, qui protestait contre notre attaque au vitalisme, que pense-t-elle de ces propriétés vitales de Bichat, de ces propriétés *antilogiquement exprimées, nullement fondamentales?* Ce qu'elle en pense! Comment le savoir? On a protesté, on a blâmé, on a trouvé déplacées nos paroles! Soit, nous avons eu tort, nous ne cessons de le répéter; mais, combien sont plus grands les torts de la Commission! car nous sommes encore à nous demander : Faut-il accepter le principe vital, rejeter les propriétés vitales comme nullement fondamentales ? Faut-il les amalgamer, les considérer comme représentant chacune un progrès? Si nous ne sommes pas encore vitalistes, à la Commission seule doit en incomber la cause, car elle devait nous indiquer la véritable école dont nous devions embrasser les principes.

Nous avons vainement attendu. Que de fois nous avons dit : à demain. Mais ce demain n'arrivant pas, ce demain n'étant qu'un demain railleur, ténébreux, la patience, bonne et excellente chose, nous a manqué; force nous a été, à regret il est vrai, de persévérer dans notre première manière de faire, et nous continuerons d'agir ainsi, jusqu'à ce que des hommes, amis de la vérité, fassent apparaître l'astre lumineux qui doit nous rendre la clarté.

Vous avez protesté, M. Teissier, contre notre attaque au vitalisme. Eh bien! ce que nous repoussons, c'est non-seulement le principe vital, mais toute espèce de notions indémontrables, irréfutables, fictives. Nous les repoussons toutes indistinctement, car les médecins qui repoussent les notions métaphysiques et qui croient aux notions théologiques, sont des plus inconséquents avec eux-mêmes. Nous ne voyons pas de quel droit ils n'accepteraient pas les notions métaphysiques, lorsqu'ils acceptent les notions théologiques; de quel droit ils se récrieraient contre le principe vital, lorsqu'ils croient aux êtres surnaturels?

En effet, ce qui surprend le plus, c'est précisément de voir des médecins croire aux entités théologiques, et se poser pour adversaires sérieux des fictions métaphysiques.

Tous, organiciens, vitalistes, organo-vitalistes, animistes, hippocratistes modernes reconnaissent Dieu, l'âme émanée de Dieu; puis, lorsqu'il s'agit d'un autre être, alors la discussion s'engage : l'un s'appuie sur Bordeu, l'autre sur Barthez, celui-ci sur Haller, celui-là sur Bichat, la lutte est animée, les paroles les plus variées, pas toujours les plus améniteuses, se croisent, s'entre-croisent; on sort tout haletant des académies; des discours pompeux ont été prononcés, on les insère dans les journaux, on les commente, et à la fin de tout ce fatras de paroles, que résulte-t-il? Rien. La montagne au moins enfanta une souris.

Pendant quinze à vingt semaines, on a discuté dans un concile cette grave question : « La Chimère bourdonnant dévore-t-elle nos secondes intentions? » Ce n'est pas quinze, vingt semaines que les médecins emploient pour la solution des notions absolues, mais des années, des siècles, et toujours c'est à recommencer, seulement avec quelques variations nécessitées par la marche progressive des sciences.

La plupart des médecins, au lieu de secouer la poussière échappée de ces discussions , la ramassent. Si l'on a fait ses études à Montpellier, l'on est partisan du double dynamisme ; si on les a faites à Paris, l'on est organicien. L'on embrasse une doctrine médicale comme on entre dans les communions religieuses. Vous naissez dans un pays protestant, vous êtes protestant; dans une contrée catholique, vous êtes catholique; sur le territoire indien, vous êtes boudhiste.

J'eusse été, près du Gange, esclave des faux dieux,
Chrétienne dans Paris, musulmane en ces lieux.

(Voltaire).

Nous devrions gémir de voir la science de l'homme enveloppée de tant de notions absolues. Nous devrions être affligés d'assister à des discussions aussi étranges ; mais, par le fait de la solidarité du savoir, aucune science n'a échappé à l'influence de ces notions. L'anthropologie devait suivre et a suivi les phases diverses par lesquelles a passé la civilisation, ou plutôt les sciences dont la marche ascendante nous avertit continuellement des progrès de l'humanité.

Pour comprendre l'influence des notions absolues sur l'anthropologie, nous allons en rechercher l'origine, puis nous nous replierons sur le passé. Ce passé nous servira de leçon ; il nous montrera ces notions à leur apogée dans les siècles barbares, perdant insensiblement de leur importance avec l'ascension progressive du savoir.

CHAPITRE IV.

—

ORIGINE DES ENTITÉS ANTHROPOLOGIQUES.

Les entités de la science de l'homme ont une origine distincte : les unes, créées pour bercer le cœur de l'homme d'espérances illusoires ou de craintes puériles, reposent sur la foi ; les autres, propres à satisfaire l'intelligence toujours désireuse de parvenir à la découverte de la vérité, découlent de cet esprit d'examen qui nous porte sans cesse à nous rendre compte de l'inconnu.

Et, chose admirable, tandis que les premières hypothèses, les entités basées sur la croyance, sont l'apanage des peuples barbares, surgissent dans des siècles de ténèbres, les dernières prennent leur source dans la vulgarisation du savoir. Les premières, propres à tenir l'homme dans l'ignorance, sont la boîte de Pandore d'où s'exhalent tant de fléaux pour l'humanité ; les secondes, quoique stériles par elles-mêmes, par leurs résultats scientifiques, n'en ont pas moins été utiles en développant la pensée humaine.

Les notions basées sur la croyance, les notions théologiques, ont joué un grand rôle dans les sciences. Toutes les branches de connaissances ont vu leur domaine hérissé de ces fictions, mais insensiblement toutes s'en sont dépouillées. Aucun savant n'oserait actuellement se servir de ces hypothèses pour expliquer les phénomènes cosmologiques.

Malheureusement, la science de l'homme est loin de les avoir rejetées de son sein, et, aujourd'hui même, après les merveilleux et gigantesques travaux scientifiques élaborés dans le long cours des siècles, l'on ne craint pas de faire jouer à la foi un rôle important dans l'accomplissement des phénomènes physiologiques, soit à l'état hygide, soit à l'état pathologique. Comme par le passé, nous l'avons vu, nous possédons des phénomènes psychiques, des maladies de l'âme émanée de la divinité; comme par le passé, on ne craint pas de produire ces étranges assertions : Dieu conserve les êtres, et l'homme en particulier, la médecine vient de Dieu; le médecin est le ministre de la Providence qui seule guérit les affections ; l'âme est l'apanage exclusif de l'homme. Bien plus, on est étonné de voir, gravée au frontispice d'une école de médecine, cette inscription par trop naïve d'Ambroise Paré : *Je le pansay, Dieu le guarit.*

C'est que ces notions touchent à de grands intérêts, à la destinée future de l'homme. Et, si quelque chose rend l'homme superstitieux, le plonge dans la croyance, nous le savons, ce sont les grands intérêts. Or, quel intérêt plus grand que celui de vivre éternellement!

Ne soyons point surpris de voir trôner ces fictions; elles trôneront bien longtemps encore, jusqu'à ce que l'homme les ait remplacées par des idées vastes et généreuses qui, confondant tous les êtres en un tout indissoluble, nous feront vivre d'une existence immense dans le passé et dans l'avenir de l'humanité.

Les hypothèses anthropologiques, basées sur la croyance, datent des siècles les plus reculés. Dans les âges antiques, du moins aussi loin que remonte l'histoire, cette humanité vivante pour l'intelligence qui sait lier son existence au passé comme elle sait la rattacher à celle des siècles à venir, l'étude du monde, soit organique, soit inorganique, étant à peine ébauchée, l'homme se jeta dans les fictions les plus déplorables. Au milieu d'une terre dont la constitution lui était inconnue, en face de tant de phénomènes terribles et majestueux qu'il ne pouvait comprendre, son esprit erra dans un dédale d'erreurs, dans un labyrinthe de croyances.

En parlant des volcans, Buffon écrit : « Le grand, de quelque nature qu'il soit, a si fort le droit de nous étonner, que je ne suis pas surpris que quelques auteurs aient pris les volcans pour les soupiraux d'un feu central, et le peuple pour les bouches de l'enfer. L'étonnement produit la crainte, la crainte la superstition. »

De quel étonnement ne devaient pas être frappées les générations primitives en présence des phénomènes du monde! de quelle crainte ne devait pas être saisi leur esprit, en voyant les maux, les calamités occasionnés par ces phénomènes. Eau, feu, foudre, etc., tout était propre à plonger les humains dans la crainte et la superstition. Ne pouvant expliquer le monde, étant dans l'impossibilité de se rendre compte des phénomènes cosmologiques, l'homme eut peur. Comme l'ignorant de nos jours, il crut à l'existence des esprits; il attribua des fétiches aux corps mobiles; il anima ces objets, les craignit, les implora en raison directe des bienfaits ou des maux qu'il en avait reçus, « car le mouvement est pour l'homme le véritable signe de la vitalité; quand il voit un corps se mouvoir, son imagination l'anime; avant qu'il ait quelques notions des lois qui font rouler les fleuves, qui soulèvent les mers, qui chassent dans l'air les nuages, il donne une âme à ces différents objets. » (CABANIS).

L'homme des premiers âges historiques était ce que nous avons été nous-mêmes, ce qu'est le jeune enfant. Qui mieux que la réflexion sur nos premières années, peut nous marquer cette phase de l'évolution superstitieuse?

N'avons-nous pas cru animés les jouets que nous prodiguaient nos mères? N'est-ce pas plus tard que nos illusions ont disparu? Si nous n'avions pas eu le privilége de jouir des bienfaits de la civilisation, ne croirions-nous pas comme les peuplades de l'antiquité? Et, aujourd'hui même, n'avons-nous pas la douleur de voir de grands enfants, assez malheureux d'être privés des richesses scientifiques, croire comme les membres des tribus et des peuplades antiques!

L'étonnement et la crainte engendrèrent donc la superstition, superstition d'autant plus grossière que l'ignorance de l'homme était plus profonde, son infortune plus grande.

Cette superstition variait avec chaque contrée, chaque climat; elle en portait l'empreinte, car *tout ce que la terre produit est conforme à la terre.* Les populations avaient pour fétiches des fleuves où des fleuves coulaient, des volcans où des volcans faisaient irruption, certaines plantes et certains animaux où ces êtres organiques végétaient. L'Indou ne pouvait pas adorer le Nil, l'Egyptien le Gange; le Gaulois ne pouvait pas diviniser le crocodile, ni le

Chaldéen se prosterner devant un chêne. De là la diversité innombrable des dieux, et, comme le plaisir a pour contre-poids la douleur, de là aussi la division des divinités en dieux bienfaisants et en dieux malfaisants.

Les peuplades, livrées au fétichisme, possédaient des jongleurs et des devins, dupes eux-mêmes de leurs propres croyances; car, s'ils trompaient leurs semblables, ce n'était point à l'aide du savoir, mais au moyen de quelques prestiges musculaires, de quelques scènes mimiques, exercices si propres à fasciner les yeux du Barbare, à captiver son imagination.

Mais la superstition ne fut pas seulement la conséquence forcée, nécessaire, de l'état mental des peuplades antiques; elle ne fut pas uniquement le fruit de l'imagination rêveuse et craintive des masses; elle trouva une assise puissante dans le cœur humain. Si l'étonnement et la crainte produisirent le fétichisme, la duperie de certains êtres, exploitant cette crainte et cet étonnement, créa également des divinités, divinités d'autant plus promptement acceptées, que les populations étaient plongées dans l'ignorance.

Parmi les préjugés qui obsèdent l'esprit humain, dans tous les temps, dans tous les siècles, il a fallu compter avec les préjugés individuels, avec les préjugés de certaines castes, avec leur langage mystique. Ces préjugés ont servi à fonder les théologies les plus diverses, les plus opposées ; car ces préjugés, ces notions fausses, ont varié avec chaque législateur, chaque prophète, chaque caste. Que de théologies depuis le polythéisme égyptien jusqu'au monothéisme de Boudha ou de Moïse! Théologies aussi innombrables par leur variété que les fétiches créés par l'ignorance des masses ; car, si le fétichiste adore telle ou telle plante, les castes divinisent tel ou tel homme; si le fétichiste adore tel ou tel animal, les prophètes ou législateurs font adorer telle ou telle fiction.

Auguste Comte, un des penseurs les plus profonds de notre siècle, a divisé les âges de la croyance en trois phases : le fétichisme, le polythéisme et le monothéisme.

Dans la première ère de l'évolution superstitieuse, l'homme, par une hypothèse instinctive et nécessaire, aurait fait tout à son image ; il aurait vu tous les corps extérieurs comme animés d'une vie essentiellement analogue à la sienne, seulement avec quelques différences d'intensité mutuelle; la cause animatrice n'aurait pas été distincte du corps, mais aurait été le corps lui-même.

Dans le polythéisme, les causes animatrices n'auraient plus été confondues avec le corps, mais en auraient été distinctes. Ne faisant plus partie intégrante de la matière, ces nouveaux fétiches auraient été moins nombreux, auraient eu des fonctions plus vastes, plus étendues. L'homme serait parvenu à cet âge par l'observation des astres. De l'astrologie, ou de l'interprétation des phénomènes célestes, aurait découlé le polythéisme. A cette époque, seulement, auraient surgi les castes sacerdotales et la distinction des corps et de leurs causes animatrices.

Enfin, le monothéisme aurait été une simplification nécessaire, progressive du polythéisme.

Ces transformations successives de la croyance pourraient être acceptées, si elles étaient fondées sur l'histoire, si elles avaient pour elles l'autorité des faits historiques ; mais il n'en est rien. D'abord, sur quels faits peut-on s'étayer pour prouver cette transformation du fétichisme en polythéisme? Quel est l'âge, la contrée ; quel est le peuple qui puisse nous donner la moindre idée d'un événement aussi capital?

L'homme aurait passé au polythéisme par l'interprétation des phénomènes célestes....! L'homme n'aurait pas observé primitivement les astres...!

Cette opinion est des plus gratuites et des plus extraordinaires, car il est incontestable que si des corps devaient fixer l'attention des peuplades, certes c'étaient les astres. Aussi, dès la plus haute antiquité, les astres ont été adorés, les phénomènes célestes ont été interprétés.

A l'époque du Sabéisme auraient apparu les castes. Entre le fétiche et le fétichiste il n'aurait pas existé d'êtres intermédiaires...!

Sans remonter dans le passé, aujourd'hui quelle est la peuplade la plus chétive de l'Afrique, de l'Océanie, qui n'ait ses jongleurs et ses devins? Que ce soit dans l'antiquité, que ce soit dans les temps modernes, toujours l'iné-

galité, sous le rapport physique et intellectuel, a pu être constatée ; toujours, il est
des êtres supérieurs par leur force ou leur
intelligence ; et, comme le bien-être est le
mobile des actions humaines, ces êtres ne sont
que trop portés à se servir de cette force et de
la supériorité de leur intelligence ; ils sont
d'autant plus portés à s'en servir, qu'eux-mêmes sont peu civilisés. Voilà pourquoi, chez
toutes les peuplades antiques, il s'est rencontré
des castes, des jongleurs et des devins, comme
il a existé des maîtres et des esclaves, des oppresseurs et des opprimés.

Puis, le monothéisme, suivant Auguste
Comte, aurait été la simplification nécessaire,
progressive du polythéisme...!

Tenir un pareil langage, c'est vouloir faire
éclore les théologies de la seule imagination
des peuples, c'est nier la production des théologies par la fourberie. Ce philosophe devait
bien savoir que les théologies dépendent de
certains individus; que le monothéisme juif, par
exemple, doit son existence à des circonstances
particulières. Il fallait au peuple hébreu une
théologie ; or, il ne pouvait pas accepter celle

des égyptiens ses maîtres ; il ne pouvait point adorer les dieux des peuplades qu'il allait spolier, massacrer ; il lui fallait une divinité nouvelle, ennemie de tous les autres dieux, permettant à cette misérable tribu de grossiers ignorants de s'emparer des champs que de paisibles populations avaient fertilisés. Moïse aurait bien dû faire adorer le veau d'or ; ce fétiche aurait convenu à ces nomades, plus propres à porter les pierres, à manier la truelle, à bâtir les pyramides, qu'à devenir propriétaires en se rougissant du sang des Amalécites et des Madianites.

Expliquer, ainsi que l'a fait A. Comte, les diverses phases de l'évolution superstitieuse ; faire découler le polythéisme du fétichisme, le monothéisme du polythéisme, autant vaudrait expliquer l'origine du monde ; autant vaudrait faire remonter l'origine des différentes races à la dispersion des enfants de Noé !

Volney ne s'était pas contenté d'admettre le fétichisme comme la théologie unique, première des peuples ; mais, de plus, il avait reconnu une époque antérieure où le fétichisme n'existait pas, où l'homme errait dans les bois,

sans lien social, à la manière des bêtes.
Comme si la socialité n'était pas aussi indispensable à l'homme que la vie de relation l'est
à l'animal! Au moins, A. Comte a eu le bon
esprit de s'arrêter au fétichisme.

Laissons de côté toutes ces vaines transformations des théologies; car, expliquer ainsi
leurs phases successives, c'est faire de la
métaphysique, de l'indémontrable ; c'est se
lancer dans des discussions interminables. Acceptons les faits. Dès la plus haute antiquité,
on peut constater ces diverses formes de
croyances, comme on peut constater l'existence des différentes races humaines. Les
théologies antiques devaient essentiellement
différer; car les unes, nées de l'imagination
des peuples barbares, ont dû porter l'empreinte
de cette imagination variant avec chaque
tribu, chaque peuplade; les autres, nées des
préjugés individuels de certains prophètes,
législateurs, etc., ont dû varier avec ces préjugés.

Qu'on scrute l'histoire, qu'on explore les
monuments scientifiques du passé, toujours,
si l'on constate l'existence de divinités créées

par l'ignorance des masses, l'on retrouve des
divinités créées par quelques hommes, divinités
que les peuples, dans leurs craintes puériles
et dans leur esprit avide du merveilleux, se
plaisaient à implorer et à redouter.

Si les préjugés de races, nés de l'imagination de l'esprit humain porté à voir le merveilleux et le surnaturel où il est incapable de rien
comprendre, de rien saisir, avaient seuls existé,
sans doute le fétichisme seul aurait été primitivement observé; mais, outre ces préjugés, on
a pu constater les notions fausses émises par
des castes, par des prophètes, des législateurs,
des visionnaires, préjugés que Bacon avait
qualifiés des épithètes énergiques de fantômes
de l'autre ou de l'individu, de fantômes de
théâtre ou de l'école, de fantômes de langage.
Or, tous ces fantômes, ces préjugés ont servi
à fonder les théologies, et ils en ont produit
autant, sinon plus, qu'en avaient créé les préjugés de races, l'imagination du sauvage.

Le tort du fondateur de la philosophie positive est d'avoir voulu faire suivre, à la théologie et à la société, des phases constantes,
régulières; d'avoir assujetti leurs transformations successives à des lois invariables.

Cependant, la catastrophe immense de la civilisation grecque, le naufrage de la civilisation romaine, la dispersion, l'anéantissement de leurs polythéismes incomparablement supérieurs au monothéisme du Christ ou de Mahomet, attestent que si la société avait toujours été assujettie à des lois invariables, la barbarie n'aurait pas reparu plus puissante que jamais sous ce triste moyen-âge, qu'Auguste Comte, pour être conséquent avec lui-même, a été fatalement entraîné à vanter.

Aujourd'hui, tout a changé. Les phases par lesquelles passe la civilisation ne dépendent plus de quelques circonstances particulières. Grâce à l'imprimerie, le savoir ou la civilisation est à l'abri de toute catastrophe. Désormais, on peut assujettir la marche de l'humanité à des lois invariables, et l'envisager comme voguant fatalement et sans cesse vers des destinées meilleures.

D'ailleurs, la distinction qu'on veut établir entre le fétichisme, le polythéisme et le monothéisme, n'est pas aussi radicale qu'on veut bien le prétendre.

Qu'est le polythéisme ? la croyance à la

pluralité des êtres d'une nature supérieure à celle de l'homme. Or, quels sont les partisans du monothéisme qui ne croient pas à cette pluralité? Si le peuple juif adorait Jehova, n'admettait-il pas l'existence d'une foule d'êtres d'une nature supérieure à celle de l'homme : des anges, des archanges, des esprits déchus? Les partisans actuels de la religion révélée ne croient-ils pas à cette pluralité? Outre un Dieu en trois personnes, ne reconnaissent-ils pas une foule d'anges, d'archanges, d'esprits déchus, ces derniers si puissants d'après saint Thomas-d'Aquin?

De Maistre en convient lui-même : « Les anciens, dit-il, croyaient à la pluralité des dieux. Sans doute : c'est-à-dire à la pluralité des êtres supérieurs à l'homme, car le mot dieu, dans l'antiquité, signifiait une nature supérieure, et rien de plus. Dans ce sens ne sommes-nous pas polythéistes? »

Et le fétichisme, qu'est-ce, sinon l'adoration des montagnes, des fleuves, des arbres, des animaux, en un mot, de tous les êtres organiques et inorganiques?

Or, dans l'antiquité, si des peuplades se

prosternaient devant un arbre, un fleuve, une montagne, etc., quel est le peuple polythéistique, monothéistique qui n'a pas eu ses fétiches? L'Egyptien, outre Theuth, Isis, Osiris, etc., n'adorait-il pas des mammifères, des reptiles, des oiseaux, des végétaux ? La nation grecque, le peuple romain n'avaient-ils pas leurs dieux pénates ? Les Hébreux ne se prosternaient-ils pas, suivant les circonstances, devant l'arche, le veau d'or ou le serpent d'airain? Et aujourd'hui, que sont les cultes extérieurs, sinon un pur fétichisme, mais plus raffiné que le fétichisme naturel de l'homme des premiers âges historiques? D'ailleurs, qu'on médite ces paroles significatives d'un écrivain célèbre : « l'idolâtrie est naturelle à l'homme, et très-bonne, en soi, *à moins qu'elle ne soit mauvaise.* Dans une lettre écrite, en 1806, par des missionnaires à leur supérieur, je lis : « Qu'un peintre et un sculpteur leur seraient plus nécessaires que des ouvriers évangéliques. » (De Maistre.)

Dans l'introduction de sa traduction de l'ouvrage de Strauss (Vie de Jésus), M. Littré a longuement insisté sur cette simplification progressive et nécessaire du fétichisme en polythéisme, du polythéisme en monothéisme, prétendant que rejeter cette transformation des théologies est nier l'esprit ancien. Non, nous ne nions point l'esprit ancien ; nous ne le nions pas plus que nous ne méconnaîtrons jamais tous les bienfaits que nous devons à ces antiques générations. Nous repoussons la simplification des théologies telle que l'a donnée A. Comte, parce qu'elle ne repose sur aucun document historique ; parce que l'histoire, loin de la sanctionner, la dément formellement. Nous constatons simplement les faits, sans aller nous perdre dans des vues générales et dogmatiques qui, de prime-abord, peuvent paraître séduisantes, mais qui n'ont en définitive aucune base solide.

Si les théologies variaient avec chaque contrée, les notions sur la nature et la destinée de l'âme différaient bien autrement. Il n'est pas un peuple adorateur d'une même divinité qui n'ait eu une foule de sectes psychiques. Les Juifs eux-mêmes ne purent tomber d'accord sur l'immortalité de l'âme ; car si les uns l'admettaient, les autres, les Saducéens, la rejetaient formellement. Ce qui s'accomplissait alors, se passe aujourd'hui : animistes, vitalistes, organiciens ne sont-ils pas les partisans d'une même théologie, théologie qu'ils cherchent constamment à concilier avec leurs notions animiques? Viendra-t-on encore affirmer que les systèmes psychiques antiques ont passé par des phases constantes, régulières, qu'ils se sont transformés graduellement? Nous ne le pensons pas. D'ailleurs, on voudrait le faire, on ne le pourrait pas; car les sectes animiques antiques, comme les sectes animiques modernes, ont été innombrables. M. Littré a trop d'intelligence, est un penseur trop profond, pour ne pas voir que les systèmes psychiques, de même que tant de systèmes économiques actuels, dépendent non pas de l'esprit des peuples, mais de l'imagination de certains hommes. Une seule chose est vraie, un seul fait est rigoureusement prouvé par l'histoire : que les peuples antiques aient possédé telle ou telle divinité, qu'ils aient eu telle ou telle théologie, toujours des hommes ont eu le précieux privilège d'être les interprètes de ces divinités, de les faire parler et agir, suivant leur habileté et suivant l'état mental des populations.

L'humanité serait peut-être restée ensevelie perpétuellement dans les ténèbres de la superstition, si une nation, à jamais vénérée entre toutes, n'avait point brisé avec la croyance. Héritière du savoir oriental, la Grèce avait ajouté à ses divinités primitives les dieux égyptiens. Divisée en états secondaires, sans cesse déchirée par des luttes intestines, elle eut ses mille et mille petits tyrans, dont les exploits que nous considérons aujourd'hui comme autant d'actes de brigandage et leurs combats comme autant de luttes de village à village, furent regardés comme autant d'actions surnaturelles, grâce à l'ignorance des masses, à l'imagination des poètes et à la fourberie des castes théologiques. Heureusement, quelques hommes en dehors du sacerdoce, renonçant à la croyance, s'adressent à la raison. Ils croient d'abord aux Dieux, les admettent ; ils raisonnent sur les phénomènes du monde, sur la vie ; puis peu à peu leur raisonnement s'étend aux Dieux eux-mêmes. Psychologie, théologie, tout passe par le creuset du raisonnement.

Comme la Grèce, Rome avait eu ses divinités primitives. Maîtresse du monde, elle avait hérité des notions théologiques des peuples conquis. Dieux du Nord, Dieux de l'Orient, tout avait afflué dans son sein. En présence de toutes ces divinités, que faire ? Abandonner les croyances

de ses pères , accepter une nouvelle théologie !
Mais quelle théologie pouvait-on reconnaître ?
Quelle divinité devait-on adorer ? Les mêmes
faits qui se sont accomplis dans la Grèce , ont
lieu à Rome. Les hommes les plus éminents de
la République et de l'Empire romain doutent ,
raisonnent. Lucrèce , Horace croient aux Dieux
et non à l'immortalité de l'âme ; Cicéron doute
de cette immortalité ; Caton , avant de mourir,
a besoin de relire le Phédon pour raffermir ses
espérances d'outre - tombe ; César proclame
l'athéïsme en plein sénat. Plus l'on avance,
plus les antiques croyances chancellent et
finissent par crouler pour faire place à une
nouvelle théologie. La croyance reparaissant
plus puissante que jamais, tout fut de nouveau expliqué par la divinité. Phénomènes
cosmologiques , phénomènes physiologiques ,
les notions théologiques en rendirent facilement compte. Mais le savoir se développant ,
l'esprit humain sortant de la longue léthargie
dans laquelle l'avait plongé le moyen-âge , ces
notions furent peu à peu rejetées par toutes les
sciences, sauf par l'anthropologie. Il suffit de se
reporter aux discussions brillantes des écoles
ontologiques actuelles pour voir que Dieu in-

tervient toujours dans cette science , soit directement , soit indirectement par l'âme émanée de la divinité. L'inscription de la phrase de Paré , au frontispice de l'école de médecine de Paris , en est une preuve éclatante.

Des entités basées sur la croyance , arrivons aux entités métaphysiques , aux hypothèses raisonnées. Ici nous retrouverons encore les entités théologiques , car on a voulu justifier la foi par la raison.

Si toutes les sciences , l'anthropologie exceptée , ont repoussé les entités basées sur la croyance , il n'en est pas de même des entités métaphysiques ; et plus leur étude était compliquée, plus le nombre de ces hypothèses a grandi. Les fluides électrique , magnétique , calorique, etc. , considérés comme autant de substances distinctes , *invisibles , intangibles , inétendues ,* encombrent aujourd'hui le savoir et sont admis sans contestation. La science de l'homme accepte ces êtres illusoires. Non contents de ce triste héritage, les représentants de l'anthropologie ont inventé une armée de forces abstraites, d'impondérables : la sensibilité, la contractilité, le fluide nerveux, l'âme sensible (ne pas confondre avec l'âme raisonnable) , autant d'êtres distincts de l'agrégat matériel, autant d'êtres indépendants de la matière, sur lesquels on ne cesse de discuter, dont le privilége merveilleux est de susciter des discussions interminables, luttes grandioses de paroles, combats admirables d'expressions variées, nous reportant à l'ancienne et bonne philosophie scolastique.

Les entités métaphysiques de l'anthropologie sont bien plus nombreuses que celles des autres sciences, non-seulement à cause de la complication et de la variété si grande des phénomènes organiques, mais parce que ces hypothèses sont trop souvent des débris de la croyance qui règne encore dans cette science.

Qu'est-ce que métaphysiquer? Raisonner sur des êtres abstraits, imaginaires, substitués aux phénomènes, envisagés comme la cause des effets de la matière. Or, les entités métaphysiques de l'anthropologie ne découlent pas seulement, comme les entités métaphysiques des autres sciences, d'une manière fâcheuse de raisonner; ce ne sont pas seulement de pures hypothèses scientifiques, mais elles ont aussi leur origine, nous le répétons, dans la foi qu'on veut justifier par la raison.

Deux définitions caractéristiques de cette prétendue science ont été émises et sont admises de nos jours. La première est acceptée par les théologiens, les scolastiques. Ils considèrent la métaphysique comme la science des esprits et des êtres immatériels, comme la dernière partie de la philosophie dans laquelle l'esprit s'élève au-dessus des êtres créés et corporels, et juge des principes par abstraction, en les détachant des choses matérielles.

La seconde définition appartient à Bacon : « La métaphysique est la science des causes abstraites purement physiques, car la seule métaphysique raisonnable ne s'occupe de rien en dehors de la nature, mais elle cherche dans la nature ce qu'il y a de plus général; elle ne fait pas d'abstractions logiques, mais physiques. »

Bacon voulait séparer radicalement la théologie de la métaphysique, les abstractions théologiques des abstractions physiques, la foi de la raison. Il admit, d'abord, une science première ou la science des axiomes; il divisa ensuite la philosophie : 1° en théologie naturelle ou philosophie divine à laquelle il réserva

l'étude de Dieu, des anges et des démons ;
2° en philosophie naturelle ou science naturelle ; 3° en philosophie humaine ; puis il subdivisa la philosophie naturelle en physique et
en métaphysique. « On voit, ajoute Bacon,
que nous séparons la philosophie première
d'avec la métaphysique, deux sciences qui,
jusqu'ici, ont été considérées comme une seule
et même chose. La première, nous l'avons définie la mère commune des autres, et la dernière, une portion de la philosophie naturelle.
Or, c'est à la première que nous avons assigné
les axiomes communs à toutes les sciences.
Quant à la recherche qui a pour objet un Dieu
bon et unique, les anges et les démons, nous
l'avons rapportée à la théologie naturelle. On
serait donc fondé à nous faire cette question :
Qu'est-ce donc que vous laissez à la métaphysique ? Toute obscurité et toute circonlocution
à part, nous disons : La physique a pour objet
la recherche de l'efficient et de la matière, et
la métaphysique celle de la forme et des causes
finales. »

Eh bien ! malgré tout ce que Bacon a dit
de la théologie, qu'il qualifie du nom de *science*

abrupte, malgré ses paroles véhémentes contre Platon qu'il accuse d'avoir souillé la philosophie en y mêlant la théologie, malgré toutes ses protestations contre l'alliance de la théologie et de la science, il ne cesse de parler de Dieu, de la création divine, de l'existence de deux âmes, l'une sensible, l'autre spirituelle, provenant : la première, des matrices des éléments ; la seconde, du souffle de Dieu. Malgré la séparation que ce philosophe a voulu établir entre la croyance et la métaphysique, cette dernière science est trop souvent l'affiliée de la théologie ou plutôt la croyance raisonnée. Si Bacon avait rompu radicalement avec la théologie ; s'il avait laissé à la foi ce qui appartient à la foi ; s'il n'avait pas fait intervenir dans ses raisonnements les traditions religieuses, il ne serait pas tombé dans une foule de contradictions.

Que devons-nous chercher, que pouvons-nous connaître ?

L'homme, dont la réalité est le but de ses investigations, s'occupe de problèmes susceptibles d'être vérifiés ; abandonne toute recherche, toute enquête sur ce qui ne peut et ne pourra jamais être démontré, ni réfuté; tandis que le métaphysicien s'occupe de notions absolues, indémontrables; étaye ses raisonnements sur des hypothèses gratuites, variables avec chaque âge, toujours instables, ne pouvant jamais devenir des réalités.

En parlant de l'identité des substances organiques et inorganiques, nous disions: Ces substances, nous les connaissons par leurs phénomènes, ou mieux par les modifications qu'elles impriment à nos sens; modifications variant à l'infini suivant l'état des corps, leur mode agrégatif et suivant l'état de nos sens. Ces phénomènes, nous les groupons ou nous les divisons suivant leur état de ressemblance, leur ordre de succession; car, qu'est-ce que savoir, sinon comparer les phénomènes entre eux, en former des catégories se reliant successivement entre elles et aboutissant toutes à des phénomènes généraux? Or, la mort nous montre l'identité des substances organiques et inorganiques, en soumettant la matière organique aux phénomènes primitifs manifestés par la matière inorganique, phénomènes dont nous ignorons le mécanisme premier, mais dont nous savons que la matière est seule la cause, et non des êtres distincts de cette matière.

Loin d'observer les phénomènes, de voir dans quelles circonstances ils se produisent, de les comparer, de fonder les sciences sur des rapports, de différencier les substances, les corps, par leurs modes d'action, par leurs qualités, leurs manières d'être, leurs phénomènes, on préfère se lancer dans l'inconnu, mais un éternel inconnu; on aime mieux discuter des hypothèses tout à fait gratuites, hypothèses cependant distinctes : les unes prenant leur source dans la croyance, les autres dans cette ambition, inhérente à l'intelligence, qui nous pousse sans cesse à vouloir expliquer l'inconnu.

L'ensemble de ces hypothèses constitue la métaphysique, mais cette métaphysique doit être divisée : l'une est la métaphysique théologique, *la science des sciences, qui les étudie toutes, pour les absorber toutes;* l'autre est la métaphysique proprement dite, *la science des hypothèses indémontrables, mais individuelles.*

La métaphysique théologique est exclue de toutes les sciences. Seule, la métaphysique proprement dite, la métaphysique qu'on pourrait qualifier de métaphysique scientifique , car elle a aidé au développement du savoir par le perfectionnement de la pensée , subsiste dans toutes les branches des connaissances. Outre cette métaphysique , l'anthropologie a le triste privilége d'avoir conservé la métaphysique théologique.

Nous allons en juger.

De toutes les questions agitées en métaphysique, la plus importante, la plus capitale, la plus grave, est celle de l'origine du monde. Dans l'antiquité, ce problème a préoccupé l'intelligence et a fait naître les opinions les plus diverses, les plus opposées, mais les plus caractéristiques pour chaque époque. Parmi les nombreuses cosmogonies, trois ou quatre sont surtout remarquables. Des philosophes, Leucippe, Démocrite, Epicure, ennemis de la croyance et des castes, mais entraînés à vouloir expliquer ce qu'ils ne pouvaient connaître, admettaient l'éternité de la matière primitivement dans le chaos, formant à une certaine époque, par le concours fortuit des atomes, le monde tel qu'il existe actuellement. D'autres, tels que Platon, partisans de la théologie métaphysique, imbus du souffle fictif, admettaient également la matière primitivement dans le chaos, mais constituant plus tard le monde, par suite d'impressions reçues de la divinité, d'idées innées, d'un plan archétype; en un mot, d'un monde insensible qui aurait servi de modèle au monde sensible.

Et, tandis que les philosophes grecs agitaient ce problème, la nation juive croyait à la création *ex nihilo*.

Ces opinions antiques se sont reproduites de nos jours; car, nous devons le reconnaître, les notions imaginaires actuelles ne sont trop souvent que le calque, la reproduction des anciennes fictions, avec quelques variantes nécessitées par les découvertes et l'esprit théologique de l'âge moderne.

Bacon, parlant de cette question, écrit: « Rien n'a plus corrompu la philosophie que cette recherche des parents de la matière. » Le philosophe de Vérulam va-t-il exclure de sa philosophie la recherche des parents de la matière? Non, lui, si ennemi de la théologie, des hypothèses gratuites, il va résoudre cette question, et, grands dieux! comment en obtient-il la solution....!

De nihilo nihil, *in nihilum nil posse re-
verti* (Lucrèce). Bacon, dans son histoire expérimentale, partageait l'opinion de Démocrite: « Dans le nombre des vérités reconnues,
il n'en est pas de plus irréfragable que cette
double proposition : « Rien n'est fait de rien,
et rien ne peut être réduit à rien. » Puis, dans
sa confession, il écrit : « De même qu'il fallait
une toute-puissance pour créer quelque chose
de rien, de même une toute-puissance est
nécessaire pour que quelque chose se réduise
à rien. »

Comme il est très instructif de voir l'incertitude dans laquelle flotte l'esprit humain, chaque fois qu'il veut concilier la foi avec la raison,
nous ne saurions trop nous appesantir sur les
oscillations perpétuelles de Bacon, au sujet de
l'éternité de la matière.

Non content de ces variations extrêmes, ce
philosophe veut prendre un parti moyen: il
admet bien l'éternité de la matière, mais non
celle du monde constitué par la toute-puissance
de Dieu, « ce qui s'accorde, dit-il, avec la *sainte
Écriture*, qui nous apprend que Dieu créa le
ciel et la terre, mais non la matière. Pour tout

homme qui juge d'après sa raison, la matière est éternelle ; mais le monde, tel que nous le voyons, ne l'est pas, ce qui s'accorde avec la sagesse antique et celle de Démocrite. »

A quoi De Maistre répond : « Bacon, fidèle à sa dégoûtante coutume, appelle encore ici la *Bible* en témoignage pour établir l'éternité de la matière. C'est un spectacle assez étrange que celui de Moïse transformé en sophiste grec, et déclarant Jéhovah le créateur des corps, mais non de la matière. »

Ailleurs, Bacon trace ces lignes: « Les *saintes Ecritures* tiennent le même langage, avec cette différence principale qu'elles attribuent à Dieu la création de la matière, que ces anciens philosophes regardaient comme existant d'elle-même. »

Contradiction que n'a pas laissé échapper De Maistre : « C'est-à-dire que l'*Ecriture sainte* tient le même langage, excepté néanmoins qu'elle tient un langage différent. La philosophie antique croyait la matière éternelle, et la *Bible* la déclare créée *ex nihilo* : ce que Bacon confesse en toutes lettres, et quand on se rappelle ce qu'il vient de dire plus haut: « Que l'*Ecriture sainte* enseigne bien la création du monde, mais non celle de la matière, » aucun lecteur honnête ne peut contenir les mouvements d'indignation dus à tant de mauvaise foi.»

De Maistre était trop porté à lancer le blâme à Bacon, comme il était trop enclin à décerner l'éloge au bourreau; il a trop souvent l'esprit de certains sophistes, grossiers ignorants en science, mais athlètes vaillants de l'injure et du fanatisme. Que prouve la contradiction de l'illustre chancelier? Une seule chose : qu'il est très difficile de rompre d'une manière définitive avec la croyance. Bacon avait trop d'intelligence pour acquiescer à la création *ex nihilo*; il avait trop d'esprit pour ne pas accepter le *nihil ex nihilo nascitur* ; mais il était trop empreint du souffle biblique pour ne pas croire aux *Ecritures saintes*.

Bichat avait éprouvé également toute la fragilité, toute l'inanité des hypothèses ; il avait énergiquement qualifié l'âme de Stahl. S'il n'a pas été radical dans sa manière de faire; s'il a parlé de Dieu ; s'il a fait dépendre d'un don particulier de la divinité les propriétés des corps, cela tenait uniquement à son éducation théologique. Nous avons éprouvé, nous-mêmes, combien il est difficile de se dépouiller de la croyance. Nous savons de quelle énergie l'homme doit être trempé pour rompre avec ces illusions qu'on est tenté d'accepter bien des fois, dans ces jours néfastes où l'on est obligé de se séparer, pour toujours, d'êtres bien-aimés …!

Socrate mourant, faisant sacrifier un coq à Esculape, nous montre l'empire que peuvent exercer les notions absolues sur les plus pures, les plus belles intelligences.

Oui, nous dirons avec Bacon : « Rien n'a plus corrompu la philosophie que la recherche des parents de la matière. » On ne saurait trop se pénétrer de la vérité, de la justesse de ces paroles ; car, reconnaître la création de la matière ou simplement celle du monde, c'est reconnaître l'existence des esprits.

Barthez a écrit : « Ce qui a fait adopter si généralement la division nécessaire de tous les êtres en corps et en esprits, c'est qu'on a cru que la manière d'exister des corps et des esprits était parfaitement connue, et que l'ignorance et la vanité de l'esprit humain lui ont persuadé que tout pouvait être rappelé à cette distinction intelligible. Cependant, il est difficile de ne pas penser avec Gundlingius, que nous ignorons ce qu'est le corps, et que nous ne pouvons savoir rien de solide sur les esprits. »

Cette distinction des êtres en corps et en esprits n'a pas seulement sa source dans l'ignorance et la vanité de l'esprit humain, mais dans les notions théologiques, dans l'acceptation des parents du monde. Une fois que le philosophe accepte la création soit de la matière, soit celle du monde, qu'il ait le syllogisme, la méthode synthétique et même la méthode inductive, toujours il saura en faire surgir une foule de notions captivant l'imagination, enrayant le savoir. Bacon ne reconnaît-il pas l'existence de deux âmes, l'une raisonnable, provenant du souffle divin, l'autre sensible, produite des matrices élémentaires? Bichat, parlant au nom de Dieu, ne fait-il pas sortir la matière du chaos? ne donne-t-il pas aux substances inorganiques la pesanteur, la porosité, l'élasticité, etc., aux substances organiques les mêmes propriétés, et, en outre, la sensibilité, la contractilité, êtres distincts de la matière?

« C'est une grande témérité que de faire intervenir Dieu dans la philosophie naturelle, quand on n'a pas mission de parler en son nom. »

Ces paroles, que M. Lordat adresse à Bichat, peuvent s'appliquer à tous les prôneurs des notions métaphysiques anthropologiques. Tous font agir Dieu, et tous le font agir d'une manière différente. Les uns, conformément aux *saintes Ecritures*, admettent deux âmes ; les autres, toujours conformément aux *saintes Ecritures*, une âme unique pour l'homme et une pour l'animal ; enfin, il en est qui ne reconnaissent point d'âme à l'animal.

Enseignement encore plus éclatant, qui montre à quelles divergences capitales arrive l'homme qui veut étayer la foi par le raisonnement : les partisans de la création des deux âmes ne sont pas même d'accord entre eux sur la nature et les attributs de ces deux êtres.

Ainsi, Bacon admet deux âmes humaines : l'une rationnelle, l'autre irrationnelle, l'âme des bêtes ; la première tire son origine du souffle divin, l'autre des matrices des éléments, car, dit le philosophe anglais : « Tel est le langage de l'*Ecriture* lorsqu'elle parle de la génération primitive de l'âme rationnelle : « Dieu forma l'homme du limon de la terre et souffla sur sa face un souffle de vie, » au lieu que la génération de l'âme irrationnelle des bêtes fut l'effet de ces paroles : « Que les eaux produisent, que la terre produise. » Or, cette dernière espèce d'âme, telle qu'elle se trouve dans l'homme, n'est, par rapport à l'âme rationnelle, qu'un simple organe et, semblable en cela à celle des brutes, elle tire elle-même son origine du limon de la terre, car il n'est pas écrit : « Dieu forma le corps de l'homme du limon de la terre, mais il forma l'homme tout entier à l'exception du souffle divin. »

« On est étonné, dit De Maistre, de l'audace avec laquelle un faussaire consommé abuse ainsi de l'*Ecriture sainte*, et la tourmente pour lui faire dire ce qu'il veut. »

Pourquoi des paroles si acerbes, si acrimonieuses ? Pourquoi ? Parce que la *Bible* désigne par ce mot de souffle, de *spiriculum*, non l'âme raisonnable, mais l'âme vivante ou animale. Dieu forma d'abord l'homme à son image, le fit pure intelligence, puis il souffla et l'homme devint âme vivante. Le souffle, l'âme animale, n'est donc arrivé qu'après l'âme rationnelle.

De Maistre, dans cette grave question, se demande pourquoi Moïse considère d'abord l'homme comme pure intelligence, et pourquoi il renvoie à un autre chapitre la nature animale de l'homme? Il ne peut se décider pour l'affirmative « car, dit-il, il y a des lacunes dans l'*Ecriture* et il doit y en avoir puisque nous ne sommes pas faits pour tout savoir. » Belle explication …!

M. Lordat est aussi partisan de la création et de l'existence des deux âmes. Admet-il l'opinion de De Maistre ou celle de Bacon, concernant la production de ces deux êtres? Il partage celle de Bacon, car il convient, avec Vallésius, qu'il ne faut pas s'imaginer que l'homme, à qui Dieu a insufflé la puissance de la vie, fût une statue de terre glaise, et qu'à l'arrivée de cette âme pensante la statue fût devenue charnelle et osseuse.

Bacon ne considère pas seulement l'âme rationnelle comme du souffle; il ne renvoie pas seulement son étude à la théologie, *science abrupte*, il donne comme facultés à l'âme sensible : l'appétit, la volonté, l'entendement, la raison, l'imagination, etc. Aussi De Maistre, transporté d'indignation, va jusqu'à dire « que tout le verbiage orthodoxe de Bacon ne prouve que la prudence de l'auteur et son aversion très excusable pour le fagot. » Peut-être....

Puisqu'on parle sans cesse de la création divine, puisqu'on diffère seulement sur la manière dont les êtres ont été créés, l'existence de Dieu doit être au moins fortement établie ; car, avant d'imputer des actes à un être, il faut connaître ce qu'est cet être, et si cet être existe.

Que pense Bacon de l'existence de Dieu ? « Le raisonnement ne fournit à l'homme aucune preuve de l'existence de Dieu. Le consentement du genre humain ne prouve rien et prouverait plutôt le contraire, car il y a toujours à parier que la foule se trompe. L'argument tiré de l'ordre de l'univers n'excite que l'admiration, qui est une science abrupte. Quant à la preuve qu'on voudrait tirer de l'idée de Dieu, il est permis de la regarder comme une véritable plaisanterie, puisque nous ne pouvons avoir de Dieu aucune idée. Reste la *Bible*, qui rend l'homme théiste, comme la serinette rend l'oiseau musicien. »

De même Pascal a écrit : « Nous sommes incapables de connaître par les lumières naturelles ce qu'est Dieu et s'il est, mais il est possible de connaître le péché originel par la raison. » A quoi Voltaire répondit : « Il est étrange que Pascal ait cru qu'on ne pouvait connaître par la raison si Dieu existe, et qu'il dise qu'on puisse connaître par la raison le péché originel. »

« Des hommes du premier ordre, a dit Barthez, ont justement décrié la métaphysique vulgaire, où ils voyaient qu'on a prétendu démontrer une infinité de choses dont la démonstration est impossible. Il ne faut point vouloir démontrer l'existence de Dieu. La certitude de cette existence est pour nous une *vérité de sentiment*, de même que la certitude de l'existence des corps. Si l'on pouvait croire que les notions de ces vérités premières, ou de sentiment peuvent être des illusions, c'est vainement qu'on emploierait une démonstration quelconque pour en établir la certitude. »

Oui, laissez à la foi ce qui appartient à la foi ; croyez, admettez des vérités premières ;

mais, au moins, ne prétendez pas démontrer ces vérités. Admettez l'existence de Dieu, la création, telles que les *Ecritures* l'enseignent, très bien; mais, une fois pour toutes, laissez de côté tout raisonnement pour étayer ces vérités de sentiment. Ces deux questions : la création du monde et celle des âmes sensibles, rationnelles, doivent être renvoyées à la théologie raisonnée, *science des sciences qui les étudie toutes pour toutes les absorber.*

Les paroles de saint Paul : « La foi est justifiée par la raison, » sont incompréhensibles : il faut croire ou il faut savoir. Si la douleur est le contraire du plaisir, la foi est le contraire de la science. Vouloir justifier la foi par la raison, autant vaudrait prouver que le plaisir et la douleur sont la même chose. L'axiome de saint Paul est également l'axiome le plus funeste, le plus nuisible qu'on puisse imaginer; ce qui le prouve, c'est que la foi discutée a produit des discussions interminables, des divergences des plus nombreuses. Si la foi n'avait pas été raisonnée, tant de sectes hérétiques n'existeraient pas, sectes qui grandiront sans cesse à mesure que le raisonnement s'étendra sur les *vérités de sentiment.* Nous préférons la croyance pure et simple, dégagée de tout raisonnement, à la croyance étayée sur un pompeux verbiage.

A la question de la recherche des parents de la matière succède celle de l'essence de la matière, problème dont la solution a nécessité l'intervention de la métaphysique théologique et de la métaphysique proprement dite. Partisans de la métaphysique adversaire de la théologie, les philosophes de l'antique Grèce voient la matière constituée : les uns avec Empédocle, par les quatre éléments : la terre, l'eau, l'air et le feu ; les autres avec Philolaüs, Zénon, par les qualités élémentaires ; ceux-ci avec Thalès, par l'eau ; avec Anaximène, par l'air ; ceux-là avec Héraclite, par le feu ; enfin, Leucippe, Démocrite, Epicure admettent l'existence des atomes.

Certes, ces opinions, et ce sont les plus importantes, ne pouvaient être plus divergentes. Mais, comme le fait remarquer Bacon, tous ces sages convenaient, au moins, que la matière possède le principe du mouvement, des qualités, des modes d'être. Tandis que d'autres philosophes, partisans de la métaphysique théologique, dépouillaient, avec Platon, la matière de ses attributs ; en faisaient, pour nous servir de l'expression énergique du penseur de Vérulam, une espèce de prostituée dont les phénomènes, considérés comme autant d'êtres distincts de l'agrégat, étaient les prétendants.

Cette question de l'essence de la matière reparaît dans l'âge moderne, et suscite des discussions aussi nombreuses, mais aussi stériles que celles produites dans l'antiquité. Comme par le passé, pour la solution de ce problème, toutes les notions métaphysiques sont employées.

Bacon, parlant des opinions de Platon et d'Aristote, écrit : « Les philosophes de ce temps-là, ayant déjà du goût pour la dispute et le bavardage, commençaient à négliger toute recherche sérieuse de la vérité. Nous devons plutôt rejeter ces opinions toutes à la fois que nous amuser à les réfuter en détail ; car, elles ne doivent être attribuées qu'à des philosophes plus jaloux de discourir que d'étendre leurs connaissances. En un mot, cette matière abstraite est la matière des thèses et non celle de l'univers ; mais, tout homme qui veut faire des progrès réels dans la philosophie doit analyser, et, pour ainsi dire, disséquer la nature au lieu de l'abstraire. Quand on dédaigne cette analyse, on est forcé de recourir à des abstractions; et l'on doit se bien persuader que la matière première, la forme première, et même le premier principe du mouvement, sont inséparablement unis; car les abstractions relatives au mouvement ont produit une infinité d'opinions sur les âmes, les vies. Quelle que puisse être la matière, on ne doit reconnaître pour telle qu'une matière revêtue d'une forme, douée de certaines qualités déterminées, et constituée de manière que toute espèce de force, d'essence, d'action et de mouvement naturel puisse n'en être qu'une conséquence et une émanation. »

Ces paroles sont très vraies. Acceptons la matière telle qu'elle se trouve; disséquons la nature; observons les phénomènes.

Bacon va-t-il suivre son propre conseil? Va-t-il considérer la vie, les âmes, comme des conséquences de cette matière? Va-t-il abandonner toute enquête sur l'essence de la matière? Va-t-il rejeter et la métaphysique auxiliaire de la théologie et la métaphysique adversaire de la théologie? Non. Son esprit flotte encore ici dans une incertitude très grande. Partisan de la métaphysique théologique, nous l'avons vu spolier la matière; adhérer à ces abstractions qui produisent les âmes, les vies. Il s'est élevé contre les abstractions; il a considéré la matière abstraite comme un rêve de l'esprit humain; il a écrit qu'il était absurde de prétendre que des êtres fantastiques constituassent des êtres réels; et, cependant, il ne s'est pas contenté d'admettre une âme rationnelle, mais une âme sensible! Heureusement, il a eu le bon esprit de ne pas leur assigner, dans l'organisme, des siéges bizarres, comme l'avait fait Platon.

Partisan de la métaphysique anti-théologique, il accepte les atomes de Démocrite, qui ne ressemblent ni au feu, ni à l'air, ni à l'eau, ni à la terre, ni à rien de ce qui peut tomber sous les sens : encore un rêve de l'imagination. « L'esprit humain, écrit-il, se trouve invinciblement conduit à l'atome, qui est l'être véritable, matérié, formé, situé, possédant l'attraction et la répulsion. C'est lui qui demeure inébranlable et éternel au milieu de la destruction générale. »

Puis, il trace ces lignes : « L'atome est impossible, parce qu'il suppose le vide et une matière fixe. »

Quand on voit un philosophe, comme Bacon, varier sans cesse, se contredire lui-même, on ne peut s'empêcher de repousser promptement toutes ces notions métaphysiques et d'envisager cette question de l'essence de la matière comme aussi nuisible, aussi déplorable que celle de la recherche des parents de la matière.

Barthez a traité la question de l'essence de la matière avec un esprit philosophique bien supérieur à celui des médecins de nos jours. Il a montré un pyrrhonisme qui devrait faire réfléchir les représentants de sa doctrine anthropologique. Nous avons vu ce médecin attribuer à l'ignorance et à la vanité de l'esprit humain la cause de la distinction des êtres en corps et en esprits; avouer, avec Gundlingius, qu'il est impossible de savoir ce qu'est la matière. Il fait plus encore: rapportant l'opinion de Galien et de Locke qui se refusaient, le premier à prononcer si l'âme pensante est une substance,

le second à dire ce qu'est la substance, Barthez ajoute : « Cette manière de voir de Galien
et de Locke, si opposée à ce qu'on a toujours
enseigné sur les substances, dans la métaphysique vulgaire, peut rappeler le reproche qu'on
a fait aux médecins d'être particulièrement
enclins à suivre la secte pyrrhonienne ; mais
ce reproche est honorable, pourvu qu'en pous-
sant très loin le doute ils sachent le contenir. »

Aussi, ce célèbre professeur se refuse-t-il à
dire si le principe vital est ou n'est pas une
substance. Que penserait-t-il, aujourd'hui, des
médecins reconnaissant une âme substantielle,
un principe vital substantiel, une union hypostatique, substantielle ?

Cette question de l'essence de la matière,
comme celle de la recherche des parents de la
matière, le philosophe doit l'exclure de ses
études. Demander ce qu'est la matière première, son essence, c'est oublier que nous
n'avons d'idée des objets que par leurs phénomènes.

Que sont les mots, a dit Bacon, sinon l'image
des choses ? *quid aliud sunt verba quam imagines
rerum ?* Or, ce mot essence, que représente-t-il ?

Un être fantastique, imaginaire, dont nous n'avons aucune idée; un être sans prototype; à moins, toutefois, qu'on veuille admettre, avec les raffineurs du spiritualisme, que les mots doivent représenter des fantômes et non des qualités, des attributs de la matière.

Toucher, être touché, n'appartient qu'aux seuls corps : *tangere et enim tangi, nisi corpus, nulla potest res,* telle est la preuve de l'existence de la matière. Cette matière présente des phénomènes généraux, les mêmes pour tous les corps. L'ensemble de ces phénomènes doit nous suffire pour la caractériser, sans aller nous payer de mots vides de sens.

En effet, reconnaître un objet, c'est le présenter sous des couleurs, des traits auxquels il est impossible de le méconnaître; en un mot, c'est le définir; on ne saurait trop se pénétrer de la vérité de ces paroles : « *Ce qui ne peut être défini ne peut être connu.* » Or, par quels traits, sous quelles couleurs pouvons-nous reconnaître la matière, sinon par l'ensemble de ses phénomènes généraux? Qu'est le soufre, l'iode? Qu'est le brome, l'azote? des substances, des corps, offrant chacun un

ensemble de phénomènes, ensemble qui constitue la nature, l'essence de ces corps, la
chose elle-même, *ipsissima res*. Aucun savant,
aucun médecin, ne serait assez simple pour ne
pas se contenter de ces définitions; pour aller
encore demander : quelle est l'essence de
l'oxigène? Quelle est l'essence de l'azote ?

Ce qu'on fait pour les substances particulières, pourquoi ne le ferait-on pas pour la
matière? Pourquoi nous jeter dans ces atomes
qui ne ressemblent à rien de ce qui tombe
sous nos sens? Pourquoi spolier la matière de
ses qualités, de ses modes d'être; faire de cette
matière une *prostituée*, et de ses qualités des
prétendants? Pourquoi ne la définirions-nous pas
par l'ensemble de ses phénomènes généraux?
pourquoi l'ensemble de ces phénomènes ne
serait-il pas pour nous la nature, l'essence de
la matière, la chose elle-même ?

Belle explication, dira-t-on. Ah! bien plus
belle que ces explications où l'on se sert de
mots, de termes incompréhensibles; bien plus
belle que ces explications où l'on se perd
dans un dédale d'expressions, où l'on oppose
des mots aux mots, des mots représentant
des fantômes. Il est possible que si nous

jouissions d'autres sens, les qualités, les attributs de la matière nous apparaîtraient tout autres; il est possible que bien d'autres phénomènes se manifesteraient; mais, nous ne devons
pas juger de ce qui n'est pas par ce qui n'est
pas; nous devons voir ce que nous voyons;
constater ce que nous pouvons constater. Autrement, ce serait se lancer dans des discussions tout à fait puériles.

Locke, en traitant des essences, a fait preuve
d'un talent philosophique bien remarquable.
Il distingue les essences réelles et nominales.
Les essences réelles, nous les ignorons; les
essences nominales sont celles que nos sens
nous font apercevoir. Nous ne connaissons la
matière que par nos sensations.

En parlant de Dieu, De Maistre dit : « Son
essence est son nom, son nom est son essence. »
D'abord, avant de demander quelle est l'essence d'un être, il faudrait prouver l'existence
de cet être ; et même, en admettant l'existence de Dieu, que signifient ces mots : Son
essence est son nom, son nom est son essence?

Ce langage nous rappelle celui de certains
écrivains de notre époque, qui captivent l'ima-

gination des masses à l'aide de phrases incompréhensibles. Demandez à l'un ce qu'est le droit; il ne vous répond pas : Son essence est son nom, son nom est son essence, mais il vous trace cette phrase lumineuse: « Le droit, c'est la raison de Dieu. » Demandez à un autre ce qu'est la justice ; il ne vous répond pas : Son essence est son nom, son nom est son essence, mais il vous écrit ces belles paroles : « La justice est l'essence de l'humanité. » Il est impossible de ne pas accepter des définitions aussi lucides.

« L'essence de Dieu, dit De Maistre, est indéfinissable comme toutes les essences, car il est de l'essence de ce qui est parfaitement connu, de ne pouvoir être expliqué. »

Voilà où l'on voudrait nous amener. On voudrait faire dire à l'homme : Tu ne peux connaître la matière; tu n'en connais point la nature, l'essence; comment connaîtrais-tu celle de Dieu ? En sachant tout, tu ne sais rien!

A cela nous répondons : La matière existe, nous la connaissons. La matière existe, car nos sens attestent son existence; nous la touchons, nous la palpons; cette matière, nous la connaissons, car nous pouvons la définir par ses phénomènes généraux, les mêmes pour tous les corps. Qu'avons-nous besoin d'autre chose? L'ensemble des phénomènes généraux doit nous suffire pour la caractériser, sans aller nous payer de mots représentant des chimères.

« L'homme, en se fatiguant toute sa vie à dire : Qu'est-ce que cela? comment s'appelle cela? que veut dire cela? est un grand spectacle pour lui-même, s'il veut réfléchir. » (DE MAISTRE.)

Oui, si l'homme recherche la vérité, s'il s'informe de ce qui peut être démontré, *défini*, à merveille; mais, s'il veut se lancer dans des notions inaccessibles à l'esprit humain; dans des questions purement gratuites, c'est un bien triste spectacle. Mieux vaudrait la simple croyance que la science des mots, cette science où les fantômes de théâtre et de langage jouent un si grand rôle.

D'ailleurs, ceux qui partagent l'opinion de Pascal disant : « La matière est au nombre des choses inconnues, » devraient moins mépriser la matière; ils devraient avoir moins d'aversion pour cette mère des êtres, *mater-iès*; ils de-

vraient être conséquents avec eux-mêmes, et
ne pas avoir du dédain pour cet être dont ils
sont aussi incapables de comprendre l'essence
que celle de Dieu même; de cet être, enfin,
dont ils sont obligés de dire, comme ils le font
pour Dieu : *Ego sum qui sum*: Je suis celui
qui est; nul ne m'a connu, nul ne me connaî-
tra; mon essence est mon nom, mon nom est
mon essence.

La philosophie positive d'Auguste Comte a
cet avantage immense d'avoir repoussé toutes
ces vaines recherches, toutes ces vaines discussions sur les essences des choses. Ce philosophe a eu la sagesse d'abandonner ces
questions oiseuses, et de s'en tenir à ce que
pouvait lui apprendre la méthode expérimentale.

Disons avec Bacon, le Bacon philosophe
et non le Bacon respirant le souffle de la Ge-
nèse : « Recevons et acceptons les principes
des choses comme ils se trouvent dans la nature, d'après une doctrine positive et sur la foi
de l'expérience. Ne les cherchons pas dans
une science de mots, appuyée sur de petites
ergoteries dialectiques et mathématiques; dans

les notions communes aux divagations de l'esprit humain, hors de la nature. Quelle que soit la matière, quelle que soit son opération, c'est une chose positive qu'il faut prendre comme elle est. »

La troisième question, agitée en métaphysique, est celle de l'essence des phénomènes, de la causalité. Ce problème a suscité des discussions interminables; a nécessité l'intervention d'une foule d'êtres abstraits, fictifs, imaginaires. Pour sa solution, nous retrouvons toujours la théologie raisonnée, la foi démontrée par la raison, et la méthaphysique avec ses notions fausses de l'antre, de théâtre, de l'école, ses impondérables, ses fluides, ses forces, ses facultés, ses principes, ses puissances : idoles de caverne, prétendants de la matière, assemblage incohérent de mots variant avec chaque école ontologique.

La matière est l'agent de tous les phénomènes : la cause des causes. Ces phénomènes, ces qualités, ces modes d'être, ces attributs, indissolublement liés au mode agrégatif, varient suivant l'état moléculaire et suivant l'état de nos sens. Ces effets, ces manifestations de la matière, de cette mère des êtres, nous devons les observer; voir dans quelles circonstances ils se produisent; comment ils ont lieu; les comparer, établir entre eux des rapports de ressemblance et de succession, les rattacher successivement les uns aux autres, les généraliser; car, qu'est-ce que savoir, sinon comparer les phénomènes entre eux suivant leur état de ressemblance, leur ordre de succession?

« Nous n'expliquons les phénomènes que par leurs rapports de succession ou de ressemblance avec d'autres phénomènes. » (Cabanis.)

Malheureusement, l'homme n'a pas eu la sagesse de s'arrêter dans ses investigations. Il avait comparé, groupé les phénomènes suivant leur état de ressemblance, leur ordre de succession; il les avait rattachés à un phénomène général; il savait et pouvait prévoir dans quel ordre ils se succèdent, comment ils se manifestent; il n'ignorait pas les règles de leur production; il possédait les lois de la pesanteur, de la lumière, de l'électricité, etc.; mais son esprit n'a pu être satisfait. Ces phénomènes généraux, cette pesanteur, cette électricité, etc., qui nous sont connus, ainsi que le fait

remarquer Barthez, par leurs lois que l'expérience a découvertes dans la succession des
phénomènes, loin de les considérer comme des
modes d'être, des attributs de la matière;
d'abandonner toute recherche, toute enquête
sur leur mécanisme intime, l'homme a voulu les
expliquer, s'en rendre compte ; il n'a pu le faire
qu'en les abstrayant, en dépouillant la matière
de ses qualités; en considérant les phénomènes
comme dépendant, non pas de la matière, mais
de forces, de facultés, de causes impondérables, invisibles, intangibles , inétendues. Aujourd'hui, toutes les sciences sont encombrées
de ces déplorables fictions. Entre la matière et
ses phénomènes, on trouve toujours un être
intermédiaire, un fétiche métaphysique, une de
ces abstractions physiques dont le génie de
Bacon n'avait pu se préserver et qu'actuellement il repousserait certainement.

Voilà où nous en sommes en plein dix-neu-
vième siècle! On rit du sauvage se prosternant
devant un arbre, une fontaine ; on rit de la
simplicité de l'enfant qui croit la montre mue
par une bête ; et l'on ne craint pas d'admettre
des êtres distincts de la matière, ne possédant

rien de ce qui peut nous les faire reconnaître !
Nous avions bien raison de dire que le fétichisme n'avait pas quitté la terre ; partout on
le retrouve. Ceux-mêmes qui devraient protester le plus énergiquement contre les fétiches,
les acceptent, les reconnaissent, sont les premiers fétichistes. Si l'homme, brisant son idole,
a vu qu'elle n'était pas ce qu'il pensait, brisez
vos instruments de physique et vous verrez que
toutes ces causes, tous ces fluides ne sont pas
des êtres distincts de la matière.

Dans cette question, plus que dans toute
autre, on abuse des mots, des expressions. Au
lieu de ne considérer que les phénomènes, on
a des causes générales, des causes expérimentales, des forces, des facultés, des principes, des puissances. Pourquoi ne pas observer les phénomènes ? Pourquoi ne pas les
comparer, établir entre eux des rapports de
ressemblance et de succession ? Pourquoi ne
pas les rattacher successivement les uns aux
autres ? Parvenu aux phénomènes généraux,
pourquoi ne pas les faire dépendre eux-mêmes
du mode agrégatif ? Donnons à ces effets généraux un nom synthétique quelconque ; mais

que ce mot ne représente pas un être illu-
soire.

La pesanteur, l'électricité, la lumière, etc.,
sont autant de phénomènes généraux, de
qualités, de modes d'être de la matière. Ces
phénomènes peuvent se traduire d'une manière
diverse. Comparons les effets ; voyons comment ils se produisent ; constatons leur ordre
de succession, leur état de ressemblance ; établissons leurs lois ; mais que ces lois se ratta-
chent à un phénomène général et non à un
être idéal, abstrait, en dehors de la matière.

Aujourd'hui, il n'en est pas ainsi : la pesanteur, la lumière, l'électricité sont entées sur
la matière, sont distinctes de l'agrégat. On ne
les considère pas comme de simples phénomènes généraux variant avec l'état moléculaire,
pouvant se traduire d'une manière diverse
suivant la stratification des corps.

M. Lordat dit que les newtoniens, même
les plus prudents, n'oseraient pas affirmer que
le magnétisme terrestre, la lumière, la chaleur,
sont des substances *corporelles*. Ils ont raison.

Ceci est très rationnel et peut s'expliquer
facilement en réfléchissant à notre organisation.

Rejeter les impondérables, les causes invisibles, serait porter atteinte à notre égoïsme. En effet, si des causes immatérielles existent pour les phénomènes inorganiques, pourquoi des causes plus nobles n'existeraient-elles pas pour les phénomènes organiques?

L'anthropologie ne devait pas échapper à une influence aussi pernicieuse. Elle devait hériter non seulement des fictions créées dans les autres sciences, mais ses représentants devaient encore en produire. Ne possédons-nous pas le fluide nerveux, la sensibilité, la contractilité, l'âme sensible, la force vitale, êtres distincts de l'agrégat? Ne les fait-on pas dépendre d'un don de la divinité?

Bichat a été un triste exemple de cette déplorable tendance de l'esprit humain porté à abstraire les phénomènes généraux ; à dépouiller la matière de ses modes d'être ; à faire de ses attributs des fétiches. La matière, pour ce célèbre physiologiste, était primitivement dans le chaos. Et d'abord, sur quoi se fonde-t-il pour avancer une telle assertion? Quel homme pourra jamais comprendre une matière primitivement dans le chaos? Cette hypothèse est aussi incompréhensible que celle de la création *ex nihilo*. L'une et l'autre sont des questions théologiques qui ne devraient jamais se rencontrer dans des ouvrages scientifiques.

Dieu aurait doué la matière inorganique de la pesanteur, de l'élasticité, etc.; la matière organique aurait eu ces propriétés et, en outre, la sensibilité et la contractilité. Est-ce un langage scientifique? Que signifient ces propriétés greffées sur la matière? On dirait que Bichat n'a fait que répéter les propres paroles de Platon, citées par Barthez : « Les productions de la matière étaient auparavant dans le chaos, excitées sans aucun rapport et sans ordre; et ses mouvements désordonnés ne formaient que des traces d'êtres. Mais lorsqu'elles commencèrent à constituer l'univers, elles se firent avec règle et symétrie, par les impressions reçues de Dieu. »

M. Lordat a très bien compris toute la fausseté, toute l'inanité de ces propriétés vitales. Comme le fait remarquer cet éminent professeur, Bichat devait bien savoir que les propriétés sont des attributs, des qualités indissolublement attachées au mode agrégatif, variant avec

ce mode agrégatif, dépendant de l'état moléculaire. Alors, pourquoi donne-t-il le nom de
propriété à une qualité qui n'est l'effet ni de la
substance du corps, ni de sa construction? à
une qualité n'appartenant pas à l'agrégat; mais
à un *substratum* variant, disparaissant sans
aucune lésion anatomique?

Bichat n'entendait malheureusement pas
ainsi le mot de propriété. Pour ce célèbre médecin, ce mot désignait un être distinct de la
matière; et ce qui le prouve, c'est que la matière
a existé sans propriétés, était primitivement
dans le chaos jusqu'au jour où Dieu lui imprima
des propriétés. Partisan des propriétés entées
sur les substances inorganiques, il devait en
créer pour la matière organisée. Fatalement, il
a été entraîné à pratiquer dans l'anthropologie
ce qu'on pratique dans les sciences inorganiques.
On avait des impondérables considérés comme
causes des phénomènes inorganiques, on devait
posséder des impondérables, des causes invisibles, intangibles pour les phénomènes organiques; puis, la croyance aidant, on fait agir
Dieu; on lui fait tirer la matière du chaos. A
quelle époque? Bichat ne le dit pas; mais tout

porte à penser qu'il admettait la création juive. Si Bichat s'était contenté d'observer les faits; s'il avait laissé la foi; s'il n'avait pas fait intervenir Dieu dans la physiologie, il n'aurait pas abstrait, fétichisé la contractilité et la sensibilité; il les aurait considérées comme de simples phénomènes, de simples attributs de la matière.

Comme Bichat, Barthez est tombé dans l'ontologie. Et cependant personne n'était mieux à même que lui, avec sa vaste érudition, son esprit profondément philosophique, de se préserver de telles utopies.

Partisan de la méthode inductive et expérimentale, cet illustre médecin veut qu'on compare les faits bien observés; qu'on les généralise; car, pour lui, les phénomènes ne peuvent nous faire connaître la causalité, mais l'ordre dans lequel ils se succèdent. Ces faits groupés, généralisés d'après leur état de ressemblance, leur ordre de succession, il leur suppose une cause, un principe, une faculté. Ce principe, on ignore ce qu'il est. Sur sa nature on doit garder un scepticisme invincible; car, cette cause, comme toute cause générale, ne nous est connue que par les lois que l'expérience a découvertes dans la succession des phénomènes.

On le voit, Barthez fait dans l'anthropologie ce qui se pratique dans les sciences inorganiques. C'est toujours la même manie de faire des abstractions: manie du sauvage, manie de l'enfant, manie du savant. Les phénomènes électriques, magnétiques, caloriques, loin d'être considérés comme de simples phénomènes, ont des causes. Ces causes sont le fluide magnétique, électrique, calorique. Or, si les phénomènes inorganiques ont des parents, pourquoi les phénomènes organiques n'en posséderaient-ils pas? Pourquoi la vie, ce phénomène général, n'aurait-elle pas une cause? La pesanteur, l'électricité peuvent se traduire de la manière la plus diverse. Les phénomènes groupés, généralisés d'après leur état de ressemblance et leur ordre de succession, on les rapporte, non pas à un phénomène général, mais à un fétiche. Pourquoi Barthez n'aurait-il pas réalisé en physiologie ce qui se pratique dans les sciences inorganiques? Si les phénomènes inorganiques ont des causes invisibles, intangibles, pourquoi la vie, ce phénomène général, n'en posséderait-il pas une?

Quand on voit des médecins se récrier contre le principe vital, admettre des propriétés vitales distinctes de l'organisme, entées sur la matière, on ne peut s'empêcher de dire qu'ils ne comprennent ni la doctrine de Barthez, ni celle de Bichat. S'ils les comprenaient, ils ne se montreraient pas si dédaigneux à l'égard du vitalisme de Montpellier, qui certainement est supérieur à leur vitalisme multiforme, incohérent. Ils repoussent le principe vital de Barthez et ils acceptent les impondérables..!

Le tort du fondateur du vitalisme de Montpellier est d'avoir supposé, entre la matière organisée et ses phénomènes, un être intermédiaire, une cause. La vie est un phénomène général. Ce phénomène n'est autre que la nutrition, ce double acte d'assimilation et de désassimilation. Nous devons étudier cette nutrition ; observer comment elle s'accomplit ; voir les phénomènes qui en résultent, sans aller nous servir, pour les expliquer, de toutes ces fictions qui ont tant nui à l'anthropologie. Sans doute, nous ignorons le pourquoi, la raison de ce phénomène général, comme nous ignorons le mécanisme intime des phénomènes inorganiques. Pourquoi l'aiguille aimantée se tourne-t-elle invariablement vers le pôle boréal? Qu'est-ce qui fait, dirons-nous avec Locke, que le plomb et le fer sont malléables et que les pierres ne le sont pas? Pourquoi le plomb et l'antimoine sont-ils fusibles? Pourquoi le bois et les pierres ne se fondent-ils pas? Précisément ce pourquoi, qui nous sera à jamais inconnu, nous avons la simplicité de l'expliquer par une notion imaginaire, par un fétiche...!

Si l'on n'avait eu égard qu'à la matière et à ses attributs, on n'aurait pas eu tant de conjectures invérifiables. Toutes ces recherches sur l'essence des phénomènes sont oiseuses, aussi préjudiciables que les recherches sur l'essence de la matière.

Il ne faut jamais oublier, ainsi que l'a très bien fait remarquer le philosophe anglais, que nous ignorerons toujours la constitution intérieure d'où dépendent les qualités des corps; que nous ne pourrons jamais posséder, pour la connaissance et la distinction des substances, qu'une collection d'idées sensibles, idées sensibles variant avec l'état agrégatif et l'état de nos sens.

Ce qui est déplorable, mais inévitable, c'est qu'une fois admises, ces fictions, ces causes, ces facultés, sont amplifiées, personnifiées. Engagé dans la voie ontologique, l'homme laisse agir, en toute liberté, son imagination.

Si l'on s'était contenté encore d'admettre ce principe vital tel que Barthez l'avait supposé!.. Mais aller parler d'une union hypostatique, d'une doctrine d'alliance ; expliquer le sommeil, le magnétisme, les crimes par ce fétiche, c'est affligeant! Heureusement, la science anthropologique n'est pas renfermée dans quelques temples ; elle n'est pas entre les mains de quelques castes. Ces fictions peuvent avoir des adeptes ; mais le jour approche où forcément elles crouleront devant le progrès scientifique.

Barthez avait écrit qu'on ne pouvait donner que des assertions négatives, des doutes, des conjectures sur la nature du principe vital ; qu'il était inutile de discuter si le principe vital est ou n'est pas une substance, un *substratum* autre que la matière. Il conseillait de garder sur la nature de cet être le scepticisme le plus profond. Cette entité ne devait pas servir à expliquer les phénomènes ; mais à rendre plus facile et plus sûre la formation de nouveaux résultats des phénomènes.

Aujourd'hui, tout est bien changé. Héritière de la doctrine barthézienne, l'école de Montpellier n'a pu rester dans le scepticisme. Elle ne pouvait être satisfaite d'un être qui ne disait pas assez; il fallait le rayer ou l'admettre définitivement, le caractériser, le distinguer de la matière. Cette tâche a été accomplie, et franchement l'on a bien fait. En agissant ainsi, on a prouvé que l'homme, même le plus intelligent, lancé dans la voie de l'absolu, ne peut plus s'arrêter; car une fiction une fois admise, ce que le créateur de cette entité n'aura pas fait, tôt ou tard d'autres le réaliseront.

Actuellement, l'origine, les parents, les fonctions, la fin de ce fétiche, sont trouvés, expliqués, démontrés; son existence est aussi bien prouvée que celle de l'âme; il existait dans la matière amorphe avant la formation des organes. Venu de la mère, il construit l'organisme; et, cette belle œuvre achevée, il travaille sans relâche à la conservation de son ouvrage jusqu'à sa vieillesse, sa résolution. La dubitation du principe vital est une preuve de noviciat;

sa négation, une preuve d'inscience relative, passible d'un renvoi à l'école.

Que penserait Barthez, s'il entendait ces paroles : « La réalité du principe vital est aussi bien prouvée que celle de l'âme; le principe vital existe substantiellement au même titre que l'âme. » ? Que dirait-il de ces unions hypostatiques, de ces lois de l'alliance, de ces explications du sommeil, du magnétisme, de ces actes criminels qu'on veut imputer à ce *princeps coquorum*, à ce majordome, à cette puissance automatique vitale, etc. ? Sans doute, il sortirait de son scepticisme; il ne considèrerait que la matière et ses phénomènes; il verrait que tôt ou tard ces causes, ces fictions, ces conjectures, finissent par être fétichisées; *qu'on se hâte de faire prendre*, ainsi qu'il l'a dit lui-même, *toute la consistance possible à des êtres abstraits qu'on a conçus de la manière la plus imparfaite.*

Qui peut pousser un homme aussi érudit que M. Lordat à donner le jour à de telles fictions? Barthez va nous l'apprendre : « L'imagination qui voit tous les changements comme dépendants d'une action ou d'un mouvement,

rapporte cette liaison à l'idée d'un pouvoir
nécessaire qui réside dans le phénomène antérieur et qui agit pour produire le phénomène
qui suit. L'idée de cette puissance est donc
une fiction de l'imagination, mais l'esprit humain donne à cette puissance, dont le nom est
indéterminé, le nom de *cause*. A force de voir
comme constante la signification de *ce mot de
convention*, dont il fait un usage perpétuel, il
a été entraîné à croire que l'idée même que ce
mot désigne a de la réalité. »

Paroles profondément vraies, que les prôneurs actuels du vitalisme devraient bien méditer.

M. Lordat dit : « Il y a, dans la création
(car cet honorable professeur croit à la création *ex nihilo*) tant d'effets différents que l'esprit
ne peut se dispenser d'en distinguer les causes
différentes. »

Oui, des effets différents existent, se manifestent; mais ces effets ne sont pas le résultat
de ces êtres invisibles, intangibles; de ces
causes, de ces fictions, comme les appelle
Barthez, qu'à force de répéter on substantialise.
Ces effets sont le résultat de l'agrégat, les

modes d'être de la matière ; et ceci peut se voir, tomber sous nos sens. Quant à s'enquérir du pourquoi, de l'*essence* de ces phénomènes, est chose puérile.

Ces phénomènes, comparons-les, établissons leurs lois ; voyons comment ils se manifestent. Pourquoi leur donner une entité? pourquoi ne pas les faire dépendre de la matière? pourquoi se lancer dans l'*obscurum per obscurius?*

La force vitale existait dans la matière amorphe; elle vient de la mère...!

Pour avancer de telles assertions, est-ce bien sur une philosophie rigoureuse qu'on s'étaye? Qui prouve l'existence de cette force vitale dans la matière amorphe? qui démontre que cette force est plastique, fabricatrice de l'organisme ? On parle de l'ordre vital et de l'ordre intellectuel : l'ordre vital est caractérisé par les modes d'agir suivants : la vie temporaire, une harmonie voisine de l'unité; la divisibilité, une spontanéité, etc. ; et l'ordre intellectuel par la pensée, la finalité, la personnalité, l'agérasie, etc.

Sont-ce réellement des modes propres à différencier l'homme de l'animal? Est-il quelqu'un qui puisse contester à des espèces animales la conscience, la volonté, la pensée? Puis, n'est-il pas par trop évident qu'il est des hommes chez qui la pensée, la volonté, la conscience, l'agérasie, n'existent pas? des hommes sous tous les rapports inférieurs à l'animal? Allez dans un hospice d'aliénés; approchez-vous de ces êtres dont la détérioration intellectuelle est si grande; dites-nous où se trouvent ces singuliers modes de l'ordre vital et de l'ordre intellectuel. Spectacle déchirant! On ne rencontre plus chez ces malheureux que des formes physiques qui seules rappellent que ces pauvres créatures sont nos semblables : l'un se livre aux actes les plus dégoûtants; l'autre est en proie au délire le plus furieux; celui-ci imite le chien, celui-là le coq. Bien plus, il en est qui se dévorent leurs parties vivantes. Ils sont trente, quarante dans un même appartement, tous vivent isolés. Autant de manifestations différentes que d'êtres.

Si l'on avait égard aux causes; si l'on voulait les caractériser d'après ces phénomènes, que de modes, que d'ordres intellectuels on pourrait former...! L'un, caractérisé par l'absence de toute volonté, de toute pensée, de toute conscience ; l'autre, par une volonté opiniâtre, énergique ; celui-ci, par des actes dégradants ; celui-là, par une volonté craintive, pusillanime. Et l'insénescence du sens intime! Ce qui se passe tous les jours, ne vient-il pas donner un démenti formel à une telle assertion?

Partisan de la philosophie baconienne, M. Lordat savait que les mots ne doivent pas représenter des fictions ; que les mots sont l'image des choses ; que cette image on ne peut l'avoir qu'en définissant l'objet ; qu'en le présentant sous certaines couleurs, certains traits. De là la description du principe vital, son origine, etc.

Pourquoi parler sans cesse de ce principe vital? pourquoi y revenir? Nous ne pouvons exprimer ce que nous éprouvons chaque fois que cette entité revient à notre esprit ; nous sommes pris d'un découragement profond en voyant des médecins se grouper autour de ce fétiche métaphysique. Puis, nous assistons à de telles professions de foi vitaliste, que nous sommes assourdis! Quelle confusion, quel chaos...!

Si la méthode analytique a créé des fictions ; si l'homme n'a pas eu la sagesse de s'arrêter aux phénomènes généraux ; s'il a voulu encore se rendre compte de ces phénomènes en les abstrayant, en les considérant comme des êtres distincts de l'agrégat organique, ou en les expliquant par une notion absolue, la méthode synthétique a produit des hypothèses gratuites bien plus nombreuses.

Comme la méthode analytique, la méthode synthétique peut être employée dans les sciences; mais, si l'on se sert d'un principe, si l'on part d'une proposition, ce principe ne doit pas être une de ces prétendues vérités éternelles, évidentes par elles-mêmes, au-dessus de toute démonstration, un de ces trop fameux axiomes si énergiquement qualifiés par Broussais; mais une proposition, un principe pouvant se démontrer, se réfuter, ou un fait général résultat de faits particuliers démontrés.

Précisément, ces axiomes intuitifs, ces vérités éternelles que les sciences repoussent, l'anthropologie. les a conservés. La foi raisonnée, la métaphysique théologique, excluc de toutes les branches des connaissances, sert encore à expliquer les phénomènes physiologiques. On a l'âme à laquelle on fait jouer un rôle plus ou moins important dans l'accomplissement des actes organiques. Avec l'école animique, elle exécute toutes les fonctions végétales et animales; avec l'école de Montpellier, elle coopère, avec le principe vital, à l'accomplissement des fonctions de la vie de relation; avec l'école organicienne, elle est la cause des phénomènes psychiques. Cartésiens, animistes, vitalistes, tous sont d'accord sur l'existence de cette inconnue; seule, la croyance raisonnée les désunit, les hypothèses, métaphysico-théologiques variant avec chaque école.

Grâce à la méthode intuitive, l'homme n'est point embarrassé pour créer des fictions, et, une fois créés, ces fantômes de l'antre ont leurs attributs, leurs fonctions. Ces notions fausses différant avec chaque individu, on a ces philosophies, ces psycologies innombrables qui, depuis l'antiquité, hérissent la surface de la terre. Aussi, les médecins ne sont pas seuls à donner des entités à la vie : l'anthropologie, comme son application l'art médical, a le privilége d'être à la portée de tout le monde. Chacun possède une dose plus ou moins grande d'imagination, et cette imagination suffit à résoudre les problèmes anthropologiques les plus compliqués. Les axiomes intuitifs, les vérités au-dessus de toute démonstration, servent à dépouiller la matière de ses attributs ; à produire, depuis Platon jusqu'à Spinosa, depuis Leibnitz jusqu'aux philosophes actuels, tous ces prétendants de la matière : ces idées archétypes, ces formes, ces absolus, ces monades, ces âmes, ces esprits, tous ces fantômes de l'illusion dont l'anthropologie est encore souillée. Répétons-le avec Bacon : N'est-il pas absurde de prétendre que des êtres fantastiques constituent des êtres réels ?

Si les prétendants de la matière sont si nombreux dans notre science ; si, malgré les progrès merveilleux du savoir, ils sont si lents à disparaître, c'est que l'anthropologie touche à de grands intérêts. La métaphysique disparaîtra des sciences inorganiques ; mais la métaphysique théologique, les hypothèses raisonnées de la foi subsisteront bien longtemps.

Les plus belles intelligences ne peuvent se défaire des fictions métaphysiques. En lisant le dernier ouvrage de M. Proudhon, nous avons été singulièrement surpris de voir cet écrivain partisan d'un double dynamisme humain, pas

exactement le même que celui de la nouvelle
Cos, les conceptions métaphysiques variant
avec l'imagination individuelle. M. Proudhon
reconnaît la métaphysique. Il la proclame la
première et la dernière lettre de la science, la
condition introductive et la conclusion de toute
connaissance. Cette métaphysique consiste,
après avoir analysé, comparé les phénomènes,
les avoir généralisés, à leur supposer des causes,
des absolus, des essences, des *en soi*, considérés comme les auteurs des effets de la matière. Ces essences, ces *en soi*, sont-ils des
modes d'être ou des êtres distincts de l'agrégat?
On ne s'en inquiète pas; on les conçoit, on les
suppose, on ne va pas au delà.

Spinosa avait reconnu un esprit incréé et
infini, inaccessible à nos sens, produisant continuellement toutes choses et les animant toutes.
Substance, esprit, force, vie, tout venait de Dieu.
Ce qui anime l'homme est un rayon de Dieu;
ce qui anime l'animal, un rayon de Dieu; le
végétal, un rayon de Dieu: système ontologique des plus absurdes, amalgame de théologie
et de pures fictions détruisant la liberté individuelle, momifiant l'homme, faisant remplir à

Dieu, si Dieu existe, un rôle ignoble, absurde, cruel; système auquel on peut appliquer ces paroles d'Hoffmann : « Si c'est Dieu qui est cette force, on ne peut le distinguer de la matière. Dès lors toute religion est détruite; on tombe dans l'absurde; car c'est Dieu qui, dans un tigre, se jette sur le passant; Dieu devient l'auteur de toutes les actions coupables des hommes. »

Nous nous demandons si de pareilles frivolités peuvent encore être acceptées ! S'il ne vaudrait pas mieux croire que d'acquiescer à de telles rêveries !

Au panthéisme de Spinosa succèdent les monades de Leibnitz. Cet illustre philosophe ne reconnaît pas une force universelle, la même pour tous les êtres; il la fractionne, il la subdivise en une infinité d'autres forces, de monades, êtres indestructibles.

M. Proudhon est partisan de cette monadologie, mais il la modifie : ce que le philosophe allemand admettait, M. Proudhon le suppose. Il conçoit des forces, des causes, mais n'affirme rien au-delà. Ces *en soi* sont-ils distincts de l'agrégat? Sont-ils des modes d'être de la matière? Survivent-ils à la dissolution des êtres? Ont-ils une existence propre, indépendante de l'organisme? Sont-ils destructibles? De tout ceci on ne s'occupe pas; on le suppose et on ne va pas au delà.

En 1800, un physiologiste avait écrit : « La chose qui se trouve dans les êtres vivants nous l'appellerons âme, archée, principe vital, x, y, z, comme les quantités inconnues des géomètres. Il ne nous reste qu'à déterminer la valeur de cette inconnue, dont la supposition facilite, abrège le calcul des choses que nous connaissons et que nous pouvons connaître. »

'M. Proudhon n'est pas moins explicite que ce physiologiste « Je conçois, écrit-il, les phénomènes zoologiques comme se rapportant à un je ne sais quoi, fluide ou tout ce qu'il vous plaira, que j'appelle vie ou principe de vie, qui se choisit ses matériaux, les organise, les protège contre les attractions chimiques et la dissolution, qui se distribue dans l'ensemble des corps organisés, les particularise, les anime et les soutient tous. »

Voilà, au moins, une puissance architectonique vitale admirable; elle nous rappelle la force vitale reconstruisant les cadavres auxquels Ezéchiel allait rendre la vie. « On croirait entendre M. Lordat : « Le théologien et le médecin conviendront que l'instrumentation organique renferme dans ses tissus, ses liquides, ses molécules, une puissance vitale qui, douée d'un pouvoir héréditaire, a trouvé dans le sein de la mère, où elle avait été créée, les éléments nécessaires à son agrégat et s'en est servi pour fabriquer les organes. Cette même puissance, auteur de tant d'instruments, leur paraîtra celle qui les conserve et les préserve de la putréfaction et qui exerce spontanément, insciemment et finalement les fonctions immanentes, naturelles, instinctives. » Cependant, M. Proudhon avait tracé ces lignes quelques pages plus haut : « Quelques-uns appellent à leur aide la chimie organique. Ils voient dans la vie et la mort un double phénomène de composition et de décomposition sous l'action d'un principe inconnu, âme, esprit ou vie. Ce principe s'empare de la matière, s'en façonne un corps, lutte quelque temps avec succès contre les réactions chimiques qui tendent à le dissoudre ; puis, vaincu, se sépare de cet organisme usé pour recommencer ailleurs le même exercice.

» Je regrette de troubler cette poésie, mais la science ne vit pas d'imagination. »

Sauf la dernière phrase où il est dit que le principe vital se sépare de l'organisme pour recommencer ailleurs le même exercice, ces deux citations ne sont-elles pas exactement les mêmes? Si M. Proudhon rejette un principe de vie qui s'empare de la matière, s'en façonne un corps, n'admet-il pas un principe de vie qui choisit ses matériaux et les organise? S'il rejette un principe de vie qui lutte contre les réactions chimiques tendant à dissoudre l'organisme, ne reconnaît-il pas un principe de vie qui protège les matériaux choisis, triés, organisés par le principe de vie, contre les attractions chimiques et la dissolution?

Tel est le sort de toutes les notions métaphysiques : la veille, on les admet, le jour suivant, on les rejette.

Nous regrettons de troubler la poésie de M. Proudhon, mais la science ne vit pas d'imagination.

Puisque les fonctions de ce principe de vie sont si étendues, si bien définies; puisque cet *en soi* choisit ses matériaux, les protège contre les attractions chimiques et la dissolution, l'existence de ce prétendant de la matière doit être prouvée expérimentalement, rigoureusement; car avant d'imputer des actes à un être, avant de lui donner des attributs aussi étendus, il faut prouver l'existence de cet être.

M. Proudhon va nous apprendre si ce féti-che, cet *en soi*, existe : « La science qui va jus-qu'au concept et qui le pose, ne peut pas dire si l'objet conçu est matière ou autre chose que matière; si c'est un *substratum* différent de la matière ou un état particulier de la matière ; elle ne va pas jusque-là et s'arrête court. »

Ainsi, ce principe vital, cet *en soi* de la vie, est-ce un mode d'être de la matière ? On n'en sait rien; *il se peut* que ce soit une manière d'être de la matière, une qualité, un attribut; *il se peut* aussi que cela ne soit pas. Est-ce un *substratum* distinct de l'agrégat ? *Il se peut* que cela soit, comme *il se peut* que cela ne soit pas ; on l'ignore. Mais ce qu'on sait c'est que ce fantôme de l'antre choisit ses matériaux, les organise, les protège contre les attractions chimiques et la dissolution...!

Barthez avait déjà tenu le même langage. Il avait écrit qu'il était inutile de discuter si le principe de vie était une modalité ou un être distinct de la matière ; qu'on ne pouvait émettre que des conjectures, des probabilités sur la nature de cet être. Ce sont, comme on le voit, toujours les mêmes sornettes.

Quoi ! l'on ne sait pas si le principe vital est matière ou autre chose que matière, et puis on a la simplicité de donner à ce malheureux fétiche des attributs si merveilleux; de lui faire exécuter des actes si remarquables, qu'on serait tenté de le confondre avec le principe vital bar-thézien ! M. Proudhon a voulu séparer les faits de la nature organique des faits de la nature inorganique. Sur quoi s'étaye-t-il pour établir une ligne de démarcation entre la physique et la physiologie? Sur une notion des plus hypothétiques ; sur un fantôme de l'antre à jamais indémontrable. Il devait savoir qu'il existe deux espèces d'hypothèses : les unes pouvant se vérifier, se démontrer, se réfuter ; les autres étant à jamais de pures aberrations mentales;

distinction qui n'a pas échappé au vieillard de _Cos. Qu'on produise des conjectures pouvant se démontrer, se réfuter, à merveille; mais qu'on laisse de côté ces hypothèses qui seront perpétuellement de pures fictions ; car, tandis que les conjectures à vérification possible ont souvent été utiles à la science, les hypothèses à démonstration impossible ont porté et porteront sans cesse les fruits les plus funestes, entraîneront les conséquences les plus déplorables.

On parle d'un principe de vie qui choisit ses matériaux, les organise, protège l'organisme contre la dissolution, contre les attractions chimiques...! Est-ce le moyen de faire sortir l'anthropologie de cet atermoiement, de ce va-et-vient d'oscillations perpétuelles ne cessant de déprécier notre science, comme elles n'ont cessé de déprécier et de ridiculiser toute espèce de systèmes enfantés par des hommes désireux de connaître, mais incapables d'y parvenir puisqu'ils manquent de base fixe? Est-ce le moyen de détruire les entités anthropologiques qui se succèdent avec chaque âge, croulent avec chaque progrès? Est-ce le moyen

de séparer la physique de la physiologie,
d'empêcher la désorganisation de la science?
Oh! non. Précisément, c'est le moyen de la
désorganiser. Ce sont les essences, les forces
vitales; ce sont les principes de vie qui ont
jeté un abîme entre les sciences, qui les ont
désorganisées. Aujourd'hui, si le savoir est
scindé; si la division des sciences dites physiques et physiologiques est acceptée, à qui le
devons-nous? A qui doit en incomber la cause?
A tout ce ramassis de facultés, d'absolus; à
tous ces préjugés de l'école, de l'antre, servant à fonder des systèmes philosophiques,
fruit de l'imagination et non de l'expérience.
Si les savants n'avaient jamais reconnu d'autre
principe que le principe matériel; s'ils n'avaient
étudié que les phénomènes de la nature; s'ils
avaient laissé de côté les absolus, qui se trouvent partout et qu'on ne peut voir nulle part,
nous n'aurions pas eu notre science mutilée
au profit de rhéteurs, complètement en dehors
de la connaissance des phénomènes organiques.

Parler de l'*en soi* de la vie, d'un *principe
organisateur* de l'organisme, le protégeant
contre les attractions chimiques, est le fait

d'un homme livré à son imagination, mais est chose indigne d'un homme aussi positif que M. Proudhon. Le temps où l'on dépouillait la matière de ses attributs doit cesser ; cette matière ne doit plus être une prostituée et ses modes d'être des prétendants.

On nous dira qu'on ne fait pas du principe vital un être à part ; que ce principe vital est peut-être un mode d'être de la matière ou un *substratum* différent. Cette manière d'envisager la question ne résout absolument rien. C'est une philosophie sceptique dont l'homme est obligé de sortir tôt ou tard. Que signifie déjà cette phrase : « Si l'homme n'était que matière, il ne serait pas libre. » ? D'ailleurs, puisqu'on ne sait pas si le principe vital est ou n'est pas matière, qu'on cesse de lui donner des attributs aussi étendus. Il est protecteur, organisateur de l'économie animale, et on ignore s'il existe...!

Si le principe vital de l'organisme est organisateur, fabricateur ; s'il le protège contre la dissolution et les attractions chimiques, sans doute ce doit être une puissance curative ; le médecin devra en tenir grand compte...!

« Si l'on veut faire de la bonne médecine, je dirai avec Broussais qu'il faut s'abstenir de toute spéculation ontologique et religieuse. » Alors pourquoi parler d'un principe de vie organisateur, fabricateur, protecteur de l'organisme? Est-ce faire de la science de bon aloi? Est-ce analyser, comparer, généraliser les faits? Est-ce s'occuper de la réalité? Est-ce s'abstenir de toute spéculation ontologique?

Cet *en soi* résout-il les engorgements chroniques? chasse-t-il les miasmes pestilentiels? C'est à ne pas en douter, puisqu'il est protecteur, organisateur de l'organisme ; qu'il le préserve de la dissolution et des réactions chimiques. Et l'on dit qu'il faut s'abstenir de toute spéculation ontologique! Mais c'est à rêver!

Si M. Proudhon avait compris Broussais, car nous supposons qu'il l'a lu, il aurait vu précisément que cet illustre médecin condamne ces *en soi* qui guérissent, protègent, organisent l'économie; il aurait vu qu'il n'a cessé de s'élever contre le principe vital barthézien qui n'est qu'un *en soi*, un *absolu*, pouvant être un mode d'être ou un *substratum* autre que la matière.

Vous supposez un principe de vie aux phénomènes organiques, alors supposez encore un principe matériel au principe matériel. Cherchez l'essence de la matière. Si vous ne pouvez la trouver, supposez-lui un *en soi*, comme vous supposez un *absolu* aux actes physiologiques.

Lancé dans la voie de l'*absolu*, M. Proudhon devait donner le jour à une foule d'*absolus*, d'*en soi*. Ce mot est harmonieux, il nous rappelle l'*abaristophose*. L'*en soi!*.... on avait l'essence, les *essences*, pourquoi n'aurait-on pas eu l'*en soi*, les *en soi*? O pauvre humanité!.... Nous avons encore une âme, les animaux ont le bonheur d'en jouir.

> Sages, fous, enfants, idiots,
> Hôtes de l'univers, sous le nom d'animaux,

tout le monde la possède.

> Choses réelles quoique étranges....!

« Considérant les manifestations de la vie dans un animal donné, soit l'homme, par exemple, je puis, en distinguant parmi ces manifestations celles qui ont pour objet la vie de relation : sensation, intelligence, sentiment,

les concevoir comme un système distinct dont
le *substratum* est emprunté à la vie répandue
dans l'univers. A ce tout animique que j'abs-
trais des organes qui sont *sensés* le contenir et le
servir , je donne le nom d'âme, de ψυχη.
Puis, me renfermant dans l'observation de ses
attributs, de ses modes tels qu'ils se manifestent dans ses relations avec ses semblables et
avec l'univers, je puis faire de ces nouvelles
recherches *une science* à part que je nommerai
psycologie, et comme j'aurai dit l'âme de
l'homme, la psycologie de l'humanité, je pour-
rai dire encore l'âme et la psycologie des animaux. »

Bichat avait fait dépendre la vie de relation
des propriétés distinctes de la matière, provenant d'un don de la divinité. Cette fois, ce
supplément d'existence dépendra d'un *substratum* emprunté à la vie répandue dans l'univers. Ce *substratum*, les organes sont sensés le
contenir ; il varie dans le lion, le cheval,
l'homme. Ce *substratum* a ses attributs ; ses facultés, dont l'étude constituera la psycologie
hominale, animale, humanitaire. Nous avions
déjà la psycologie humaine, la psycologie des

anges; cette fois on en possèdera quatre : la psycologie bestiale, humanitaire, humaine, puis celle des esprits bienheureux... A notre tour, on nous permettra d'ajouter les psycologies végétale et minérale...! Et pourquoi pas?

Cette âme survit-elle au corps? Est-elle matérielle, immatérielle, etc.? M. Proudhon ne s'en occupe pas : *ça peut être, comme ça n'est peut-être pas.* C'est toujours la même chanson sur un air différent. Cela peut être, comme cela ne peut être pas; il se peut que cela soit, comme il se peut que cela ne soit pas. Ne vaudrait-il pas cent fois mieux la croyance du sauvage que cette philosophie qui ne veut rien dire, qui ne servirait qu'à abrutir l'intelligence?

Pour conclusions du savoir on pose des entités qu'on ne discute pas...! Si ces entités ne faisaient rien, n'accomplissaient aucune fonction, aucun acte, il importerait peu qu'on les admît; mais leur faire exécuter les phénomènes physiologiques; les faire organisateurs, protecteurs; leur attribuer le sentiment, l'intelligence! non, cela n'est pas possible. Parler d'un principe de vie variant dans le cheval par suite de la forme qu'il aura reçue, forme dépendant sans doute de la manière dont cette entité aura distribué, choisi, architecturé ses matériaux, est-ce faire de la science exacte ? Attribuer les phénomènes de la vie de relation à une âme, est-ce faire de la science de bon aloi...?

Avec tous ces *absolus*, ces *en soi*, on arrive à un scepticisme désolant. Dieu existe-t-il ? M. Proudhon n'affirme ni ne nie son existence. Cette question, il l'envisage comme extra-scientifique et ne s'en occupe pas. Sur ce point nous sommes de son avis. Avant de réfuter une chose, il faut savoir si elle est dans la catégorie de celles qui se démontrent. Or, comment réfuter, nier l'existence d'une chose susceptible d'aucune démonstration ? Nous n'avons pas plus le droit de nier le monothéisme que de rejeter le polythéisme, ou d'affirmer que dans les corps célestes, sillonnant l'espace infini, il existe des êtres de telle ou telle nature, de telle ou telle espèce. Seulement, nous repoussons les paroles que M. Proudhon se permet de prodiguer aux athées. S'il veut parler des athées vulgaires, ignorants, adhérant indistinctement, sans réflexion, à la croyance et à l'athéisme, il a raison ; mais, si ces paroles s'adressent à des hommes recommandables par leur savoir, nous ne saurions trop rejeter les épithètes qu'il leur prodigue.

Quant à l'immortalité de l'âme, M. Proudhon tient le même langage : « Il se peut, comme il ne se peut pas, que l'âme soit immortelle. »

Ici, malheureusement, le doute n'est plus permis. La croyance à la survivance des âmes repose sur l'amour de la vie. « Elle a pour elle l'intérêt que chacun porte à sa propre personnalité et qui lui fait désirer qu'elle persiste même au-delà du tombeau. » (MULLER). C'est même une grande et bien douce espérance, lorsqu'elle ne repose pas sur l'égoïsme individuel. Nous dirons avec Girou de Buzareingues, dont M. Lordat rapporte les paroles : « Quand on voit le malheur de la vertu et la prospérité du crime, c'est un besoin profondément senti que celui d'un ordre de choses à venir. » C'est également un besoin profondément senti d'espérer un ordre de choses à venir, lorsqu'on quitte des êtres dont la séparation éternelle fait du passé une longue suite de regrets. Mais la mort nous montre trop que rien ne survit à la désorganisation de notre être. Croyez, si vous pouvez ; ne doutez pas. La croyance a en-core sa raison d'être ; mais le doute n'est pas acceptable. Dire : *Il se peut, comme il ne se peut pas, que l'âme soit immortelle,* est se tirer d'af-faire par un mauvais subterfuge. Avant de songer à vivre heureux dans un autre sé-jour, les hommes devraient commencer par se rendre heureux ici-bas.

Si l'homme est vie, esprit et matière, M. Proudhon devait nous dire comment la vie, l'esprit et la matière sont unis. Le sont-ils *hypostatiquement*? Non ; mais *synthétiquement*. La définition de l'homme est donc : « *L'homme est matière, esprit et vie, unis synthétiquement.* » Et pour rendre cette définition complète, il faut ajouter : « *Et donnant lieu, par leur synthèse, à une puissance supérieure, la liberté.* »

Nous voudrions pouvoir citer toutes les con-sidérations de M. Proudhon sur cette liberté. Nous avions eu déjà bien des définitions de ce mot, comme des mots droit, devoir ; mais jamais nous n'avions rien lu d'aussi lucide, d'aussi lumineux.

Qu'on démolisse, qu'on fasse table rase des notions fausses, très bien ; mais, qu'on ne vienne pas ensuite en édifier de nouvelles. On pourra se prosterner devant elles ; quant à nous, nous les mépriserons autant que tous ces systèmes économiques, fruit de l'imagination, où l'on se paye des mots de droit, de devoir, de liberté ; où les phrases à alinéas jouent un rôle si grandiose et captivent tant d'*esprits* ; car, dans ce monde, les neveux de Rameau abondent. On trouve si facilement des gens qui forment des espèces, en laissant absorber leur individualité !

M. Proudhon a parlé d'Auguste Comte. Il dit que l'illustre fondateur du positivisme est mort dans l'athéisme. Est-ce vrai ? Non. Si M. Proudhon avait lu le premier volume du système de politique positive, il aurait vu qu'Auguste Comte rejette formellement l'athéisme ; il aurait pris connaissance de ces phrases si caractéristiques : « L'esprit positif est incompatible avec les orgueilleuses rêveries d'un ténébreux athéisme. Les athées persistants peuvent être regardés comme les plus inconséquents des théologiens. Loin de compter sur l'appui des athées actuels, le positivisme doit y trouver des adversaires. »

Cet éminent philosophe devait tenir un tel langage ; car, abandonnant toute enquête, toute recherche sur ce qui ne peut et ne pourra jamais être démontré, ni réfuté, il devait rejeter l'athéisme pour rester conséquent avec lui-même. L'illustre chef du positivisme a déjà eu trop de torts, sans aller lui imputer ce qu'il repousse formellement.

Quoiqu'en dise M. Proudhon, la philosophie d'Auguste Comte est incomparablement supérieure à tous les systèmes philosophiques actuels. Elle balaye d'un seul coup et les entités théologiques et les entités métaphysiques. Auguste Comte n'admet pas les *absolus* qui choisissent, organisent les matériaux de l'économie animale, les protègent contre la dissolution et les attractions chimiques. Il les rejette ; il ne s'occupe ni des *essences*, ni des *en soi*; il les écarte. Il veut qu'on compare les phénomènes ; qu'on constate leur état de similitude, leur ordre de succession ; qu'on établisse leurs lois ; qu'on ne recherche jamais le pourquoi, la raison, le mécanisme intime de ces phénomènes. Philosophie très belle, très positive, très exacte ; car, n'est-il pas évident,

ainsi que l'a écrit Locke, que nous ne connaî-
trons jamais la constitution intérieure d'où
dépendent les qualités des corps, etc.? que
cette constitution nous est et nous sera perpétuellement inconnue?

Disons avec l'immortel Buffon, qui n'a cessé
de se récrier contre les entités; qui voulait
fonder les sciences sur les rapports des phénomènes : « Ceux qui exigent la raison d'un
phénomène général ne connaissent ni l'étendue
de la matière, ni celle de l'esprit humain. Demander pourquoi la matière est pesante, étendue, etc., sont moins des questions que des
propos mal conçus, auxquels on ne doit aucune
réponse. Il en est de même de toute propriété
particulière : demander pourquoi le rouge est
rouge, serait une interrogation puérile à laquelle on ne doit aucune réponse. Le philosophe est tout près de l'enfant, lorsqu'il fait de
semblables demandes ; et autant on peut les
pardonner à la curiosité non réfléchie du
dernier, autant le premier doit les exclure de
ses idées. »

Mais, si nous ignorons le mécanisme intime,
premier, l'essence des phénomènes, est-ce

une raison, un motif de ne pas les faire dépendre du mode agrégatif? Auguste Comte ne veut ni du matérialisme, ni du spiritualisme; le premier, il le repousse comme anarchique; le second, il le rejette comme rétrograde. On dirait que le matérialisme est un épouvantail pour le cœur humain; chaque fois que l'homme le rencontre, il est pris d'une espèce de vertige. Cependant, ce philosophe devait bien savoir que la matière est l'agent des phénomènes; il le savait certainement, puisqu'il écrit : « Tous les phénomènes, même les plus nobles, dépendent de l'étendue et du mouvement qui, au contraire, en sont indépendants. » D'ailleurs, ne vouloir ni du matérialisme, ni du spiritualisme, est une doctrine philosophique pyrrhonienne insupportable.

« Ce qui est le mystère de la vie, a dit avec raison un disciple de M. Comte, c'est la propriété d'assimilation et de désassimilation. » Mais ce qui est vrai, dirons-nous avec Littré, c'est que rien ne survit à la dissolution du corps; que la croyance à la perpétuité des âmes décroît insensiblement, comme un étang qui n'est plus alimenté.

Auguste Comte, en ne voulant pas entrer résolument dans la voie positive, est tombé dans des errements bien condamnables. Suivant les voies hypothétiques de Gall, il arrive à produire une classification du cerveau telle, qu'elle nous plonge dans un labyrinthe inouï de suppositions des plus gratuites. Que signifient ces dix-huit fonctions intérieures du cerveau: ces dix moteurs affectifs, ces cinq fonctions intellectuelles, ces trois qualités pratiques, divisées, subdivisées à l'infini? Qu'on lise la classification du cerveau donnée par le chef de l'école positiviste, et qu'on nous dise si réellement c'est de la positivité. Nous savons, et Auguste Comte a soin d'en prévenir le lecteur, qu'il ne donne cette classification qu'à titre d'hypothèse vérifiable; mais, cela n'empêche pas qu'elle a conduit ce profond penseur aux déductions les plus déplorables. Avec ces distinctions illusoires, il n'a plus voulu considérer le progrès humanitaire comme le développement du savoir; il a été obligé de vanter des institutions, des âges maudits par Condorcet et Cabanis; il a qualifié d'incomparables une foule de tristes figures dont l'humanité a eu tant à se plaindre. Aussi, la manière dont il entend le progrès humani- taire est trop inconcevable, trop détestable, pour ne pas la flétrir énergiquement. Pour nous, comme pour Condorcet, le culte humanitaire est de travailler au bonheur de nos semblables; de faire prévaloir l'intelligence, le savoir; d'honorer la mémoire de ceux qui nous ont préparé la voie dans laquelle nous marchons. Quant à ces êtres qui se sont rougis de sang, qui ont plongé l'humanité dans les larmes, nous les maudissons.

Ce qui a pu conduire Auguste Comte a repousser le matérialisme, c'est d'avoir vu ce matérialisme éhonté, dont tant de gens font parade; ce matérialisme brutal qui ne considère que l'individualité ; ce matérialisme dont le premier et le dernier mot est dans le boire et le manger, dans des satisfactions purement individuelles, végétatives. Ce qui l'a engagé à faire prévaloir le cœur sur l'esprit, c'est d'avoir vu des hommes intelligents si méchants, et des êtres à intelligence peu développée si bons, si généreux. Juger ainsi, est juger superficiellement. D'abord, le matérialisme n'est pas et ne doit pas être ce qu'il est actuellement. Le matérialisme, c'est vivre pour soi et vivre pour les autres ; se procurer des jouissances sans porter atteinte à soi-même, ni aux autres. Le matérialisme suppose l'intelligence et non l'ignorance. Aujourd'hui, pourquoi une telle doctrine n'est-elle pas possible ? Pourquoi ? Parce que l'ignorance est trop grande. Loin de produire de généreuses inspirations, elle ne servirait qu'à assouvir des passions détestables.

Puis, ce qui prouve que la bonté grandit avec le développement du savoir ; que les sentiments affectifs sont en raison directe de l'intelligence, c'est que le progrès intellectuel a rendu de plus en plus douces les mœurs de l'humanité. Quels sont les peuples les plus généreux, sinon les peuples les plus instruits ? A qui devons-nous l'abolition de l'esclavage, sinon au progrès scientifique ? Et la guerre, cette triste compagne de la barbarie, les peuples civilisés ne l'envisagent-ils pas comme une monstruosité ? Nos mères ne vont plus rendre grâces aux dieux, de la mort de leurs enfants pour la patrie ; elles pleurent la fin déplorable de leurs fils bien-aimés. Des nations, descendons à l'individualité. Oui, nous dirons avec Auguste Comte, des hommes instruits, des hommes intelligents sont méchants; mais s'ils sont méchants, c'est que leur savoir est des plus restreints, n'a point d'ensemble, point de liaison; qu'il est vicié par ces hypothèses que repousse le positivisme. Le mobile de ces êtres étant d'apprendre pour apprendre, afin de *parvenir*, suivant l'expression vulgaire, ils ne voient dans le savoir, dans la science, qu'un moyen de satisfaire promptement leur égoïsme végétatif, individuel. Quant à la prétendue générosité de l'ignorant, ce n'est qu'une sensibilité des plus mobiles, tournant aux quatre vents comme la girouette; elle se traduit, comme celle de l'enfant et du nègre, par des sensations fortes, vives, fugaces. L'ignorant aime comme il déteste; c'est un enfant, il ne raisonne pas; ce qu'il encense la veille, il le rejette le lendemain.

Malgré ces imperfections, malgré ces vices, la philosophie positive a un avantage incontestable: celui d'avoir rejeté les entités métaphysiques; d'avoir repoussé ces êtres intermédiaires chargés d'accomplir les phénomènes.

En effet, le temps des discussions métaphysiques, étude si féconde au siècle philosophique de la Grèce, si brillante aux xviie et xviiie siècles, doit cesser. Dans l'âge antique, dans l'âge moderne, la métaphysique a pu intervenir pour satisfaire l'esprit humain ; elle servait à expliquer la réalité encore si mal connue ; elle aidait, comme l'a dit Condorcet, à développer la pensée ; mais aujourd'hui une telle étude doit cesser. A tous ces êtres innombrables, distincts de la matière, doit succéder l'étude des faits, étude pouvant seule amener, dans l'anthropologie, la convergence des esprits, convergence n'existant pas, et cependant si utile, si nécessaire aux progrès de cette science. Ne défigurons plus notre science et son application, l'art médical, par ces conjectures, par ces principes hypothétiques qui, dans leur généralité vague, expliquent tout avec une sorte de facilité merveilleuse, parce qu'ils ne peuvent rien expliquer avec précision. Créons des hypothèses, expliquons l'inconnu par l'inconnu ; ça est, ça été et ce sera toujours une des prérogatives les plus belles de notre organisation ; mais, au moins, ne donnons jamais le jour à des

notions absolues qui seront éternellement de
pures fictions, à des entités qui seront à jamais
des entités. Abandonnons toute recherche sur
l'essence de la matière, de ses phénomènes;
occupons-nous uniquement de ce qui peut être
soumis au creuset du raisonnement et de l'expérience; autrement l'anthropologie ne cesserait d'être obscurcie par les expressións soit
théologiques, soit métaphysiques. Ce que nous
devons constater dans l'étude de l'être humain,
c'est son organisation, les phénomènes physiologiques; voir comment ils s'accomplissent.
Quant à tout ce que notre imagination peut
nous faire concevoir, sans être ratifié par l'observation, l'expérience, nous devons l'abandonner. Ne pas agir ainsi, ce serait faire
comme les théologiens et les métaphysiciens
qui, pour leurs explications alambiquées, créent
des mots, des expressions devenant ridicules
avec la marche ascendante des sciences. Moins
ambitieux dans nos recherches, contentons-
nous de nous enquérir de ce que nous pouvons connaître; abandonnons toute discussion sur des problèmes inabordables; laissons aux idéologues le soin, l'occupation de

raisonner sur un corps de chimères. Renonçons à ces folles prétentions de remonter au mécanisme intime des phénomènes. Plus de deux mille ans sont là pour attester, pour prouver combien de sophismes, de notions creuses, surgissent de telles dissertations....! Aujourd'hui même, nous avons pu voir de quelles épithètes se qualifient réciproquement des hommes éclairés. Depuis que l'anthropologie existe, les conjectures invérifiables ont été le sujet des discussions les blus brillantes, mais n'ont amené aucun résultat.

Quand nous voyons le génie des philosophes grecs, celui des philosophes modernes, arriver à des opinions diamétralement opposées, nous devons laisser aux ergoteurs toutes ces discussions sur les essences, les absolus ; les envisager comme des propos mal conçus, dignes, tout au plus, de la curiosité de l'enfant, mais indignes d'occuper des hommes sérieux.

CHAPITRE V.

PHASES SUCCESSIVES DES ENTITÉS

ANTHROPOLOGIQUES.

L'homme, qui réfléchit sur l'état actuel de l'humanité, est profondément affligé en voyant tant de peuples si malheureux et si ignorants. Les siècles sont loin d'apparaître où le soleil n'éclairera que des hommes libres, heureux, intelligents. Certes, ces âges arriveront; car, si les regards se tournent vers les siècles écoulés, on éprouve de douces jouissances en apercevant les progrès merveilleux de la civilisation : progrès bien propres à ne pas nous faire douter d'un avenir meilleur, et à nous consoler d'un présent qui nous paraît souvent si sombre, si triste, si chargé d'ennuis et de misères. En présence de tant de peuples, les uns civilisés, les autres plongés dans une barbarie séculaire, mais surtout si différents par leurs caractères anatomiques, l'on est porté involontairement à se demander s'il existe des espèces d'hommes comme il existe des espèces d'animaux, des espèces végétales; ou si le genre humain sort d'une souche commune, les climats, les constitutions sociales ayant transformé le type primitif?

Si l'on voulait résoudre théologiquement la question de la diversité des races, la solution en serait prompte, facile; on n'aurait qu'à admettre la cosmogonie égyptienne faisant sortir l'homme primitif des bords du Nil; on n'aurait qu'à faire descendre les peuples des fils de Noé; à les faire remonter par voie généalogique au couple adamique. Mais ces explications, bonnes pour des croyants, ne peuvent être acceptées par des hommes qui s'adressent à la raison et ne reconnaissent pour maître de leurs jugements que le savoir. Dans les premières époques historiques où la presque totalité du globe était à découvrir, elles pouvaient être admises par ces nations ignorantes et crédules qui, dans leur sot orgueil, croyaient être les premières nations du monde. Mais, aujourd'hui, comment expliquer l'unité des races? Comment rattacher à un couple primitif les peuples de l'Amérique, de l'Afrique, de l'O_céanie? Par l'unité des langues, des traditions; par des émigrations, des naufrages? Tout ceci on l'a fait et on devait le faire. La métaphysique théologique devait, par une conséquence logique, inévitable, succéder à la simple croyance; la foi devait être étayée par le raisonnement. Les anthropologistes devaient tenter ce que font certains géologues qui essaient de prouver l'authenticité de la création judaïque.

Si la métaphysique théologique est intervenue dans la question des races, la métaphysique des hypothèses individuelles a joué également un rôle important.

En admettant une espèce unique d'où seraient émergées toutes les races, la première question à résoudre était de savoir qu'elle était la couleur de cette espèce. Etait-elle blanche, jaune, rouge ou noire? Privés de faits historiques, ne pouvant s'étayer que sur la croyance ou sur l'imagination, les anthropologistes devaient, comme dans toute question ontologique, offrir une divergence d'opinions des plus remarquables : les uns ont fait descendre toutes les races d'un couple blanc; les autres, d'un couple noir. Voltaire s'était déjà spirituellement raillé de ces discussions puériles : « Le premier blanc, dit-il, qui vit le premier noir fut bien étonné, mais le raisonneur qui me soutient que ce noir descend d'un couple blanc m'étonne bien davantage. » Le philosophe de Ferney aurait été plus étonné encore s'il avait appris que nous descendons *d'un couple roux, non pas roux jaune, peu velu, avec des yeux bleus, mais d'un couple roux très velu, rutilant, avec des yeux châtains, une peau blafarde, semée de taches de rousseur.* Certes, nos premiers ancêtres n'étaient pas favorisés; ils possédaient un singulier type. Nous ne devons point le regretter. Franchement, puisqu'on admet la création, puisqu'on donne pour point de départ au genre humain un couple primitif, ne vaudrait-il pas mieux croire à la manière de Vallésius : accepter purement et simplement le couple adamique.

Des anthropologistes ont mieux fait : partisans des hypothèses individuelles, rejetant le couple blanc, noir ou roux, les uns ont admis, avec M. Christophe, une création phloxique ; les autres, renouvelant l'antique opinion d'Anaximandre, ont fait dériver le genre humain des poissons.

En supposant une espèce primitive blanche, noire, jaune ou rousse, à quelle époque auraient apparu les diverses colorations, les différents types ? Ici, nous retrouvons encore dans les opinions la même discordance, la même cacophonie qui devrait faire réfléchir, une fois pour toutes, ceux qui sont tentés d'acquiescer à de telles discussions. Les uns, et ils sont d'accord avec les traditions judaïques, font remonter la diversité des types à la postérité de Noé ; les autres, et Cuvier est de ce nombre, affirment que les types blanc, jaune et noir existaient déjà antérieurement à ce grand cataclysme qu'on a appelé Déluge. Nous regrettons que ce célèbre naturaliste se soit occupé de telles questions, indignes de sa vaste intelligence. D'ailleurs, avant d'assigner une époque antédiluvienne à l'apparition de la diversité des trois races blanche, jaune ou noire, ce qui est une hypothèse des plus gratuites, Cuvier aurait dû être positivement sûr que cette diversité n'avait pas toujours existé. Or, il ne l'était pas, comme Berard l'a fait remarquer ; ses propres paroles l'attestent : « *Quoique l'espèce humaine paraisse unique....* »

M. Desalles s'élève avec raison contre l'assertion de Cuvier, car faire remonter la diversité des races à une époque antédiluvienne, c'est porter atteinte aux *saintes Écritures*; c'est nier le *Déluge universel.*

Une question qui se rattache étroitement aux deux précédentes est celle du berceau primitif de nos premiers ancêtres. Le placerons-nous sur des montagnes ou dans des plaines? Des anthropologistes ont eu la bonne idée de le placer dans des plaines fertiles; d'autres ont eu la malheureuse pensée de le mettre « *sur des sommets arides où des bouquetins trouvent seuls à vivre.* » (BERARD.)

Etablis dans des plaines ou sur des montagnes arides, les hommes se sont mis en marche; ont peuplé l'Afrique, l'Europe, l'Asie, l'Amérique, l'Océanie. Pour l'Europe, l'Afrique, l'Asie, nous acceptons les émigrations; mais, l'Amérique, l'Océanie, comment les peupler? Ah! simples que nous sommes! la croyance, l'imagination n'ont-elles pas des solutions toujours prêtes pour les problèmes les plus compliqués! Ainsi, « on a tour-à-tour voulu voir les Américains dans les dix tribus d'Israël expatriées par Salmanazar, et des colonies Carthaginoises. Kircher et Huèt les font venir d'Egypte; Deguigues voit en eux des émigrations de Hioung-Nou; sir W. Jones, des Indous; Banking a osé faire de Manco-Capac un fils de Kublaï, et par conséquent un arrière-petit-fils de Gengis-Khan. Wiseman n'hésite pas à accepter Manco-Capac pour un émigré du Thibet. » (DESALLES.) De toutes ces opinions si opposées, nous acceptons celle qui rattache les Américains aux Mantchoux, car elle a pour elle l'étymologie du langage : « Mango-Capac est le premier inca du Pérou ; Mango ressemble à Manco, Manco à Mancu, Mancu à Mantchu, et de là à Mantchou il n'y a pas loin. *Rien n'est mieux démontré.* » (VOLTAIRE.) On ne saurait trop se pénétrer de l'utilité, de l'importance de l'étymologie dans ces graves questions.

Comment prouver que les Celtes viennent de l'Inde? par l'histoire, les traditions! Oui, cela est vrai, elles l'établissent d'une manière positive. Mais, à défaut de l'histoire, l'étymologie l'établirait d'une manière incontestable; ainsi : « *Tolg* signifie, en irlandais, un lit, comme *tyle*, en *Welsh*, une couche, un lit de repos. Ces mots sont identiques au grec tolè, matelas, coussin. Ils viennent du sanskrit *tulika*, matelas, lit, substantif dérivé de *tula*, un des noms sanskrits du coton. *Sardula*, un des noms sanskrits du tigre, prend dans ses composés la signification de fort, grand, comme son synonyme *viagra*, et comme les noms du lion et de l'éléphant. En irlandais, *sardulail* signifie fort. »

« La langue Celte sort donc d'un pays où il y eut à la fois le tigre et le coton. » (Desalles.)

Que les Chinois, les Indous, les Mantchoux ou les Carthaginois aient peuplé l'Amérique, quelle route ferons-nous suivre à l'émigration? Lui ferons-nous traverser l'Océan Atlantique ou le détroit de Behring? Cette dernière opinion est la plus probable, et on pourrait dire incontestable, car elle a pour elle l'autorité de traditions qui, certes, ont une importance aussi grande que l'étymologie. Laissons parler M. Desalles : « L'espace par lequel eut lieu ce passage est plus facile à assigner que le temps. Les Athapascas modernes ont continué les annales atzèques et toltèques, puisqu'ils ont conservé le souvenir de leur passage sur un bras de mer glacé et couvert de neige. Les premiers Espagnols ont vu des dessins américains représentant un détroit coupé par une île, et Torquemada, qui raconte ce fait, ne connaissait pas la topographie du détroit de Behring où se trouve la plus grande des îles Diomèdes. »

Ainsi, ce qui est parfaitement établi, ce que personne ne peut contester, à moins de nier l'évidence, l'Asie a peuplé l'Amérique ; l'émigration s'est effectuée par le détroit de Behring. Arrivons à l'Océanie. De prime-abord, on pourrait redouter de rencontrer des difficultés insurmontables pour prouver la parenté des peuplades océaniennes avec la postérité de Noé. Ces difficultés n'existent pas, pour peu qu'on veuille réfléchir à certaines coutumes, à la poésie, aux traditions des peuples de l'Océanie ; ainsi, pour les coutumes : « La circoncision a été retrouvée à Taïti et au Mexique. L'amputation du petit doigt, comme signe de deuil, est commune aux Hottentots, aux Californiens, aux Polynésiens. » Pour la poésie : « La poésie scytho-ossianique y est représentée par des chefs qui, déifiés après leur mort, mugissent dans la tempête, frôlent dans le feuillage, sifflent dans les vagues, grondent dans le tonnerre. » Quant aux traditions théologiques : « Les naturels de l'Australie ont le dualisme perse avec un bon et un mauvais génie. » Mais, ce qui est le plus remarquable et qui doit fixer plus particulièrement l'attention, c'est que les légendes des peuples océaniens décrivent la dispersion des hommes, la malédiction de Cham, le meurtre d'Abel, le premier homme pétri d'une argile rouge, Ève créée avec une côte d'Adam. Il est vrai, on pourrait objecter que ces légendes ont été créées par les missionnaires. Mais, « en supposant ces légendes produites par le contact des missionnaires ou des chrétiens d'Europe, les souvenirs du Nouveau-Testament auraient dû y figurer d'une façon aussi saillante ! » (DESALLES.)

La raillerie est une bonne chose pour combattre tout cet ordre de recherches fondées sur l'unité primitive des langues, sur les émigrations, sur les traditions. Le silence serait encore la meilleure arme; mais, le silence! comment le garder lorsque des hommes intelligents ne craignent pas de discuter gravement de telles questions. Sans doute, le monde nous paraît bien jeune, en nous reportant par la pensée aux premières époques historiques; notre intelligence ne peut être satisfaite; elle voudrait remonter au-delà, mais elle ne trouve rien qui puisse lui retracer ces âges, qui seront à jamais couverts des ténèbres de l'oubli. L'histoire est muette; seules, l'imagination et la croyance peuvent créer un monde idéal: l'une avec ses traditions, l'autre avec quelques monuments, quelques inscriptions qu'on se plaît à commenter à sa guise.

La question des races doit être posée comme l'a posée A. Berard. Nous ne devons pas nous adresser à l'inconnu, mais au connu; nous devrons constater si les climats, l'état de civilisation ou de barbarie peuvent produire la diversité des types humains.

D'abord, le climat n'est pas la cause de cette diversité. S'il l'était, pourquoi sous les mêmes latitudes trouverions-nous des colorations si variées ? Pourquoi le nègre existerait-il en Afrique et non aux Antilles ? Pourquoi les colorations ne changeraient-elles pas avec les milieux ? Pourquoi le noir ne deviendrait-il pas blanc dans les régions tempérées, et le blanc ne deviendrait-il pas noir dans les régions torrides ? En admettant même, ce qui n'est pas, que les climats puissent donner lieu à ces diverses colorations, les milieux pourraient-ils jamais produire les modifications anatomiques observées dans le genre humain, modifications devenant graduellement si profondes, que les dernières races humaines, les alfourous et les papous, sont presque identiques aux singes ? Quant aux institutions sociales, à l'état de barbarie ou de civilisation, ils sont aussi incapables que les milieux de transformer les types. Dans l'antiquité, que de peuples barbares possédaient toutes les formes de l'espèce caucasique...! Ces Suèves, ces Alains, ces Visigoths auraient dû être aussi laids, aussi hideux que les Huns qui épouvantèrent le

monde romain, car ils étaient aussi ignorants,
aussi grossiers que ces Mongols; et même
aujourd'hui, que de peuples blancs encore peu
civilisés, offrant tous les traits de l'espèce
caucasique...!

Oui, le climat, les institutions sociales peuvent modifier les types, mais quant à les
transformer radicalement, jamais; car, tout ce
que la terre produit est conforme à la terre.

D'ailleurs, ce qui existe pour le règne animal
devait exister pour le genre humain, car la
nature n'opère pas par saut: tout se lie, tout
s'enchaîne sur la planète. Entre le règne animal et le règne végétal la transition est telle,
qu'il est impossible de séparer la classe des
végétaux de celle des animaux. Cette transition
devait exister pour le règne animal et le genre
humain; elle existe en effet. Quelle gradation
admirable depuis la race caucasique jusqu'à
l'espèce noire! L'homme est blanc, jaune,
rouge, noir; et, entre ces grandes espèces, que
d'espèces secondaires, très difficiles à distinguer
actuellement par suite des invasions, des croisements, mais aboutissant les dernières à
ces misérables peuplades océaniennes qu'on

est indécis de classer dans le règne animal, dans l'ordre des quadrumanes. C'est cette fusion des espèces secondaires par les émigrations, les invasions, les croisements qui font que les ethnologistes ont varié dans la classification des espèces secondaires ; de même, c'est cette gradation admirable, observée depuis le blanc jusqu'au noir, qui fait que les naturalistes ont varié sur la fin du règne animal et le commencement du règne hominal.

Comme dans toute question anthropologique, on devait, en traitant de la diversité des races, épiloguer sur les mots. On dit et l'on ne cesse de répéter : S'il existe des espèces différentes, ces espèces, en s'unissant, ne pourraient produire des métis féconds, car ce qui caractérise les espèces, c'est qu'en s'unissant entre elles, elles ne donnent le jour qu'à des métis inféconds, à des bâtards, à des hybrides. Triste moyen d'argumenter ! Comme le dit A. Berard, raisonner ainsi c'est faire une pétition de principe. Il faudrait d'abord prouver que des espèces distinctes n'ont pas produit des métis féconds ; il faudrait prouver que les races chevalines, bovines, porcines, ovines, etc., sortent d'une souche commune, d'un couple primitif; puis, parce que des naturalistes auront donné une signification à un mot, est-ce une raison de s'incliner devant cette signification?

« Je ne puis supposer qu'un homme dégagé des entraves et des préjugés que certaines considérations extra-scientifiques pourraient mettre à la liberté de la pensée, conserve des doutes sur la pluralité des types humains. » (BÉRARD).

Nous partageons complètement l'opinion de ce physiologiste. Depuis Blumenbach, la question des races humaines a été fortement agitée et a donné lieu à des travaux bien remarquables; mais, ce qui a fait et ce qui fera encore que beaucoup d'ethnologistes conserveront des doutes sur la pluralité des types et même la rejetteront formellement, c'est d'abord la croyance, avec laquelle on ne brise pas facilement. Si De Maistre, pour quelques paroles échappées à Bacon, au sujet du *spiriculum*, a dirigé une sortie des plus véhémentes contre le chancelier, que doivent dire les partisans de la révélation, des anthropologistes qui soutiennent la pluralité primitive des types? Aussi, ne sommes-nous point surpris de voir l'unité du genre humain être acceptée par une foule de médecins qui croient à la création *ex nihilo*.

Si la croyance est une entrave à l'acceptation de la pluralité des espèces humaines, les sentiments humanitaires ont été et seront un puissant obstacle à l'admission de cette pluralité. En effet, ce qui a entraîné bien des anthropologistes à considérer le genre humain comme émergeant d'une espèce unique, ce sont les sentiments affectifs. Ce sont eux qui ont porté deux âmes généreuses, Prichard et Schœlcher, à envisager tous les peuples comme émergeant d'une même souche. Cependant, les sentiments humanitaires sont plus développés, prennent une extension bien plus grande, lorsqu'on considère le genre humain comme composé d'espèces naturellement distinctes. Si le noir est d'une espèce inférieure à celle du blanc, c'est une raison de plus d'avoir soin de lui, de le protéger ; c'est une raison de maudire ces êtres qui ne craignent pas de se livrer à une odieuse traite, pour se procurer quelques jouissances avec les os de ces pauvres noirs que leur faiblesse même devrait rendre dignes d'intérêt. Et encore si c'étaient des matérialistes qui fissent ce honteux commerce! Si c'étaient des gouvernements barbares qui le protégeassent! des populations fétichistes, sauvages, qui s'emparassent, achetassent, vendissent les déportés africains! Mais, non. Ce qui est plus révoltant, pour ne pas dire plus cynique, ce sont des peuples monothéistiques, civilisés; des gens croyant à une autre vie, des hommes à foi ardente, qui exploitent cet indigne commerce...! Nous lisons avec horreur les combats des gladiateurs, les luttes de ces malheureux jetant à la face de la vile populace ces paroles terribles: *Salutant vos qui morientur:* paroles attestant leur courage et l'avilissement des spectateurs. Que diront les générations à venir lorsqu'elles apprendront qu'en plein xixe siècle on a déporté, vendu, réduit en esclavage des hommes au profit de quelques planteurs de café, de quelques trafiquants de sucre de canne? L'Angleterre, la France ont aboli l'esclavage; que l'Amérique se hâte d'entrer dans cette voie généreuse. Les Etats-Unis sont une grande nation; ils seront une nation bien plus grande encore le jour où ils pourront détruire ce trafic infâme.

Nous sommes heureux d'avoir vu un physiologiste aussi distingué que A. Bérard traiter la question des races humaines avec un esprit dégagé de préjugés et de certaines considérations extrà-scientifiques. Nous aurions été plus heureux encore, si cette question avait été traitée par des professeurs tels que MM. Jaumes et Lordat. Mais la croyance!... Discuter un tel problème est déjà chose grave ; le discuter sans idées préconçues, sans considérations extrà-scientifiques, est chose plus grave encore; car on pourrait tomber dans l'hérésie : écueil redoutable à éviter. Aussi préfère-t-on accepter la tradition de la Génèse, croire à la création du couple adamique. Et l'on se proclame baconien! et l'on prétend suivre une méthode philosophique rigoureuse, expérimentale! A qui pense-t-on s'adresser? Est-ce à des anthropologistes ou à des sophistes, à des rhéteurs? Est-ce sérieusement qu'on fait intervenir dans les discussions biologiques actuelles le témoignage du médecin de Philippe II de lugubre mémoire? Oui, c'est sérieusement ; aussi sérieusement que M. Jaumes affirme l'existence du principe vital. Les paroles de M. Ribes sont malheureusement trop vraies, trop applicables aux défenseurs du vitalisme barthézien : « Nous nous vantons d'être à l'abri des croyances et des préjugés ; cependant les croyances et les préjugés nous gouvernent. »

Ce savant professeur d'hygiène , qui , loin de faire l'apologie de la définition bonaldienne, la condamne formellement , non pas pour les motifs invoqués par le célèbre père Ventura, mais pour des considérations humanitaires , a publié sur les races humaines un opuscule rempli d'aperçus philosophiques remarquables. Comme A. Bérard , M. Ribes pose et résout la question. Il veut qu'on ne s'enquière ni de l'origine du monde , ni de la création de l'homme ; qu'on constate uniquement si les caractères des races actuelles sont primitifs, ou si les milieux sont capables de produire les variétés anatomiques et physiologiques des peuples. Il reconnaît que les climats, les croisements, les émigrations, les invasions , le genre de vie , ont fait éprouver aux races des altérations profondes ; mais que leur action est bien plus limitée que ne l'ont pensé certaines personnes. A ceux qui prétendent que les milieux sont la cause productrice des variétés des types humains , ce Professeur répond, sans s'inquiéter des coutumes des Hottentots et des Californiens, des traditions des Athapascas : « Il y a, dans le Groënland et le Kamschatka, des hommes d'une peau presque aussi noire que celle des habitants de l'île de Madagascar ; la terre de Diémen est peut-être aussi froide que l'Irlande, et cependant elle est habitée par une race noire. Les Portugais qui demeurent, depuis des siècles, dans le golfe de Guinée, ne paraissent pas en train de devenir des nègres. A mon avis, les caractères des races sont primitifs et secondaires. » M. Ribes n'a pas de peine à prouver que ce n'est pas l'admission de la pluralité des types humains, mais celle de l'unité, qui a produit bien des maux pour l'humanité. Le blanc n'a pas tenu compte des modifications anatomiques et physiologiques des races inférieures, modifications se rattachant soit au type organique, soit aux milieux ; il a voulu leur inculquer forcément et immédiatement sa civilisation. De là, tant d'essais de colonisation, portant le plus ordinairement des fruits détestables.

Nous connaissons la façon de penser de Bérard sur les races humaines ; nous n'ignorons pas celle de M. Lordat. Ces opinions, quoique

diamétralement opposées , nous savons les res-
pecter, car elles ont pour elles une conviction
profonde. Quant à l'opinion de l'école de Lyon,
qui trouve des exagérations et dans l'organicisme et dans le système du double dynamisme
humain , nous ne la connaissons point. Les
représentants de cette école , pour être conséquents avec eux-mêmes, pour pratiquer jusqu'à
la fin l'éclectisme médical , devraient accepter
un terme moyen , qui conviendrait très-bien à
des esprits sages, prudents, trouvant du bon et
du mauvais dans chaque système anthropologique. Mais la question des races humaines est
bien autrement plus grave par ses déductions
théologiques que celle de l'organicisme ou du
double dynamisme. Comme l'a prouvé expérimentalement, rigoureusement, baconiennement
le vénérable successeur de l'illustre Barthez ,
on peut accepter la doctrine anthropologique
de la nouvelle Cos, sans porter atteinte aux
saintes écritures ; cette doctrine peut même
servir à expliquer certaines obscurités de la
théologie révélée. On peut être animiste, admettre ce système absurde dont M. Lordat
démontre, depuis plus de cinquante ans, toute
l'absurdité ; et dont chaque proposition heurte

le sens commun, sans redouter de tomber dans
l'hérésie ; car ce système s'harmonise parfaitement avec le catholicisme , ainsi que l'a prouvé
le père Ventura. On peut être organicien, reconnaître cette âme ironique et presque dérisoire ,
bien moins sérieuse que celle de Lucrèce, sans
crainte de s'attirer les foudres du Vatican. Sur
ces grandes questions psychiques les conciles
n'ayant pas encore prononcé , chacun peut
donner librement carrière à son imagination et
produire les conjectures les plus variées. Aussi
que de discussions brillantes la psychologie ne
suscite-t-elle pas ? Cette grande science a ses
cours publics où des hommes, ignorant complètement les lois de l'organisation humaine, raisonnent , gesticulent sur l'animisme, le vitalisme , l'organicisme ; repoussent Descartes ,
rejettent Barthez , admirent Stahl et surtout
l'ange de l'école, St.-Thomas-d'Aquin. La théologie , c'est tout autre chose ! Ici plus de doute
possible , plus de raisonnement : il faut croire.
Dire , en parlant des partisans du couple adamique et des partisans de la pluralité des types
humains : y a du bon et du mauvais dans ces
deux opinions , chacune d'elles représente un
progrès , serait un éclectisme bien grave par ses

conséquences théologiques ; ce serait douter de la création *ex nihilo ;* tout nous fait donc pressentir que M. Teissier et la docte commission dont il était l'honorable rapporteur pour notre malencontreux mémoire, adoptent une opinion radicale et acceptent le couple adamique.

Après avoir dit quelques mots des races humaines, parlons des phases successives des entités anthropologiques.

Dans les premiers âges historiques, le bonheur, la vertu et la vérité, que l'imagination rêveuse de certains philosophes s'est plu à voir, étaient loin d'apparaître. Peu de jouissances morales, de ces jouissances collectives qui placent l'être civilisé bien au-dessus du barbare ; point de jouissances intellectuelles qui l'élèvent si haut au-dessus de l'ignorant ; un bonheur végétatif des plus restreints, tels furent ces premiers âges ; et l'infortune de l'homme était d'autant plus grande que les milieux étaient plus contraires à son organisme.

Le globe n'était pas alors la terre du XIX⁰ siècle. Si l'on fait abstraction des peuples des rives du Nil, du Tigre, de l'Euphrate et de la mer Rouge, tout était à explorer, tout était à découvrir. C'est sur ces populations qu'une vaine érudition historique s'est exercée. On n'a cessé de parler des empires de Babylone, de Ninive; des royaumes d'Egypte, de Tyr, de Jérusalem; on possède les noms de leurs rois, de leurs empereurs; on a tracé leur généalogie qu'on a soin de faire remonter à la postérité de Noé; on a décrit les merveilles de Babylone, de Ninive; on a fait naviguer les flottes innombrables de Tyr et de Jérusalem sur la Méditerrannée et la mer Rouge; et l'enfance, avide du merveilleux, l'enfance ou mieux l'ignorance, qui grossit partout les *bâtons flottants*, accepte ces récits, ces descriptions. Les temps arriveront où l'histoire de ces époques changera; où ces royaumes, ces empires seront envisagés sous leur véritable jour; où on les considérera comme des tribus sans cesse en lutte, divisées par les théologies; comme des provinces gouvernées par des beys, des satrapes : êtres la plupart détestables, dont la chute ou l'élévation dépendait de quelques castes, de quelques courtisans ou de quelques soldats.

On est allé admirer les ruines de ces antiques cités, on a pleuré sur elles! Que prouvent ces ruines, ces palais, ces monuments, ces monceaux de pierres usées par le temps, sur lesquelles l'archéologie, pauvre science, lit l'histoire du passé? Attestent-elles une civilisation bien avancée? Non. La civilisation ne se mesure jamais par la grandeur de certains édifices, par des monuments de blocs de granit, des monceaux de briques, car le despote a toujours assez de mercenaires pour bâtir des pyramides et construire des villes. Si les monuments rappelaient la grandeur des peuples, combien grand serait le peuple Mongol avec ses palais de Dehli! combien grand serait le moyen-âge avec ses cathédrales!

La civilisation est marquée par les sciences, par le perfectionnement des arts les plus indispensables à notre existence, par le pouvoir de l'homme sur la matière. Certes, la Grèce, comme les autres peuples et plus encore que les autres peuples, possède des monuments qu'on ne cessera d'admirer. Mais, pourrait-on juger de la civilisation de cette antique et vénérée nation par ces monuments? Non. La Grèce a laissé autre chose que ces monuments, et c'est par là qu'on peut juger de ses progrès. Les nations modernes possèdent également des monuments, mais ce n'est pas sur ces monuments qu'on lit la civilisation; c'est sur le perfectionnement des sciences, des arts, perfectionnement si grandiose, si merveilleux qu'on ne cesse de le contempler et de l'admirer.

Sans doute, la science avait surgi dans l'Orient. Mais, si le savoir avait surgi dans l'Orient; si le calcul, les nombres, l'écriture, l'astronomie avaient été créés, la science est loin de servir au perfectionnement de l'espèce humaine. Quelques hommes, despotes eux-mêmes ou protégés par le despotisme, s'emparent du savoir, le séquestrent, en deviennent seuls dépositaires. Ils sont pharaons, prêtres, astrologues, brames; leur but est de dominer. Comment y parvenir, sinon en alliant la superstition à la tyrannie; en se fondant sur cette assise terrible, fléau de tous les âges: la force et l'ignorance.

Voilée aux regards du vulgaire, la science ne sert qu'à étouffer l'intelligence, à détériorer le physique, à dégrader le moral; la multitude, étrangère aux notions scientifiques, croupit dans l'ignorance, bâtit des pyramides, adore des divinités ridicules. Pour voir ce que peuvent la superstition et le despotisme réunis, il n'est pas nécessaire de se replier sur le passé. Qu'on jette un regard sur les populations orientales actuelles, on retrouve les mêmes faits. Les peuples de ces contrées sont encore ce qu'ils étaient dans les temps antiques : aussi lâches, aussi superstitieux, aussi ignorants : véritables statues, momifiés par la superstition, ils sont restés dans l'immobilité la plus complète.

Dans ces siècles primitifs, l'anthropologie était une science à fonder; seul, l'art médical subsistait; car, de tous les arts la médecine est un des plus nécessaires, des plus indispensables. Suscitée par la nécessité du rétablissement de notre organisme frappé par la maladie, cette sœur fatale de la santé; par la douleur, cette compagne inévitable du plaisir, elle a encore pour assise puissante l'amour que chacun porte à la conservation de son existence. L'homme, quel que fut son berceau, dut s'occuper et des agents propres à protéger son organisme et des moyens propres à le rétablir. Mais, que pouvait être l'art médical pour ces époques, sinon une médecine bien imparfaite,

déjà souillée des plus grotesques superstitions;
car « il est certain que la médecine, comme
la superstition, exerce sur les imaginations
une influence proportionnée à leur faiblesse;
l'une et l'autre mettent en jeu les mêmes ressorts : la crainte et l'espérance. » (CABANIS).
En effet, ce qui nous épouvante le plus c'est
la mort, l'anéantissement de notre organisme.
Cette mort, que le philosophe doit entrevoir
comme une loi perpétuant l'harmonie de la
nature, un phénomène général aussi nécessaire
que la vie, glace d'effroi le cœur humain.
Pascal en eut peur et ne trouva de consolation
que dans la théologie. Fontenelle, à quatre-
vingts ans, disait : « Je suis effrayé de l'horrible
certitude que je trouve maintenant partout. »
La crainte de la mort ne nous fait pas seulement désirer une existence future; elle ne nous
berce pas seulement de ces douces illusions
qui, dans certains moments où le cœur est
brisé, ont tant d'empire sur nous-mêmes; elle
nous fait encore désirer la prolongation de la
vie. On croit à la survivance de l'âme; on est
convaincu de son immortalité; on espère qu'on
conservera cette individualité qui commence

pour ne jamais finir, et cependant on tient à la vie! Personne mieux que le médecin n'est à même de voir de quelles illusions se bercent ces pauvres malades atteints d'affections chroniques : affections, le désespoir de la médecine, rendant si touchants ceux qui en sont frappés. Ces infortunés s'acheminent lentement vers la tombe, en espérant toujours d'éviter cette catastrophe inévitable qui doit les faire rentrer à jamais dans le sein de la nature. Ils s'adressent à tout ce qui peut leur faire luire quelque espoir de guérison! Ne soyons point surpris si la superstition a souillé la médecine ; ne soyons pas étonnés si un honteux charlatanisme l'entache aujourd'hui ; si somnambules, magnétiseurs, sorciers et une foule de drôles exploiteurs, captivent l'imagination de tant de pauvres malades. L'art médical touche à de grands intérêts ; il met en jeu de grands ressorts · la crainte et l'espérance. Dans le passé, dans le présent, des hommes, mus par l'appât du gain, n'ont que trop compris tous les avantages qu'ils pouvaient retirer de l'imagination maladive de leurs semblables ; ils ne le comprendront encore que trop !.... Malgré les efforts d'âmes généreuses, l'exploitation de l'homme malade est loin de s'éteindre.

L'histoire nous a fait connaître la médecine égyptienne, quelques pratiques médicales des Babyloniens et des Juifs ; plus tard, elle nous initie à la médecine grecque, romaine, scythique, gauloise. Les faits rapportés par les historiens suffisent pour montrer que partout la superstition a souillé la médecine ; que l'art médical, « abandonné exclusivement aux prêtres, fut chez les Egyptiens, comme chez les Grecs, chez les Romains, de même que chez les Hindous, un vrai système de superstitions raffinées, un tissu de jongleries absurdes, à l'aide desquelles les ministres de la religion se jouaient de la crédulité des profanes. » (SPRENGEL.)

On a dit et l'on ne cesse de répéter : La médecine vient de Dieu, les médecins sont les ministres de la Providence. Sans doute, on ne veut pas parler des médecins scythes charmant les serpents, expliquant les songes, prédisant l'issue des maladies par l'écorce de tilleul ; ni des aruspices romains guérissant les affections par des chants magiques. On veut encore moins parler, et nous osons l'espérer, des médecins de notre ancienne patrie: des druides, ces docteurs ès-sciences si dignes d'être les interprètes d'Œsus; dansant autour de vieux chênes; employant, dans le traitement des affections, le gui qu'ils ont cueilli avec des faucilles d'or (ce qui brille plaît tant au barbare); charmant les serpents (animal qui a joué un grand rôle chez toutes les nations antiques); on ne veut pas parler de leurs femmes, des Alraunes, espèces de bohémiennes, pansant les blessures des guerriers, expliquant les songes, jetant des sorts. Si ces infâmes druides, anéantis par Tibère (le crime fit peur au crime), s'étaient contentés d'employer le gui ou le selago; s'ils s'étaient contentés d'exécuter des cérémonies bouffonnes, de gambader autour de vieux chênes (scènes mimiques si propres à fasciner les yeux du barbare; à frapper les sensations de l'ignorant), on pourrait rire et de la fourberie de ces exploiteurs et de la sotte crédulité des exploités. Mais verser le sang humain pour apaiser la colère d'Œsus dont émanaient les maladies; égorger des hommes pleins de force, de santé,

pour prétendre rendre la santé à des caco-
chymes, sont des pratiques trop exécrables
pour ne pas vouer à l'exécration des générations ces ignobles fanatiques. Le peuple qui
supportait et sanctionnait de telles pratiques
superstitieuses méritait bien d'être soldé par
César pour aller détruire la république romaine.

*La médecine vient de Dieu; les médecins sont
les ministres de la Providence!* Ah! pour l'honneur de l'âme humaine, nous savons que ces
paroles ne s'appliquent ni aux druides, ni aux
aruspices romains, ni aux magiciens scythes,
mais aux peuplades de l'Orient; nous savons
qu'on veut parler de la médecine orientale;
de l'art médical du peuple chéri de Dieu, de
ses ministres, entre autres de ce roi des rois
dont le vaste empire était visité par les plus
puissants monarques de la terre, autour de
laquelle tournait alors le soleil, et même par
cette grande reine de Saba, nous allions dire
de Djeddah! Choses étranges, quoique réelles!
Certes, Salomon fit avec cette noble princesse
arabe une mauvaise action, mais encore la
préférons-nous à celle de son poétique père qui
fit assassiner Urie pour assouvir une passion.

Si l'action honteuse de Lot peut s'expliquer par le principe vital sans la participation du sens intime, certes, celle-là ne peut pas l'être. Il a beau eu chanter ce David; il a beau eu arracher à sa flûte des sons mélodieux et plaintifs, son action est gravée sur un indestructible airain. L'histoire, qui ne doit pas être le recueil des hauts faits accomplis par les destructeurs de la civilisation, mais le juge suprême et impartial de l'humanité, doit lui infliger l'épithète la plus infamante. Les temps ne sont plus les mêmes, objectera-t-on. Qu'importent les temps et les lieux? La vertu et le crime seront toujours la vertu et le crime. Il sera à jamais impossible d'en faire un amalgame.

Qu'était l'art médical dans l'Orient, chez ces nations égyptienne, babylonienne, assyrienne, juive, perse, que nous rencontrons les premières sur les grandes routes parcourues par l'humanité? Ce qu'était l'art médical dans ces contrées! Mais, grands dieux! ce qu'il est aujourd'hui, ce qu'il serait éternellement si les peuples de l'Europe, ces pionniers de l'humanité, n'allaient bientôt faire sortir ces populations de la léthargie séculaire dans laquelle les ont plongées la superstition et le despotisme. A part quelques préceptes hygiéniques, quelques conseils diététiques, l'art médical de ces contrées n'était, dans l'antiquité, qu'un tissu d'impostures ridicules; ses représentants, mages, prophètes ou *voyans*, prêtres, astrologues, s'adressant à des peuplades aux sensations vives, fugaces, à système nerveux sans cesse surexcité par un soleil brûlant, pratiquent des cérémonies médicales superstitieuses, en harmonie avec l'imagination des populations. Ils créent des théologies dont ils sont les interprètes. La volonté des dieux, cette volonté flottant au gré des prêtres, des astrologues, des brahmanes, rend compte des phénomènes cosmologiques et des actes physiologiques : les visions, les apparitions d'êtres surnaturels, les possessions démonomaniaques, sont les actes de ces antiques médecins théurgiques. A quoi bon s'occuper de l'étude de l'homme? Est-ce que les Embre, les Vedas, les Zend-Avesta ne rendent pas compte de notre organisation? Le Coran, les Kings ne suffisent-ils pas aujourd'hui pour faire, des disciples du prophète et des mandarins chinois, les hommes les plus instruits de l'univers? Humanité, règne! voici ton âge! a dit le poète. Oui, l'humanité régnera; son règne arrivera, grâce à nos merveilleux moyens de civilisation; mais, que de siècles s'écouleront àvant que tant de populations préfèrent la lumière aux ténèbres, la réalité à de folles rêveries...!

Rappeler les cures miraculeuses des dieux Serapis, Isis, Osiris; les pratiques des brahmanes chassant les esprits impurs par des purifications; les quelques lignes tracées par Hérodote, concernant la médecine babylonienne, tout ceci a été fait, refait tant de fois que ce serait vraiment faire trop d'honneur à ces êtres auxquels le mépris convient.

Mais il est une nation, ou mieux, une peuplade qui mérite de fixer l'attention du médecin, car elle a joué un grand rôle dans l'histoire. Par son savoir? Oh! certes non; car elle n'a jamais produit que des visionnaires. Par ses arts? Encore moins, car sans l'ouvrier tyrien jamais Salomon n'aurait pu faire construire son palais de briques. Par sa domination? Qu'on jette les yeux sur une carte géographique.

Par sa générosité, ses vertus? Non, mille fois non. Par ses prophètes? Oui, par ses prophètes dont on essaie, encore de nos jours, en plein XIXe siècle, de mettre les visions en harmonie avec les doctrines médicales. Ah! nous pouvons bien appliquer à la nation juive ces paroles qu'un prédicateur adresse aux Chinois: « Peuple mort dans un orgueil sans activité, il s'est renfermé en lui-même et n'a pas une seule fois ressenti une secousse électrique de l'amour et du génie. »

Avant sa sortie de l'Egypte, la tribu hébraïque avait eu pour chefs, législateurs, de vénérables patriarches. Etaient-ils médecins? « Bien des auteurs ont prétendu qu'Adam savait la médecine, de même que les patriarches d'avant et d'après le déluge. » (BORDEU.) Cependant, l'histoire ne fait pas mention de cette médecine patriarcale. Elle ne rapporte que les grandes et belles visions de ces saints personnages: d'Abraham; la lutte de Jacob contre Jehovah, lutte qui dura toute une nuit et à la fin de laquelle ce pasteur laissa échapper ces paroles, bien dignes de passer à la postérité: « Quoi! Dieu est ici, et je n'en savais rien; »

veines, etc. Médecin plus célèbre que le noble vieillard de Cos, il composa un livre intitulé : *Remèdes pour toutes les maladies.* Il est malheureux qu'Ezéchias ait brûlé ce livre. Quelle perte pour la médecine! Heureusement, l'historien Joseph nous a rapporté quelques faits qui, eux seuls, suffiraient pour proclamer Salomon le père de la médecine : « Ce prince composa divers remèdes, entre lesquels il y en avaient qui possédaient la force de chasser les démons sans qu'ils osassent plus revenir. Dieu lui avait accordé le don de chasser les esprits impurs des corps des malades par des conjurations. Cette manière de chasser les démons est encore en grand usage parmi ceux de notre nation, et j'ai vu un juif Eléazar qui, en présence de l'empereur Vespasien, délivra divers possédés. Il attachait au nez du possédé un anneau dans lequel était enchassée une racine dont Salomon se servait à cet usage. Il récitait ensuite les mêmes paroles que Salomon et défendait au démon de revenir. Mais, pour voir encore mieux l'effet de ses conjurations, il emplit une cruche d'eau et commanda au démon de la jeter par terre pour faire connaître par ce signe qu'il avait abandonné le possédé. Le démon obéit. J'ai rapporté ce fait afin que personne ne puisse douter de la science extraordinaire que Dieu avait donnée à Salomon. » Qui donc pourrait en douter? Un athée, un matérialiste, un homme qui nie la lumière? Non, nous ne doutons pas du savoir de cet homme si sage. Ce savoir ne pourrait nous étonner qu'autant que Salomon eût appris les sciences, comme on les apprend de nos jours, avec bien des peines, bien des labeurs; mais Dieu les lui avait données, cela suffit pour nous convaincre.

Quelle était la plante dont se servait Salomon le fratricide? car, ce roi si sage ne craignit pas d'imiter Caïn, de tuer son frère. Pourquoi Salomon n'aurait-il pas immolé Adonias? Son père ne s'était-il pas rougi du sang d'Urie? Son frère Amnon n'avait-il pas violé sa sœur Thamar? Son frère Absalon n'avait-il pas assassiné ce débauché? Et cet Absalon n'avait-il pas été tué par un Joad, le misérable assassin d'Abner? O temps! ô mœurs! Et l'on nous vante ces âges, et l'on fait l'éloge de ces rois..!

« Dans la vallée qui environne Macheron, du

côté du septentrion, à l'endroit nommé Bara, se trouve une plante qui porte le même nom et qui ressemble à une flamme. Elle jette, sur le soir, des rayons resplendissants et se retire lorsqu'on la veut prendre. Le seul moyen de l'arracher est de jeter de l'urine de femme, ou de ce sang dont elle se trouve de temps en temps incommodée. On ne saurait la toucher sans mourir; mais on a trouvé un moyen de la cueillir: on creuse tout autour, de sorte qu'il ne reste qu'un peu de sa racine; et à cette racine qui reste on attache un chien qui, voulant suivre celui qui l'a attaché, arrache la plante et meurt aussitôt. Après cela, on peut, sans péril, manier cette plante. Les démons qui entrent dans le corps des hommes vivants et qui les tueraient si l'on n'y apportait point de remède, les quittent aussitôt que l'on approche d'eux cette plante. »

Daniel Leclerc, qui rapporte ces paroles de l'historien Joseph, ajoute : « Cela était bon pour des Juifs crédules et ignorants. » Oui, cela était bon pour des Juifs crédules et ignorants; mais, combien d'autres faits non moins ridicules, de contes non moins frivoles sont acceptés, commentés par des médecins. C'est que ces derniers faits sont le pivot de croyances régnantes, tandis que les premiers font partie de croyances déchues. Daniel Leclerc et Bordeu ont commenté la fameuse description de la vieillesse, tirée de l'*Ecclésiaste*. A quel résultat sont-ils parvenus? Ils n'ont pas pu s'entendre sur le sens même des mots. « Souvenez-vous, dit Salomon, de votre créateur, avant que le soleil, la lune, la lumière, les étoiles s'obscurcissent. » Pour Leclerc, le soleil, la lune, la lumière, les étoiles marquent l'esprit, le jugement, la mémoire et les autres facultés de l'âme. Pour Bordeu, Salomon a voulu dire : Souvenez-vous de votre créateur avant que le cœur, qui est le soleil du corps vivant, perde sa vivacité et son feu; avant que le cerveau, qui préside sur le corps comme la lune sur la terre, s'affaiblisse; avant que les viscères, qui sont comme les étoiles, perdent leur activité. » Il en est ainsi de l'interprétation des autres phrases. La même discordance, le même désaccord éclate toujours. Arrivé au dernier passage où il est dit: « Avant que la chaîne d'argent soit rompue, avant que la cruche se brise, etc., » Daniel Leclerc avoue qu'il est très difficile d'expliquer ces paroles énigmatiques. « Il faudrait, écrit-il, pour les expliquer, avoir la même idée des parties du corps qu'en avait Salomon. Ce que l'on a écrit sur la chaîne d'argent que l'on a prise pour la moëlle, sur le vase d'or qui marque les membranes du cerveau, sur la cruche qui doit être le crâne, et la roue qui représente le poumon, tout cela, dis-je, ne sont que de simples conjectures. » Ces conjectures, Bordeu les a produites; mais, bien différentes de celles rapportées par Leclerc. Pour Bordeu, la cruche ne représente pas le crâne, mais la vessie; la roue n'est plus le poumon, mais les reins.

Ah ! il serait temps d'envisager ces siècles, ces prophètes, ces rois de Juda et d'Israël, non avec les yeux de la foi, mais avec les yeux de la raison; il serait temps de voir la réalité; de ne plus se prosterner devant des chimères; il serait temps que le xixe siècle rompît une fois pour toutes avec les folies, les sottises, les petitesses du passé. Par respect pour la médecine, que ses représentants cessent de parler de cette antique médecine théurgique judaïque.

La Grèce, héritière du savoir oriental, posséda d'abord, comme l'Egypte, ses dieux et leurs interprètes. Les mêmes faits qui s'étaient accomplis sur les bords du Nil, à Thèbes et à Memphis, devaient se réaliser en Grèce ; car, les colonies phéniciennes, égyptiennes, qui s'implantèrent sur le territoire hellénique, conservèrent la distinction fatale de maîtres et d'esclaves, de fourbes mystiques et de sots croyants. Si l'Egyptien avait ses Pharaons ; si le peuple assyrien, babylonien, avait ses rois, ses prêtres se détrônant, s'empoisonnant, se brûlant tour-à-tour, la Grèce ne leur fut pas inférieure, ni en superstition, ni en tyrannie ; comme l'attestent ces mille luttes intestines des petits despotes grecs, et surtout cette guerre de Troie, où la théologie joue un rôle si cruel dans la personne d'Agamemnon, et la médecine, un rôle si grotesque dans la personne de Podalire et de Machaon. Les prêtres de ces divinités opèrent des cures miraculeuses. Sans vouloir rabaisser les guérisons surnaturelles opérées par les prêtres égyptiens, les prophètes juifs, nous pouvons affirmer que les médecins théurgiques grecs ne leur cèdent en rien. En effet, tandis qu'Ezéchiel fait marcher des trépassés, donne la vie à des ossements préalablement réunis au moyen de la force vitale, Mélampe charme les serpents, prend des conseils médicaux des vautours; Orphée ressuscite Euriphyle; Esculape rappelle à la vie des trépassés; ici, Hippolyte fils de Thésée, là un Canapée, un Lycurgue; monstruosités que devait flétrir la philosophie grecque, monstruosités qui devaient se reproduire au moyen-âge. Rappeler tous les hauts faits d'Esculape est une tâche trop grande; un seul fait suffit pour faire apprécier la science médicale de cette divinité, et peut servir d'enseignement à ceux qui se traînent dans l'ornière d'un passé que l'intelligence repousse. « Une femme, travaillée d'un ver et abandonnée des plus experts médecins, vint enfin à Epidaure, et pria le Dieu qu'il lui plût de la délivrer de cette maladie. Esculape, étant pour lors absent, les ministres de son temple la firent coucher dans le lieu où ce dieu avait coutume de faire mettre ceux qui recouraient à lui. Lui ayant ordonné de se tenir en repos, l'un d'eux commença par couper la tête à cette femme, un autre introduisit sa main dans son ventre et tira le ver qui était une terrible bête et d'une longueur démesurée; cela étant fait, ils se mirent en devoir de lui remettre sa tête, mais ils ne purent y parvenir. Sur cela, le dieu revint; et ayant censuré ses ministres de faire ce dont ils n'étaient point capables, remit lui-même la tête sur son tronc, par un pouvoir divin, et rendit la santé à cette femme. Que votre sagesse est grande, ô Esculape! » Oui, bien grande! Cette cure pourrait nous surprendre; mais, quand nous voyons ce qu'ont pu faire Salomon et le prophète Ezéchiel, nous ne saurions plus en être étonnés. Si Ezéchiel a réuni des ossements à l'aide de la force vitale, pourquoi cette force vitale n'aurait-elle pas servi à Esculape?

Rien n'est plus instructif que d'observer le développement progressif de la médecine théurgique grecque; développement coïncidant avec le perfectionnement de la théologie elle-même. Les représentants de l'art médical sont d'abord ce qu'ils devaient être chez une nation grossière : des devins, des mages, des Mélampes; puis, des arracheurs de flèches, des

panseurs de plaies, des guerriers, des centau-
res, des Chirons, des Hercules, des Thésées, etc;
enfin, de bons prêtres, des Asclépiades, des
hommes instruits, notant les symptômes des
affections; exerçant la médecine, non pas dans
des forêts, sur des champs de carnage, mais
dans des temples où l'or et l'argent se mariaient,
pour frapper les sensations de la multitude.
Toujours, c'est ce qui se pratique chaque fois
que la science est mystérieuse: la foule croit
aux jongleries de quelques êtres, habiles à spé-
culer sur son ignorance. Ce que nous voyons
dans l'antiquité, n'en sommes-nous pas malheureusement témoins au xixe siècle? N'avons-
nous pas de ces lieux mystérieux où la foule
afflue, croyant y trouver la guérison de ses
maux, un soulagement à ses souffrances ; puis,
les actes de ces oracles, pas grecs, ni égyptiens, mais juifs, n'interviennent-ils pas dans
les discussions scientifiques ? Ne tâche-t-on pas
de concilier les résurrections, les miracles judaïques avec les doctrines médicales actuelles ?
Non ; détournons nos regards, car de telles
inepties feraient douter des progrès de notre
science.

Mais, de tout temps, il s'est rencontré des hommes qu'on peut qualifier de héros de l'humanité. Ces hommes, brisant leur égoïsme, ne poursuivent qu'un but: être utiles à leurs semblables. Ni la tyrannie des hommes, ni les rigueurs des climats, ni l'action délétère des milieux ne les arrêtent. Pour eux, la vie est un long sacrifice; elle ne consiste point dans un bonheur purement végétatif, mais dans un bonheur, d'autant plus pur, qu'il se module sur les intérêts de l'humanité. Ennemis déclarés de la tyrannie, ils doivent s'attendre à tontes les conséquences terribles que leur prépare leur courageuse initiative. Par eux l'ignorance s'enfuit, le monde s'éclaire, la science se fait. Grâce aux philosophes grecs, la science va se vulgariser; elle ne sera plus au service des castes, mais au service de l'espèce humaine; et, ce qui prouve combien le savoir porte l'empreinte des milieux, c'est que si, dès l'origine, il a surgi dans des contrées où l'homme pouvait accomplir avec facilité ses échanges entre lui et le monde; actuellement, il va jeter des racines profondes dans des climats heureux où l'être humain pouvait s'adapter promptement les modifications extérieures. Tant il est vrai que le bonheur végétatif est nécessaire au développement de l'intelligence!

Les évènements qui s'accomplissaient en Asie, dans les premiers âges de la philosophie grecque, hâtèrent puissamment la vulgarisation du savoir, et sa propagation sur le territoire hellénique. Ninive, après avoir eu pour empereurs le dieu Bélus; Ninus, empoisonné par Sémiramis sa femme; Sémiramis empoisonnée par Ninyas son fils; Ninyas le parricide; ses trente-quatre Sardanapales laissant démembrer leur empire par Sésostris et David, déshonorant l'humanité par leurs débauches, dont le dernier, vaincu par les Mèdes et les Babyloniens révoltés, se brûla avec ses femmes dans son palais; puis, ses six rois, détruisant le royaume d'Israël, guerroyant sans cesse contre la tribu de Juda, subjuguant de nouveau la Médie et la Babylonie, dévastant la Syrie, Ninive avait été détruite de fond en comble par les mêmes peuplades qui, 134 ans auparavant (759), l'avaient prise, mais l'avaient épargnée, se contentant de se déclarer indépendantes. Babylone, après avoir eu pour maîtres les empereurs de Ninive: ces fratricides, ces parricides, ces débauchés ; ses onze prêtres-rois livrant ce malheureux pays à l'anarchie la plus complète, le rendant de nouveau tributaire de Ninive ; puis, après la destruction de Ninive, ses empereurs : un Nabopolassar, ce satrape rebelle de Babylone, comme l'avait été le grand-prêtre Baladan ; un Nabuchodonosor, le destructeur de Tyr, de Jérusalem, le dévastateur de la Judée, le conquérant de l'Egypte, à laquelle il imposa pour roi un voleur ; un Evilmerodac, prince dissolu et cruel assassiné par son beau-frère Nériglissor ; ce meurtrier défait et tué par les Mèdes, ces anciens alliés de Babylone qu'il voulait asservir, Babylone avait été prise et son dernier empereur, l'impie Balthazar, le digne fils d'Evilmerodac, le petit-fils de Nabuchodonosor le lycantrope, qui couronnait dignement la fin de ces êtres détestables, avait été tué dans l'orgie d'un festin. Assyrie, Babylonie, Egypte, Tyr, Palestine, Syrie, Lydie, tous ces empires, tous ces royaumes, toutes ces provinces avaient été subjugués par la nation Perse et avaient formé un empire que devait détruire Alexandre à la tête d'une poignée de Grecs, comme l'avait fondé Cyrus, en courant. Le seul mérite de ce tyran, *felix terrarum prœdo*, le destructeur de la république athénienne, comme César le sera de la république romaine, est d'avoir osé mépriser ce qui était méprisable : « *Nihil aliud quàm benè ausus vana contemnere.* » Et son empire, qui n'est qu'un replâtrage des empires de Ninive, de Babylone, croûlera comme ont croûlé les empires de Sémiramis, de Sésostris, de Nabuchodonosor et de Cyrus; comme croûleront tous les empires composés de peuples hétérogènes, divisés par les mœurs, les théologies, les traditions, les souvenirs. Le jour viendra, et tout nous fait espérer qu'il est proche, où la malheureuse Italie ne sera plus à la merci des Croates, et les provinces grecques à la merci des beys, des pachas ottomans. Pourquoi ne pas espérer? L'espérance, c'est l'homme. Otez-lui ce stimulant, un de ses plus nobles apanages, l'homme n'est plus rien; il est moins que la brute. Si nous n'espérons plus à une autre existence, pourquoi ne rêverions-nous pas à un avenir humanitaire meilleur?

Avec ces conquêtes, ces massacres, ces

destructions de villes, ces spoliations de provinces, que d'exilés, dont les noms sont ense-
velis dans un oubli éternel, durent fuir devant
le vainqueur; surtout devant les fureurs d'un
Cambyse l'épileptique, le meurtrier de sa
femme, de son frère, de sa sœur, et voguer
vers la patrie de Solon, emportant leur savoir
et leurs ressentiments. Aucune nation n'eut plus
à souffrir que la nation égyptienne, toujours
en révolte contre ses opresseurs, mais toujours
malheureuse; aucune théologie ne fut plus
maltraitée que le polythéisme égyptien. Les
divinités sont ridiculisées, abattues; les prêtres
immolés; les temples rasés par l'infâme Cambyse, digne fils de celui dont la reine Tomyris
fit mettre la tête dans une outre pleine de
sang, en s'écriant : « Barbare, rassasie-toi,
après ta mort, du sang dont tu as toujours eu
soif pendant ta vie. » Ce qui s'accomplit dans
cette malheureuse Egypte s'y réalisera au
moyen-âge. Les sectateurs du prophète feront
ce qu'ont accompli les disciples de Zoroastre.
Si le Zend-Avesta proscrit le polythéisme, le
Coran proscrit les bibliothèques. Ce sont toujours les mêmes scènes d'horreur, ce sont

toujours les mêmes actes de brigandage, et toujours accomplis au nom même de la divinité !

En traitant de l'origine des entités anthropologiques, nous avons parlé des hypothèses métaphysiques. A dater de la philosophie grecque, ces hypothèses surgissent; mais, tandis que les notions théologiques n'avaient servi qu'à obscurcir l'intelligence, celles-ci vont la développer; car, elles ont leur source dans l'esprit de l'homme porté à découvrir la vérité. A la croyance, qui jusqu'alors avait trôné exclusivement, succède le raisonnement; à la superstition, qui s'opposait aux recherches scientifiques, succède l'amour de la vérité; à la foi fait place la raison.

Le monde est-il éternel? Qu'est la matière? Qu'elle en est l'essence? Qu'elle est la cause des modifications des êtres; de ces mutations, de ces métamorphoses incessantes qui maintiennent perpétuellement l'harmonie, l'uniformité de l'univers? Telles sont les questions vers lesquelles s'est tournée constamment l'intelligence dans tous les siècles, dans l'âge antique, comme dans l'âge moderne; mais,

que trop souvent ont résolues l'imagination,
la croyance et non le savoir.

« Rien ne meurt, rien ne naît, est une
opinion antique à laquelle se sont rangés tous
les philosophes. » (ARISTOTE). Ce ne sont pas
seulement les philosophes de l'école d'Ionie,
ceux de l'école italique qui partagèrent cette
opinion, mais Aristote, Platon. Tous admirent
l'éternité de la matière; seulement, la divergence éclate, se manifeste, lorsqu'il s'agit de
déterminer l'état primitif du monde; et, de
cette divergence naissent les opinions les plus
variées sur l'essence de la matière, le principe
de toutes choses.

Thalès de Milet, Hippon de Rhégium,
reconnaissent l'eau comme le principe de l'u-
niversalité des choses, « opinion antique; car
avant eux, les anciens poètes, bien antérieurs
à notre époque, se figurèrent la nature de la
même manière. Ils ont représenté l'Océan et
Thétys comme les auteurs de l'univers, et les
dieux, selon eux, jurent par le Styx; car, ce
qu'il y a de plus ancien est aussi ce qu'il y a
de plus sacré, et ce qu'il y a de plus sacré,
c'est le serment. » (ARISTOTE, *Métaphysique.*

·trad. Pierron). Pour Anaximène, le principe des êtres n'est pas l'eau, mais l'air; pour Hippase, le feu.

Si ces philosophes diffèrent sur le principe des choses, sur l'essence de la matière, ils ne diffèrent pas moins sur la causalité, sur ce qui produit les variations perpétuelles, les transformations nécessaires et éternelles des substances. On peut prévoir, d'après leurs notions sur la matière primitive, quelles seront leurs idées sur la causalité; car, toujours la solution de la causalité est étroitement unie à la solution de l'origine du monde. Si Anaximène admet l'air comme le principe des êtres, il admet cet élément comme la cause des métamorphoses des substances. Si Hippase reconnaît le feu comme l'élément primitif de toutes choses, il le reconnaît comme la cause des modifications, des transformations des corps. Si Hippon considère l'eau comme la partie intégrante, comme la base de toutes choses, il envisage ce fluide comme la forme, la cause de leurs états divers. Tous ces philosophes admettent les éléments comme principes des êtres, à un double titre : l'élément est pour eux la partie intégrante, l'agent, la base de toutes choses, et la cause elle-même des transformations, des mutations incessantes, continues des êtres; de la rénovation perpétuelle de la nature. Thalès, seul, ne s'est pas expliqué sur la nature, l'essence de la cause qu'il admet. Il dit que tout ce qui possède un mouvement spontané a une âme; que l'âme est un être qui se meut soi-même. Mais, quel est cet être? Est-ce une substance ignée, aqueuse, éthérée? Cet illustre mathématicien ne l'a pas dit; cependant, tout nous porte à penser que Thalès devait faire de cette âme, qu'il accordait même à *l'aimant qui meut le fer*, une substance aqueuse; car, partageant l'opinion d'Hippon sur l'état primitif du monde, il devait forcément être du même avis sur la nature, l'essence de l'âme.

Que ces philosophes se trompent; qu'ils expliquent l'inconnu par de pures notions imaginaires; au moins, ils ont le bon esprit de ne pas dépouiller la matière de ses attributs, de ne pas forger des êtres incorporels. Pour eux, la matière est l'agent des êtres et la cause de toutes leurs modifications; c'est elle qui opère elle-même ses transformations, ses métamorphoses, sans l'intermédiaire de ces êtres, de ces causes, en dehors de la matière; ne possédant rien de ce qui peut tomber sous nos sens: forces, causes invisibles, idées éternelles, substances immatérielles, spirituelles, que l'imagination peut créer, mais que la raison ne pourra jamais comprendre.

Parmi les premiers philosophes grecs apparaît la noble et vénérable figure de Pythagore. Avec ce sage de Samos, une ère nouvelle commence pour la médecine. Jusqu'à Pythagore, l'art médical avait été l'apanage des castes sacerdotales; ce philosophe fonde, et c'est son plus beau titre de gloire, une école rivale de celles des prêtres. S'adressant à l'observation, il entrevoit ce qu'est la maladie, ce qu'est la santé: la santé, ce qu'elle sera pour son disciple Alcméon, ce qu'elle sera plus tard pour Hippocrate, un juste rapport, un équilibre parfait entre les parties constitutives de l'organisme; la maladie, une rupture de cet équilibre. Il compare les âges aux saisons, l'enfance au printemps, l'adolescence à l'été, l'âge adulte à l'automne, la vieillesse à l'hiver: conception des plus belles, aperçu des plus

judicieux, que devaient sanctionner les découvertes modernes, en montrant que le calorique
animal varie aux diverses époques de la vie.
Il a un sentiment si profond du rôle immense
exercé par les modifications extérieures sur
notre économie, qu'il crée une médecine simple, fondée principalement sur le régime, en
rapport avec la fragilité de l'organisation humaine. Que Pythagore et ses disciples aient
employé, dans le traitement, des pratiques superstitieuses, cela est possible si l'on songe au
siècle où vivait ce beau type de la philosophie
grecque; cela était même nécessaire : « Voulant mériter les suffrages de la multitude et ne
pas lui laisser apercevoir la différence qui
régnait entre leur méthode et celle des ministres du culte, les premiers philosophes durent
mettre en usage, comme ces derniers, les enchantements, les expiations, les chants magiques. » (Sprengel).

Pythagore ne se contente pas de transformer
l'art médical, de théurgique qu'il était, en un
ensemble de simples préceptes diététiques. Il
demande à la raison l'explication des phénomènes physiologiques. Mais, que pouvait-il

faire? L'esprit superstitieux était encore trop
puissant pour permettre de fonder l'anatomie;
pour permettre de jeter les bases de la science
anthropologique. Ce que la méthode expérimentale ne pourra accomplir, l'imagination le
réalisera; et les conjectures qui serviront à expliquer l'homme seront les conjectures qui
auront servi à expliquer les phénomènes cosmologiques. Chose admirable; enseignement
éclatant pour ceux qui veulent expliquer l'inconnu par un éternel inconnu, les hypothèses
pythagoriciennes seront différentes de celles
de l'école d'Ionie; car, il est de la nature des
notions indémontrables de varier avec chaque
philosophe, avec chaque imagination individuelle.

Pythagore admet le *nihil ex nihilo fit*. Pour
lui, le monde est éternel; il ne sort pas du
chaos; il est ce qu'il a été, de toute éternité.
La matière est une masse indéterminée, composée d'éléments contraires, constituant les
êtres par l'adjonction de principes, d'unités,
de monades renfermant les mêmes éléments
que la substance universelle indéterminée.
Ces principes, ces unités, ces monades don-

nent la forme aux êtres qui varient suivant la proportion, le mélange des éléments. Ils sont la cause de leurs états divers; ils font disparaître la discorde dans le monde et se relient eux-mêmes à l'unité universelle qui participe des mêmes contraires que la substance indéterminée.

Ces notions cosmologiques devaient rejaillir, comme tous les systèmes ontologiques, sur la science anthropologique. La cause de la vie, le principe des phénomènes physiologiques sera une unité, une monade, une âme composée d'éléments contraires, identiques à ceux de la substance universelle : unité constituant l'être organisé, le faisant ce qu'il est et se reliant, après la mort, à l'unité universelle, à l'âme du monde qui remplit tous les êtres sans jamais en être séparée.

Les éléments dont se composent la matière indéterminée et l'unité, le *monas*, sont matériels, comme le prouvent les paroles d'Aristote : « Les pythagoriciens semblent considérer les éléments sous le point de vue de la matière; car ces éléments se trouvent, suivant eux, dans toutes choses, constituent et composent l'uni-

vers. » Mais quelle est la nature de ces éléments? Sont-ce des substances ignées, éthérées? On ne saurait l'affirmer. La nature des
contraires ne devait être nettement formulée
que par les philosophes postérieurs à Pythagore. On a prétendu, et Kurt Sprengel partage cette opinion, que Pythagore reconnaissait
le feu comme la base, le principe de toutes
choses; on a dit qu'Héraclite a développé le
système pythagoricien; Tenneman a même
rangé Hippase parmi les pythagoriciens. Toutes
ces assertions sont erronées. Ce sont les philosophes de l'école d'Ionie qui reconnaissaient
un élément unique : le feu, l'air ou l'eau;
pour eux, la cause des modifications des êtres
était également unique. Quant à Pythagore,
et c'est ce qui distingue son système philosophique, il reconnaît dans la matière la pluralité des éléments, il admet des contraires;
l'unité, la cause, la monade est elle-même un
composé de ces éléments. Ce qui ressort clairement de ce passage du traité de l'âme d'A-
ristote : « Ceux qui croient à des oppositions
dans les principes composent aussi l'âme avec
les contraires, et quand on n'admet qu'un seul

des contraires, soit le chaud, soit le froid ou tel autre principe analogue, on est amené à faire de l'âme un seul de ces principes. » Dire que Pythagore reconnaissait le feu comme le principe, la base de toutes choses, c'est lui prêter les notions de l'école d'Ionie, qu'il repousse formellement; c'est lui faire admettre l'unité de la matière, l'unité de la cause des états divers que revêtent les substances, tandis que le sage de Samos reconnaît et la pluralité des éléments dans la matière; et, cette pluralité dans la cause de ses changements. Il suffit, pour se convaincre, de lire ces passages si significatifs du *Traité de la Métaphysique* d'Aristote: « La doctrine d'Alcméon paraît se rapprocher beaucoup des idées pythagoriciennes. Il dit que la plupart des choses de ce monde sont doubles, désignant par là les oppositions dans la nature. On peut tirer de leurs systèmes que les contraires sont les principes des choses. » Pythagore n'admet donc pas le feu comme la cause des phénomènes.

On a encore voulu faire remonter à Pythagore la création de deux âmes; en faire, en quelque sorte, le fondateur de la doctrine du double dynamisme humain. Quant à nous, c'est donner à l'école vitaliste une étrange origine.

« Pythagore, écrit Barthez, a dit que l'âme est l'harmonie du corps vivant; qu'elle est nourrie par le sang et fixée par les nerfs, les veines, les artères, comme par autant de points; cependant, il a distingué dans l'homme une âme périssable qui a des parties, et une âme immortelle qui est émanée de Dieu ou de l'âme du monde. »

Tout ceci est inexact. Jamais, Pythagore n'a parlé d'âme nourrie par le sang, fixée par les veines, les artères, les ligaments. Dans le siècle où vivait l'illustre fondateur du pythagoricisme, veines, nerfs, artères, tout était à découvrir; l'anatomie descriptive n'était pas même ébauchée. La gloire d'en avoir jeté les bases appartient à ses disciples Alcméon et Empédocle. C'est assez que Diogène de Laërce ait conté de telles frivolités sans qu'on aille s'en servir pour prouver ce qui n'est pas. Quant à la cause de la vie, au principe déterminant des actes physiologiques, jamais Pythagore n'en a fait un être composé d'une âme mortelle et d'une âme immortelle émanée de Dieu. Il suffit, pour s'en convaincre, de lire la *Méta-physique* d'Aristote, l'autorité la plus compétente en pareilles circonstances; d'Aristote continuellement préoccupé des systèmes de Pythagore et de Platon, qu'il ne cesse de réfuter. Pour Pythagore, la matière, la masse indéterminée est composée d'éléments contraires; l'unité, qui donne l'harmonie à cette masse, qui forme les êtres, est une substance toujours composée des mêmes éléments. Jamais il n'y a séparation de ces éléments après la mort. L'unité, le principe, la monade se réunit tout entière à l'âme du monde, à l'âme universelle renfermant les éléments contraires de la substance indéterminée: unité remplissant tous les êtres; leur donnant l'harmonie, la forme; les faisant ce qu'ils sont, sans jamais en être séparée.

Vouloir faire remonter à Pythagore la création de deux âmes, c'est lui faire admettre des êtres intermédiaires entre l'être organisé et la matière; c'est prêter au chef du pythagoricisme une opinion qui n'appartient qu'à Platon. Pour Pythagore, il n'existe pas d'êtres intermédiaires. Si l'unité est composée de contraires, ces contraires sont indissolublement unis. Ils constituent, non pas isolément, mais réunis, la monade ; ils sont inséparables des êtres sensibles, comme le prouvent ces paroles du philosophe de Stagyre : « Platon place les nombres en dehors des objets sensibles, tandis que les pythagoriciens prétendent que les nombres sont les objets eux-mêmes et n'admettent pas d'êtres intermédiaires. Contrairement à eux, il place l'unité en dehors des êtres. » Ainsi, pour Pythagore, la matière renferme les mêmes éléments que le nombre ou l'unité ; elle a des éléments contraires ; ces contraires reçoivent l'harmonie de l'unité, qui est identique par sa nature avec la substance universelle.

Puis, si le sage de Samos tombe dans l'ontologie ; s'il fait servir les notions absolues à l'explication du monde et à celle de l'homme, combien sa métaphysique est supérieure à celle de nos jours, sous le rapport de la bonté. Le *monas*, l'unité absolue, universelle, l'âme du monde embrasse tous les êtres. La métaphysique qui trône actuellement ; celle qui forme la base des doctrines médicales actuelles, bien différente de celle de l'école pythagoricienne, a jeté un abîme entre toutes les créatures. C'est que la métaphysique de Pythagore, comme celle de tous les philosophes de l'antique Grèce, est un ensemble de notions absolues, indémontrables, mais individuelles; tandis que celle de nos jours est la croyance raisonnée, et encore trop souvent la croyance hébraïque; aussi, elle en porte l'empreinte; elle a un caractère judaïque; elle est digne de ce peuple si énergiquement qualifié par le grand historien romain, Tacite; de ce peuple ignorant qui, toujours, a préféré la croyance au savoir.

Le système du philosophe de Samos était trop contraire aux théologies régnantes pour ne pas attirer aux pythagoriciens la haine des prêtres. Faire de l'univers un tout indissoluble par le fait de l'harmonie universelle; rejeter des êtres fictifs que l'oracle fait parler, que l'astrologue fait descendre, que le prêtre fait agir à son gré, quelle impiété..! Dire que le monde est soumis à des monades, à des causes, à des forces, à des harmonies se reliant elles-mêmes à une harmonie, à une monade, à une unité universelle ; repousser l'intervention des castes sacerdotales dans l'accomplissement des phénomènes du monde, c'était saper les croyances. La base de toute religion, avait dit Pythagore, c'est la vérité ; la base de toute religion, c'est la force et l'ignorance, répondirent les prêtres. De là les persécutions atroces exercées sur l'école pythagoricienne ; persécutions que le moyen-âge et les temps modernes devaient voir reproduire.

L'homme ne peut s'instruire que par la comparaison du passé au présent. Ce que Pythagore a été dans l'antiquité, les alchimistes le seront à la fin du moyen-âge. Ames généreuses, amantes de la vérité, alchimistes et pythagoriciens, séparés par le temps, confondus par les mêmes pensées, tous ont eu à supporter les persécutions de la superstition et du despotisme ; tous ont eu à subir les outrages de la calomnie ; car, ils apparaissaient à des époques identiques, dans des siècles malheureux, où la superstition et la tyrannie, deux sœurs inséparables, écrasaient l'espèce humaine. Plus heureux, les sages, postérieurs à Pythagore, et les philosophés des temps modernes, pourront hardiment attaquer les notions fictives. Le principal était de faire une brèche dans le domaine des chimères. Dans l'antiquité, les pythagoriciens; puis, dans le moyen-âge, les alchimistes, se chargent de cette rude tâche. Bûchers, prisons, incendies, calomnies, rien ne manque à leur gloire; mais, la trouée faite, l'hydre superstitieuse sera énergiquement terrassée, dans les temps antiques, par les philosophes stoïciens et épicuriens; dans les siècles modernes, par les philosophes du xviie et du xviiie siècle. Dans ces époques si éloignées par le temps, si rapprochées par les mêmes scènes, tout est le même.

Si Pythagore explique l'homme et le monde par la matière indéterminée et l'unité; si l'école d'Ionie reconnaît les éléments, l'air, l'eau, le feu, comme le principe de toutes choses, Xénophane, fondateur de l'école d'Elée, fait de l'univers une immense unité, invariablement la même, toujours immobile : système ontologique énergiquement qualifié par Aristote.

Toutes ces questions, tous ces problèmes sur l'origine du monde, sur l'essence de la matière et sur la causalité sont repris et agités par les penseurs helléniques, postérieurs aux premiers sages de la Grèce. Partisans de l'unité et de l'éternité de la matière dans un flux perpétuel, produisant toutes choses par les formes qu'elle se donne, les uns, avec Héraclite, affirment que le feu est le principe et la cause des choses; « car, le feu est de tous les éléments le plus incorporel; il se meut lui-même et meut tout le reste primitivement »; les autres, avec Diogène d'Apollonie, soutiennent que l'air est le principe des êtres, « parce que de tous les corps l'air est celui qui a les parties les plus ténues » ; que l'âme est une substance éthérée, possédant le mouvement et la connaissance: la connaissance, car « elle est la cause première, et tout le reste vient d'elle »; le mouvement, « puisque ses parties sont les plus ténues de tous les corps. » (ARISTOTE).

Partisans des oppositions dans la matière, des philosophes expliquent les phénomènes cosmologiques par les contraires : les uns, par la matière elle-même, par les éléments ; les autres, par les qualités élémentaires, par les phénomènes qui dérivent des éléments. Pour Empédocle, les contraires sont la terre, l'air, l'eau et le feu. Ces éléments, éternels, primitivement dans le chaos, s'agrégeant et se désagrégeant, produisent toutes choses. Ils ne changent jamais; ils restent invariablement les mêmes dans leurs mélanges. Pour Alcméon, Archélaüs, Parménide, Zénon, etc, les contraires qui composent l'univers et produisent les êtres par leurs transformations, leurs métamorphoses, sont les qualités élémentaires. Ces philosophes ne sont jamais d'accord sur le nombre et la nature de ces qualités: tantôt, ils en admettent deux, avec Archélaüs: le froid, le chaud; tantôt quatre, avec Zénon: le froid, le sec, l'humide et le chaud; enfin, avec Alcméon, un nombre infini.

Ces notions sur le monde rejaillissent fatalement, inévitablement, sur l'anthropologie qui, dans tous les siècles, a été l'aboutissant de toutes les conceptions ontologiques. L'homme sera un composé d'éléments, de qualités élémentaires; le principe de l'existence, la cause de la vie, sera un composé, une mixture de ces contraires: ce qui faisait dire à Empédocle, fondateur du système des quatre éléments : « Nous voyons l'air par l'air, l'eau par l'eau, le feu par le feu, la terre par la terre. » Cependant, au milieu de toutes ces explications si disparates, si différentes, une grande idée domine toutes les autres; idée dont le vieillard de Cos se servira pour fonder sa doctrine médicale. Que les qualités élémentaires, que les éléments servent à expliquer l'homme, toujours on retrouve pour base de ces théories, l'harmonie, le juste mélange des éléments, des qualités élémentaires ; que l'homme soit formé de feu et d'eau, d'air et de terre; que le chaud et le froid le constituent, il ne peut subsister que par un équilibre parfait, une harmonie, un juste rapport dans les mélanges, dans la proportion des contraires. Dès que l'accord cesse; dès que l'harmonie disparaît pour faire place à la discorde, à un défaut de régularité, l'être chancelle et disparaît.

Aussi, l'art médical, si étroitement lié aux interprétations de la nature humaine, devait ressentir l'influence de ces systèmes philosophiques. Il en subit tellement l'influence, il s'identifia tellement avec ces explications, que la médecine ne consista qu'à rétablir l'harmonie, le juste rapport, l'amour, la symétrie la crâse, le parfait équilibre dans le mélange des éléments, des qualités élémentaires, comme l'attestent ces paroles d'Eryximaque: « La médecine est la science de l'amour relativement aux parties constitutives de l'organisme. Il faut que le médecin sache établir l'amitié entre les éléments contraires. » (PLATON).

Le progrès scientifique continuant à s'effectuer, les hypothèses sur la nature du monde et sur celle de l'homme devaient changer et faire place à de nouvelles conjectures.

A l'école pythagoricienne, des contraires; à l'école d'Ionie, succède l'école fondée par Leucippe et Démocrite. Ces philosophes admettent l'éternité du monde, primitivement dans le chaos. Ils rejettent et les éléments et les qualités élémentaires; car, dit Lucrèce, l'éloquent interprète de la doctrine atomistique, « c'est outrager la vérité que de reconnaître dans le feu la base et le principe de tous les êtres. Condamnons ces philosophes qui regardent l'air comme le principe de tout être; ceux qui ont attribué à l'onde le même pouvoir;

ceux qui ont affirmé que la terre, soumise à toutes les métamorphoses, revêtait la forme de tous les êtres; enfin, ces savants obscurs qui, doublant les éléments, l'air au feu, la terre à l'eau; ou qui, les joignant tous les quatre ensemble, font éclore d'un tel mélange tous les hôtes de l'univers.» (trad. Pongerville).

Pour Leucippe et Démocrite, la matière est un composé d'atomes : corpuscules invisibles, indivisibles, indestructibles, sans cesse en mouvement, infinis par leur nombre et leur forme, étant le principe de toutes les qualités sans en posséder aucune, produisant par leur agrégation tous les êtres qui varient d'après la configuration, l'arrangement, la tournure de ces petits corps ténus, c'est-à-dire, d'après leur forme, leur ordre, leur position; « ainsi, A diffère de N par la forme; AN de NA par l'ordre; et Z de N par la position. » (ARISTOTE).

L'homme est un composé d'atomes; l'âme elle-même en est un composé, mais d'atomes sphéroïdes; car, de tous ces corpuscules, se sont les plus mobiles et ceux qui peuvent pénétrer facilement partout. Entraînés par la respiration dans l'économie, ils réparent l'organisme et

le protègent contre la destruction des milieux.
« Les animaux vivent tant qu'ils respirent,
Le souffle est la mesure de la vie ». (ARISTOTE).
Cette âme est sensible et motrice. Différem-
ment impressionnée par les agents extérieurs,
elle donne lieu aux sensations qui sont de
simples phénomènes, de pures modifications
de l'être organisé, et non des attributs faisant
partie des corps; des qualités entées sur la
matière.

En suivant les phases diverses de la métaphysique antique, il est facile de voir avec quelle
rapidité elle incline vers sa décrépitude. Les
systèmes ontologiques reposent primitivement
sur la superficie de la matière. Les éléments,
les qualités servent à expliquer l'homme et
le monde. Démocrite entrevoit ce que nous
savons actuellement. Pour lui, éléments, qualités élémentaires ; la terre, l'eau, le feu, le
doux, l'amer, le chaud, le sec, tout pour lui
est la même chose, seuls nos sens diversifient
les objets : grande et noble conception dont
s'emparera Hippocrate.

Pourquoi les philosophes grecs sont-ils
tombés dans le domaine ontologique? Pour-

quoi ont-ils créé de pures notions imaginaires?
En parlant du système de Démocrite, l'illustre Broussais écrit : « On se demande comment un penseur aussi profond, pour affirmer que les qualités des corps et les rapports qui unissent les hommes sont des modifications de notre manière de sentir, pouvait regarder comme chose certaine l'existence du vide et des atomes. Mais ne nous arrêtons pas à cette question ; qu'il nous suffise de savoir que l'homme est tourmenté par le besoin de connaître la cause première de ce qu'il voit ; et que même, bien souvent, lorsqu'on lui a démontré l'impossibilité de la découvrir, il prend le parti de la deviner. »

Précisément, c'est ce besoin de tout expliquer qui poussa les philosophes grecs à se livrer à de nobles inspirations synthétiques, seules capables de leur montrer ce que la science ne pouvait leur dévoiler. Notre organisation est telle qu'elle nous entraîne sans cesse à vouloir tout expliquer ; et ce besoin croît proportionnellement au développement de l'intelligence. L'homme instruit doute ou sait ; recherche et connaît. L'être, peu fortuné sous le rapport intellectuel, ne doute ni ne connaît; il croit. Or, ce besoin de connaître, ce besoin d'autant plus impérieux que l'intelligence est plus développée, ne devait-il pas pousser les philosophes grecs, surtout Thalès, Pythagore, Démocrite, dans la recherche de l'inconnu; que leurs explications soient erronées, combien elles sont préférables à la croyance. Leurs systèmes philosophiques pourront paraître puérils; ils sont très naturels. Les philosophes helléniques ne pouvaient faire ce que nous réalisons aujourd'hui, à l'aide de tant de procédés, de tant d'instruments merveilleux d'expérimentation dont nous avons le privilége de jouir. Ils ne pouvaient lire dans la profondeur de la matière, ils ne pouvaient la décomposer, ils la virent à son état de simplicité naturelle : l'eau, l'air, le feu, la terre, tels furent les objets qui frappèrent, fixèrent, absorbèrent leurs pensées, comme aujourd'hui l'oxigène, l'hydrogène], l'azote fixent, attirent l'attention des savants. Ils virent ces éléments se transformer, se changer, se métamorphoser l'un dans l'autre. Pour l'un, le feu sera le principe de toutes choses; pour l'autre, l'air ; pour celui-ci, l'eau ; pour celui-là, la terre ; puis, à mesure que les observations se multiplient, que les phénomènes sont mieux observés, on double les éléments, on admet les qualilés élémentaires, on arrive aux atomes.

Le malheur de ces âges reculés, c'est que la science, à peine éclose, ne pouvait pas satisfaire l'intelligence de ces profonds penseurs ; et cette philosophie de mots, comme l'a écrit Condorcet, avait un avantage immense, sinon de servir immédiatement aux progrès scientifiques, du moins de les préparer.

Non seulement ces systèmes philosophiques étaient naturels, mais ils offraient encore un cachet d'individualité que sont loin de présenter les systèmes ontologiques actuels. Aujourd'hui, si les problèmes sur l'origine du monde, sur l'essence de la matière, sur l'essence des phénomènes (problèmes que la saine philoso phie doit rejeter), sont résolus, comment le sont-ils ? Leur solution n'est-elle pas toujours entachée de préjugés ? Qu'on lise Bacon, Bichat ; qu'on médite les étranges réponses de M. Lordat au père Ventura, toujours les explications de ces hommes illustres ne sont que la copie, le reflet de la croyance hébraïque. Si la matière est dépouillée de ses attributs; si l'on admet deux âmes ou des propriétés entées sur la matière, à qui le doit-on, sinon aux notions théologiques? Ce que nous disons pour la philosophie, pour les raisonnements sur l'homme et sur le monde, nous pourrions l'appliquer à toutes les autres productions de l'esprit humain. Statues, peintures, etc., tout porte le caractère, le cachet indélébile de ce Moyen-Age que les générations à venir ne cesseront de maudire. Copie, replâtrage, amalgame, voilà notre époque, non pas pour ce qui jaillit de la science, car la science est la positivité même, mais pour tout ce qui sort de l'imagination qui, loin d'amoindrir, d'abétir l'existence, devrait, au contraire, l'ennoblir. Créez des fictions, donnez le jour à des notions idéales, mais que ces notions, que ces fictions ne soient pas des caricatures de ce qui a été dit et pratiqué mille fois. Puis, nous ne devons pas oublier que les philosophes grecs ne furent pas de simples métaphysiciens ; tous cultivèrent la science, tous firent progresser le savoir. Thalès, Pythagore, Anaxagore agrandirent le domaine astronomico-mathématique. Empédocle, Démocrite, Diogène d'Appolonie jetèrent les bases de l'anatomie descriptive. Les travaux de ces premiers anatomistes sont anéantis, excepté quelques courts fragments ; mais ces rares fragments, échappés aux incendies des bibliothèques, au naufrage de la civilisation grecque, suffisent pour prouver que l'organisation humaine ne leur fut pas complètement inconnue.

Aux premiers philosophes grecs succède Hippocrate.

Sur la route suivie par toutes les sciences, toujours de grands noms se rencontrent qui résument toute une époque. Monuments scientifiques éternels que l'esprit contemple et ne cesse d'admirer, leur grandeur et leur étendue mesurent la grandeur et l'étendue des travaux accomplis par une foule de générations de modestes travailleurs. Les uns ont commencé à déblayer le terrain ; les autres ont préparé les matériaux ; une main puissante s'empare de ces matériaux, construit sur la place déblayée un édifice majestueux. Mais l'humanité, dans cette œuvre gigantesque qu'elle admire, ne doit jamais oublier ni les humbles travailleurs qui ont préparé le terrain, ni ceux qui ont produit les matériaux. Lorsque le père de la médecine apparaît, bien des travaux remarquables avaient été accomplis : l'école de Cnide avait noté les symptômes; l'anatomie avait été fondée par les écoles de Crotone et d'Agrigente; la physiologie avait été enrichie, sinon de découvertes expérimentales, du moins de judicieux aperçus ; les philosophes avaient agité les plus hautes questions ; tout avait passé par le crible du raisonnement. La Grèce était dans ses plus beaux jours de civilisation. Le despotisme avait croulé insensiblement; les rois avaient disparu ; des législateurs, des amis de l'humanité les avaient remplacés. La liberté, cette fille inséparable de l'intelligence, vers laquelle l'âme humaine aspire en raison directe du développement de la pensée, avait fait place à la volonté, à l'arbitraire de quelques hommes.

Hippocrate, s'emparant des découvertes, soit de Cnide, soit des philosophes, les synthétise, les coordonne, en forme une assise puissante sur laquelle doit reposer désormais la médecine. Il n'est pas seulement médecin, il est philosophe. On a voulu, il est vrai, faire remonter au vieillard de Cos la séparation de la médecine de la philosophie, comme on a fait remonter à Socrate la séparation de la philosophie des sciences. Ceci n'est pas. Socrate avait un sentiment trop profond de l'utilité des sciences, Hippocrate un sentiment trop profond de l'étendue de la médecine, pour réduire : le premier, la philosophie à un ensemble de pures données imaginaires; le second, la médecine à un art mesquin, étroit; à un empirisme grossier. Bien au contraire, Hippocrate comprit la médecine au point de vue philosophique le plus vaste. Pour lui, l'art médical repose sur la connaissance de l'organisme humain : connaissance si étroitement liée à celle du monde, des milieux, qu'on ne peut connaître même le corps sans l'étude préalable de l'universalité des choses. « Penses-tu, dit Socrate à Phèdre, qu'on puisse comprendre quelque peu la nature de l'âme sans celle de l'universalité des choses. — Phèdre : Si l'on en croit Hippocrate, on ne peut connaître même le corps, sans cette méthode. »

M. Littré, s'appuyant sur un passage du traité de l'ancienne médecine, prétend qu'Hippocrate a suivi une direction philosophique différente de celle adoptée par les premiers penseurs helléniques; que, loin de partir dans ses investigations de l'étude de l'homme pour arriver à la connaissance du monde, il part de l'étude du monde pour arriver à la connaissance de l'être humain. Cette assertion est complètement erronée. Ce qui prouve sans réplique que le médecin de Cos a suivi la même direction philosophique, c'est que les théories médicales, renfermées dans la collection hippocratique, reposent toutes sur les notions émises sur le monde par les philosophes antérieurs : tantôt sur les éléments, tantôt sur les qualités élémentaires. Si Hippocrate avait suivi une voie inverse, il aurait adopté d'autres notions, tandis qu'il n'a fait que reproduire des systèmes créés bien avant lui.

Hippocrate doit être envisagé sous deux points de vue : l'un médical, l'autre philosophique. Comme médecin, sa doctrine est toute empreinte des notions pythagoriciennes. Pythagore et ses disciples avaient entrevu ce

qu'est la santé, ce qu'est la maladie : la santé,
une harmonie entre les parties constitutives
de l'organisme, un accord parfait dans l'accomplissement des actes physiologiques ; la maladie, une rupture de cet accord, de cette harmonie. Ils avaient vu également l'influence
immense exercée par le régime sur la constitution humaine ; ils avaient fondé une médecine diététique.

Frappé de la grandeur de ces aperçus, Hippocrate s'en empare, les développe. Pour lui,
comme pour Pythagore, Alcméon, etc., la
santé consiste dans un juste rapport, dans
l'harmonie des parties constitutives de l'organisme, dans un équilibre exact entre l'assimilation et la désassimilation ; car, « s'il était
possible de trouver pour chaque nature individuelle une mesure d'aliments et une proportion d'exercices sans excès, ni en plus ni en
moins, on aurait un moyen de conserver sa
santé. »

« Ce système médical, dit son savant traducteur, est plus vieux qu'Hippocrate. Avant
que le père de la médecine prétendît que le
juste mélange des qualités est la cause de la

santé, et leur dérangement la cause de la maladie, Alcméon avait dit : « Ce qui maintient
la santé, c'est la juste répartition des qualités. »
Alors, pourquoi faire suivre à Hippocrate une
direction philosophique différente de celle suivie
par les sages qui l'avaient précédé? Pourquoi
ne pas voir son système médical comme la
conséquence, le résultat des notions philosophiques émises avant lui sur l'homme et sur
le monde? Pourquoi ne pas envisager la médecine hippocratique comme étroitement liée à
l'interprétation de la nature humaine, et cette
interprétation indissolublement en rapport avec
les notions conçues sur le monde? Qu'Hippocrate ait mieux observé que ses prédécesseurs
les symptômes des affections, cela est positif;
mais ce qui est positif également, c'est que
son système médical est tout empreint de la
doctrine philosophique des contraires; doctrine
développée par l'école pythagoricienne.

Le père de la médecine embrasse dans ses
études tout ce qui peut maintenir l'harmonie, la
crâse, le juste mélange des contraires constituant l'organisme. Air, aliments, boissons, vêtements, exercices, climats, aucun phénomène

de la nature qui puisse exercer quelque modification sur l'organisme n'échappe à ses investigations. Il comprend tellement l'importance
de l'étude des milieux que, parlant de l'utilité
de l'observation des saisons, du lever et du
coucher des astres, il dit : « Si l'on objecte
que tout cela est du ressort de la météorologie,
on comprendra facilement, avec quelque réflexion, que l'astronomie, loin d'être d'une
petite utilité au médecin, lui importe beaucoup,
car l'état des organes digestifs change avec les
saisons. »

En méditant les œuvres d'Hippocrate, on
est frappé de cette pensée qui le poursuit toujours : l'étude de l'homme est inséparable de
celle des milieux. Ainsi, dans le traité du régime, il débute en disant : « Celui qui veut
faire un bon traité sur le régime doit d'abord
connaître toute la nature humaine ; puis, celle
des aliments, des boissons qui constituent son
régime. Les aliments, les boissons et les exercices ont des vertus opposées qui, cependant,
concourent à l'entretien de la santé : les exercices dépensent, les aliments et les boissons
réparent. On voit donc qu'il faut reconnaître

la vertu des exercices tant naturels que forcés,
lesquels disposent à l'accroissement, lesquels
disposent à l'atténuation, et non seulement
cela, mais la proportion des exercices par rapport à la nature des aliments, à la nature de
l'individu, à l'âge, aux saisons; aux climats,
à la situation des lieux, à la constitution de
l'année. Si, en effet, il était possible de trouver
pour chaque nature individuelle une mesure
d'aliments et une proportion d'exercices sans
excès, ni en plus, ni en moins, on aurait un
moyen de conserver sa santé. »

Qui ne reconnaît dans ce passage si profond,
si empreint de la réalité des choses, les idées
pythagoriciennes? Qui n'aperçoit dans ces
paroles la copie fidèle de la doctrine des contraires fondée sur l'harmonie. M. Littré a bien
raison de dire que rien dans les sciences, pas
plus que dans le reste, n'est un fruit spontané
qui germe sans préparation et mûrisse sans
racine. Rien ne manquait à ce vaste programme
étiologique, si ce n'est la connaissance exacte
des phénomènes physiologiques et celle des
milieux. Dans l'antiquité, les philosophes ne
pouvaient faire que des conjectures; que donner le

jour à des aperçus sur la physiologie, sur les actes de l'organisme, considérés soit isolément, soit conjointement avec les agents extérieurs. Ces aperçus, Hippocrate les a eus; et l'on peut affirmer que son génie ne pouvait les formuler ni plus vastes, ni plus grandioses. Son programme étiologique est resté inébranlable au milieu de toutes les fluctuations de l'esprit humain. Plus de vingt siècles se sont écoulés avant de pouvoir le sanctionner; mais, avec l'immortel Lavoisier et les savants de notre siècle, sa réalisation s'est effectuée. Exercice, boissons, aliments, climats, vêtements, nous connaissons l'action de ces agents extérieurs sur l'organisme.

Quand on voit des médecins se dire les représentants de l'hippocratisme; quand on les entend traiter avec un certain dédain tant et de si beaux travaux qui sont venus compléter l'œuvre du père de la médecine; quand on les voit négliger ce que leur apporte le progrès contemporain, on est péniblement affecté. Si Hippocrate vivait, s'il pouvait voir les découvertes qui nous ont révélé les actes de la vie; s'il pouvait se rendre compte du rôle des aliments, des boissons, des climats, etc., certes comme il accepterait avec bonheur le progrès contemporain.

Les ouvrages, dans lesquels le père de la médecine expose l'action des modifications extérieures sur l'organisme, portent tous l'empreinte de cette pensée : Tout ce que la terre produit est conforme à la terre.

L'esprit aime à se reposer sur cette phrase synthétique. Pour Hippocrate, le physique, le moral, l'intelligence s'harmonisent donc avec les milieux? Sans doute; l'intelligence, comme le physique, sera toujours en conformité avec la terre. Jamais, quel que soit le degré de civilisation, l'identité sous le rapport physique, moral, intellectuel, ne pourra exister entre les peuples du Nord et ceux du Midi, entre les habitants des pays tempérés et ceux des régions tropicales. L'homme est au climat ce que la plante est à la terre. De même que le végétal peut recevoir de nombreuses améliorations, l'homme peut également les subir. Seulement, l'un et l'autre se ressentent toujours de l'influence des milieux. On peut modifier le type primitif de l'homme comme celui de la plante; quant à le transformer radicalement, jamais; car, tout ce que la terre produit est conforme à la terre.

Le programme étiologique formulé par Hippocrate n'est pas seulement remarquable parce qu'il comprend tout ce qui peut influer sur l'organisme, mais plus encore parce qu'il renferme une protestation énergique contre toute intervention mystérieuse dans l'accomplissement des phénomènes physiologiques.

Jusqu'au siècle philosophique de la Grèce, les divinités avaient joué un grand rôle dans la production et la guérison des affections morbides. Les penseurs helléniques s'élevèrent contre une telle intervention. Hippocrate avait dit de la maladie des Scythes : « Cette maladie n'est pas plus divine que les autres, mais elle est le produit d'une cause naturelle. » Il ne se contente pas de cette affirmation. Pouvant parler sans crainte de la haine des castes sacerdotales, car Athènes avait alors pour défenseurs de la liberté les représentants mêmes de la nation, il dirige contre les charlatans mystiques de son époque une critique des plus vigoureuses, lorsqu'il traite de la maladie sacrée.

« La maladie sacrée, écrit-il, ne me paraît avoir rien de plus divin, ni de plus sacré que les autres ; mais la nature et la source en sont les mêmes que pour les autres maladies. Sans doute, c'est grâce à l'inexpérience et au merveilleux qu'on en a regardé la nature et la source comme quelque chose de divin. Ceux qui les premiers ont sanctifié cette maladie furent, à mon avis, ce que sont aujourd'hui les mages, les expiateurs, les charlatans, les imposteurs, tous gens qui prennent des semblants de piété et de science supérieure. Jetant donc la divinité comme un manteau et un prétexte qui abritassent leur impuissance à prouver chose qui fut utile, ces gens, afin que leur ignorance ne devînt pas manifeste, prétendirent que cette maladie était sacrée. A l'aide de raisonnements appropriés, ils arrangèrent un traitement où tout était sûr pour eux, prescrivirent des expiations, des incantations, défendirent les bains et divers aliments peu convenables à des malades. Ils imposèrent leurs observances en vue du caractère divin du mal, se donnant l'air d'en savoir plus que les autres et alléguant diverses causes, afin que, si le

malade guérit, la gloire en revienne à leur
habileté, et que, s'il meurt, ils aient des apo-
logies toutes prêtes et puissent détourner d'eux
la responsabilité du malheur et la jeter sur
les dieux.»

« Celui qui, par des purifications et la magie,
a le pouvoir de chasser une telle affection,
celui-là est en ·état de la provoquer. Or, une
telle argumentation supprime sans plus l'intervention des dieux. Avec ces discours et ces
artifices ils se donnent pour posséder un savoir
supérieur; ils trompent le monde en prescrivant
des expiations et des purifications. Ils ne parlent guère que de l'influence des dieux et des
démons. Dans leur opinion, de tels discours
vont à la piété; dans la mienne, ils vont plutôt
à l'impiété et nient l'existence des dieux. Ce
qui, d'après ces gens, est religieux et divin
est irréligieux et impur. En effet, ils prétendent
avoir le pouvoir de faire descendre la lune,
d'arrêter le soleil, de provoquer l'orage et le
beau temps, la pluie et la sécheresse, de rendre la terre et la mer infécondes, etc. Or,
exécutant de pareilles merveilles, comment
ne seraient-ils pas redoutables aux dieux

mêmes? Si un homme, par des arts magiques
et des sacrifices, fait descendre la lune, éclipse
le soleil, provoque le calme et l'orage, je ne
vois rien là qui soit divin; bien au contraire,
tout est humain, car la puissance divine est
surmontée et asservie par l'intelligence d'un
homme. Sans doute il n'en est rien, mais des
gens pressés par le besoin s'ingénient de mille
manières. »

Admirables paroles! Quoi! des hommes
auraient le pouvoir de chasser les maladies
par des incantations, des purifications, et ils
n'auraient pas le droit de les provoquer! or,
s'ils ont le droit de les provoquer, les maladies
ne sont plus divines, elles sont humaines.
Quoi! Ezéchiel rappellera à la vie des trépassés et il ne pourra pas faire périr des hommes!
Lot pourrait coucher avec ses filles, les mettre
enceintes sans être coupable, parce que, dit-
on, il n'y a pas participation du sens intime et
il ne pourrait pas les assassiner aussi impu-
nément!

Que la génération médicale actuelle réfléchisse à toutes les conséquences des entités
anthropologiques qu'on ose produire; qu'elle

lise Hippocrate l'ancien, celui de Cos ; qu'elle compare ses œuvres à toutes ces doctrines qui ont la prétention de refléter ses pensées, et qu'elle dise s'il peut exister une ombre de rapport, de similitude entre les idées du père de la médecine et celles des écoles ontologiques actuelles. Nous tombons des nues chaque fois que nous lisons les œuvres des hippocratistes modernes. Nous ne savons que penser en voyant Bordeu blâmer les cures miraculeuses opérées par les prêtres grecs, approuver les raisonnements, les attaques des antiques médecins contre les superstitions du paganisme; et lui-même croire sincèrement à une foule de guérisons, de cures tout aussi grandes, tout aussi belles et bien plus nombreuses, opérées par les adeptes de la théologic révélée. Ah! en toute chose, en toute circonstance soyons conséquents; autrement, avec des transactions, des atermoiements, nous nous attirerions le ridicule.

Si Hippocrate s'est prononcé contre toute intervention mystérieuse dans l'accomplissement des actes physiologiques; s'il a entrevu que l'homme doit être étudié dans ses rapports avec le monde ; que l'étude de la nature humaine est inséparable de celle des modificateurs extérieurs, il a posé les bases d'une pathologie non moins belle, non moins vaste que son étiologie.

« La connaissance des désordres apportés dans l'économie animale, par l'invasion d'une maladie, exige que le médecin définisse les symptômes ; que l'anatomiste, pathologiste, physiologiste constate les lésions qu'elle peut avoir déterminées dans les organes des individus qui ont succombé. Enfin, il faut qu'il examine les solides, les liquides, le produit des sécrétions, afin de constater les modifications qui sont survenues. » (CHEVREUL.)

Comment arriver à une telle connaissance ? Par l'observation qui nous rend compte des symptômes ; par la comparaison qui nous montre que tel ou tel phénomène s'est produit dans telle ou telle circonstance ; par l'expérimentation qui nous initie à la constitution de l'organisme et au mécanisme des actes physiologiques. Pour connaître l'organisme et ses actes, l'anthropologiste doit recourir aux procédés mathématiques qui nous rendent compte des formes, des dimensions, du volume des organes; aux procédés physiques qui nous permettent, à l'aide de certains instruments, d'apercevoir ce que nos sens seuls seraient incapables de nous montrer; à ces procédés qui, en nous dévoilant les lois du monde, permettent de découvrir ces lois dans l'organisme; enfin, aux procédés chimiques qui nous initient à la constitution moléculaire de l'économie animale et aux phénomènes organiques les plus compliqués.

Comme anatomiste, physiologiste, pathologiste, que pouvait-on faire dans l'antique Grèce? scruter l'organisme, examiner les lésions cadavériques, constater les phénomènes physiologiques? Tout cela était impossible. Seule, l'étude des symptômes morbides, et encore l'étude des symptômes superficiels, était possible. L'école de Cnide, les Asclépiades avaient noté ces symptômes; mais leur tort fut de voir dans chaque phénomène une affection.

Hippocrate observe ces phénomènes, mais il comprend autrement la pathologie. Pour lui, la vie est un cercle; dans l'organisme tout se lie, tout s'enchaîne, tout concourt vers un même but, vers l'harmonie organique : « Rien dans le corps n'est commencement, mais tout est commencement et fin. » Il s'élève énergiquement contre les Cnidiens qui, ne tenant aucun compte de l'unité de l'économie animale, font des organes autant de parties à vie distincte. Il repousse leurs distinctions puériles des maladies, fondées sur un ou deux symptômes locaux. Il veut qu'on observe l'organisme tout entier, car « les maladies prennent leur origine dans tout le corps ; » qu'on base le diagnostic sur l'état général et non sur de simples modifications locales ; qu'on constate ce que les maladies ont de commun et non de particulier ; qu'on les synthétise au lieu de les diviser. Le père de la médecine ne se contente pas d'observer les phénomènes pathologiques, ce qui le préoccupe surtout c'est de les rattacher aux phénomènes physiologiques. Jamais il ne sépare l'état hygide de l'état morbide. Toujours il s'enquiert de tout ce qui peut avoir amené la rupture des échanges accomplis entre l'homme et le monde ; et son investigation ne porte pas sur quelques circonstances fortuites, particulières, sur des causes accidentelles, banales; mais, sur les grands agents extérieures: l'air, les aliments, les boissons, le climat, etc., qui, agissant à la longue sur l'économie, ont brisé l'harmonie organique; car « les maladies n'éclatent pas soudainement, mais s'amassent peu à peu. » L'avenir dans les maladies ne le préoccupe pas moins que le passé et le présent. Il reproche à l'école de Cnide de s'être attachée uniquement à la simple énumération des symptômes ; en effet, « tout homme qui ne serait pas médecin, pourrait donner une description exacte, s'il s'informait soigneusement, auprès des malades, de tout ce qu'ils éprouvent. » Il les blâme d'avoir *omis ce que le médecin doit apprendre, sans que le malade le lui dise;* de n'avoir pas examiné l'évolution des phénomènes pour prévoir la marche, l'issue des affections. Il observe, avec la plus scrupuleuse attention, les phases successives des maladies; il fixe leurs périodes; il entrevoit que les maladies bénignes sont dix fois plus nombreuses que les maladies graves, et guérissent le plus souvent par les seuls efforts de l'organisme, qui détruit graduellement et répare harmonieusement; efforts qu'il a caractérisés par ces paroles si mal interprétées et tant de fois travesties : « La nature est le médecin des maladies. »

Si l'on compare la pathologie comtemporaine à celle du père de la médecine, on peut juger combien le progrès réalisé est merveilleux. Nous pouvons aujourd'hui lire dans la profondeur des organes, soit à l'état hygide, soit à l'état pathologique. La partie dynamique et statique du corps humain, les lésions des organes, les symptômes profonds nous ont été dévoilés par la méthode expérimentale. Cependant, malgré ces découvertes, la pathologie est loin d'être comprise comme l'a saisie le génie d'Hippocrate. Au lieu de faire prévaloir l'observation de tout l'organisme sur l'étude des symptômes locaux; au lieu de grouper, de synthétiser, de coordonner les phénomènes, on les divise, on les subdivise. On fait de l'homme non pas un être unique, une unité vivante, mais un agrégat composé de parties à vie distincte. Certes, nous attachons une grande valeur à la symptomatologie; nous savons combien l'étude des symptômes a influé sur les progrès de la médecine; nous ne méconnaîtrons jamais la reconnaissance que nous devons à tant de médecins illustres, entre autres aux Sénac, aux Avenbrugger, aux Laënnec; mais, ce que nous ne saurions assez déplorer, c'est de voir cette symptomatologie servir de point de départ pour la création d'une foule de maladies; ce que nous ne saurions assez déplorer, c'est de voir surgir une division, une subdivision inouïe, infinie, d'affections d'après un ou deux symptômes.

En lisant les traités de pathologie, qui n'a été pris d'un sentiment de tristesse? Qui ne s'est cru reporté à l'école de Cnide où chaque symptôme constituait une maladie? et une telle manière de scinder les affections n'existe pas seulement en médecine, mais en chirurgie, cette branche si secondaire de l'art de guérir. Pour en juger, on a qu'à jeter un coup d'œil sur les descriptions des affections de l'appareil oculaire, de l'appareil urinaire, etc. Que de noms! Que de maladies différentes! et cette division entraîne une multiplicité de traitements, de procédés opératoires, telle que nous serons bientôt reportés au temps des Egyptiens où chaque organe avait son médecin particulier. Si nous voulons que les travaux anatomiques et physiologiques soient utiles à l'art médical, imitons le Père de la médecine. Tout en faisant l'investigation la plus minutieuse de la structure et des actes de l'organisme, ne scindons pas les phénomènes physiologiques ; relions-les à l'existence tout entière, faisons de l'homme une unité vivante ; que les inventeurs de milliers de procédés opératoires, les toucheurs, les cautérisateurs du col de l'utérus, les faiseurs d'incisions en large, en long, en travers et en croix, se rappellent ces paroles pleines de cette probité qui toujours a fait aimer le vieillard de Cos : « Quand il existe plusieurs procédés, il faut employer celui qui fait le moins d'étalage; quiconque ne prétend pas éblouir les yeux du vulgaire, sentira que telle doit être la conduite d'un homme d'honneur et d'un véritable médecin. »

Ne parlons plus de la médecine hippocratique ; nous en avons dit quelques mots pour montrer la grandeur des aperçus de cet illustre mort, et surtout sa haine de ces notions superstitieuses que des hommes, d'ailleurs très intelligents, sont malheureusement trop enclins à

faire intervenir dans la production et la cure
des maladies. Arrivons à l'ontologie d'Hippocrate; car, malgré son aversion des conjectures
gratuites, malgré qu'il ait écrit qu'on ne puisse
rien affirmer sans le témoignage des sens,
ce célèbre médecin n'a pu, comme Socrate,
échapper à l'influence métaphysique de son
siècle. Le besoin de connaître, le désir de
vouloir expliquer l'inconnu, l'a jeté dans les
voies conjecturales, hypothétiques de la métaphysique. Mais, quelle est sa philosophie?
Quelles sont ses notions sur l'essence des choses,
sur la causalité des phénomènes? Il n'est peut-
être pas de question sur laquelle des médecins
très-érudits aient plus varié. Leurs interprétations diverses trouvent, il est vrai, une
excuse bien légitime, si l'on songe à tant
d'opinions, à tant de conjectures métaphysiques
différentes exposées dans la collection hippocratique. Dans le Traité des chairs, le feu est
supposé la cause immortelle, raisonnable des
phénomènes; l'air, dans l'opuscule du pneuma,
au contraire, dans le Traité de la nature de
l'homme, traité généralement attribué, par la
plupart des traducteurs et commentateurs antiques et modernes, à l'école de Cos, soit à

Hippocrate, soit à son gendre, à ses fils ou à ses élèves, on lit cette sortie ironique contre les partisans de l'unité des substances et des causes : « Je dis que l'homme n'est absolument ni air, ni feu, ni terre, ni eau. Laissons dire là-dessus ce que l'on veut ; toutefois, ceux qui soutiennent de telles opinions n'arrivent pas au même terme et ne tiennent pas même raisonnement. Ils disent que ce qui est un, est à la fois l'un et le tout ; mais, ils cessent de s'entendre sur les noms. Suivant l'un, l'air, est à la fois l'un et le tout ; suivant un autre, le feu ; suivant un autre, l'eau ; suivant un autre, la terre ; et chacun appuie son témoignage d'arguments sans valeur. Or, ayant tous mêmes idées, mais n'arrivant pas au même terme, il est évident qu'ils n'ont aucune notion positive. On s'en convaincrait facilement, en assistant à leurs controverses ; car, lorsque les mêmes argumentants discutent, jamais le même n'est trois fois de suite vainqueur dans son argumentation : tantôt l'un triomphe, tantôt l'autre, tantôt celui qui se trouve avoir le débit le plus facile devant la foule. Cependant, on est en droit d'exiger de celui qui prétend avoir des notions positives sur les choses, qu'il fasse toujours triompher son argumentation , s'il s'appuie sur la réalité et s'il sait s'expliquer. Mais, ces gens me semblent, par malhabileté, se réfuter eux-mêmes dans les termes de leur argumentation. » Paroles profondément vraies, pouvant s'adresser à toutes les sectes ontologiques actuelles, comme on peut s'en convaincre, en se rappelant les discussions sur la force vitale , sur l'âme : discussions bien propres à prouver à tout homme, dégagé de préjugés, qu'animistes , vitalistes, cartésiens n'ont aucune notion positive ; car, tous ayant mêmes idées, n'arrivent jamais au même terme. Alors, comment supposer que l'auteur du Traité de la nature humaine ait écrit les opuscules du pneuma , des chairs , les livres du régime ? Nous comprenons qu'un homme change d'avis une fois ; mais varier quinze , vingt fois sur le même sujet est chose ridicule. En science , de tels revirements marquent impéritie , en toutes choses un mauvais naturel. Or, ces variations perpétuelles sont indignes d'Hippocrate, type philosophique , aussi admirable par son esprit observateur , que par son dévouement sans bornes à la liberté et à la patrie souffrante, comme l'attesteront éternellement ses aphorismes, sa lettre à Artaxercès, son abnégation sublime dans la peste d'Athènes. Aussi, beaucoup de traités lui ont été attribués, beaucoup lui ont été contestés. Jamais, les traducteurs n'ont pu s'entendre au sujet de la classification des œuvres hippocratiques. Sprengel, Lincke, Pettersen font remonter l'opuscule des chairs à une époque antérieure au Père de la médecine; Littré le croit postérieur à Aristote, en raison des notions anatomiques qu'il renferme. Le traité de l'ancienne médecine, Pettersen et Littré l'attribuent à Hippocrate; Sprengel et Lincke à Aristote; celui de la nature de l'homme, attribué par Galien à Hippocrate, est de Polybe suivant Littré et Pettersen; d'Aristote, suivant Lincke; l'opuscule de l'aliment est de Thessalus, d'après Pettersen; d'Aristote, d'après Littré. Vraiment, en voyant des écrivains si érudits, des penseurs si profonds, offrir une divergence d'interprétations aussi complète, on ne sait trop à quelle origine rattacher les différents écrits hippocratiques. Pour les classer, les commentateurs ont eu recours à plusieurs considérations. Suivant nous, pour juger sainement, pour prendre une détermination sage, le meilleur guide à suivre, c'est de se replier sur les âges philosophiques antérieurs au Père de la médecine.

Lorsqu'Hippocrate apparut, les deux écoles métaphysiques d'Ionie et de la Grande-Grèce divisaient les intelligences ; l'une et l'autre reconnaissaient l'éternité de la matière, mais variaient sur l'essence, le principe des choses et la causalité des phénomènes, chacune offrant, comme les théologies, des sectes dissidentes : les partisans de l'unité admettant, comme cause et principe, tantôt l'air ou l'eau, tantôt le feu ; les partisans de là pluralité, tantôt deux éléments, tantôt trois ou quatre. Toutes ces notions se retrouvent dans la collection hippocratique. Elles devaient nécessiter inévitablement sa division en deux catégories : l'une, comprenant les œuvres où sont exposées les idées de l'école d'Ionie ; l'autre, les idées de l'école pythagoricienne. Précisément, c'est ce qu'ont fait Sprengel, Lincke, Littré, Pettersen. Mais, à quelle catégorie appartiennent les ouvrages d'Hippocrate ? Quelle doctrine représentent-ils ? Est-ce celle de l'unité ou de la pluralité dans les principes des choses et la causalité des phénomènes ? Ici, nous retrouvons encore la même incertitude : Sprengel, Lincke, considé-

rant, comme postérieure au Père de la médecine,
la doctrine des contraires, la rattachant à l'école
péripatéticienne; Pettersen et Littré la faisant
remonter à Hippocrate et aux philosophes qui
l'avaient précédé. Cette dernière manière d'envisager et de résoudre la question, nous l'acceptons, car elle a pour elle les autorités de
Plutarque, de Diogène de Laërce, de Galien,
de Platon, d'Aristote, dont le célèbre membre
de l'Institut français rapporte des citations tout-
à-fait convaincantes et irréfutables. Sans doute,
dans les écrits hippocratiques où est développé
le système des contraires, on trouve des idées
bien opposées : ainsi, tantôt quatre éléments
sont acceptés *(Traité de la nature humaine)*,
tantôt deux *(Opuscule du régime)*, tantôt les
qualités élémentaires *(Traité de l'ancienne médecine)*. Ces divergences d'opinion peuvent s'expliquer facilement. Hippocrate ne représente
pas un nom, mais une école. Les partisans de
cette école, les enfants, le gendre, les élèves
d'Hippocrate, ont pu varier et ont dû nécessairement varier dans leurs interprétations métaphysiques, chacun d'eux apportant son contin-
gent d'imagination dans des questions dont ils
n'avaient aucune notion positive. Comme les

partisans de l'unité, ils ont varié sur le nombre, la nature des contraires; mais, en résumé, l'idée première était la même. Il en est ainsi des religions : calvinistes, luthériens, gallicans, évangélistes, ultramontains, sectes dissidentes d'une même théologie, peuvent différer pour quelques rites, quelques cérémonies particulières; mais, au fond, leurs notions fondamentales sont les mêmes. Que le jour apparaisse où une question théologique des plus graves soit agitée; que de la solution de cette question dépende la ruine de l'édifice religieux tout entier, tous se rallient autour du même drapeau : chose très-rationnelle, et non pas blâmable, comme le pensent quelques esprits peu philosophiques.

Parmi les écrits hippocratiques où est exposée la doctrine anthropologique des contraires, il en est un qui résume très-bien les notions philosophiques de l'antique école de Cos : le *Traité du régime*.

« Rien ne naît, rien ne meurt, est une opinion à laquelle ont adhéré tous les philosophes.» (Aristote). Hippocrate acquiesce à cette opinion antique. « Rien ne naît, rien ne meurt absolument qui ne fût auparavant; mais, se mêlant et se séparant, les choses changent. L'opinion

dans le monde est que ce qui croît de Pluton à
la lumière, prend naissance, et que ce qui décroît
de la lumière à Pluton périt. On s'en rapporte
plus aux yeux qu'à la raison ; aux yeux qui ne
sont point suffisants pour juger de ce qu'ils
voient. Moi, c'est à la raison que je demande
l'explication. La vie est ici et là ; et s'il y a vie,
la mort est impossible, si ce n'est avec l'ensemble des choses ; car où serait la mort ? Mais
s'il n'y a pas vie, il est impossible que rien
naisse, car d'où viendrait la naissance ? Le fait
est que tout croît et décroît, atteignant son
maximum et son minimum possibles ; quand je
dis naître et mourir, je m'exprime ainsi à cause
du vulgaire ; mais j'entends par là se mêler et
se séparer. Naître et mourir est la même chose ;
naître et se mêler, la même chose ; périr, décroître, se séparer, la même chose. Un pour
tout, tout pour un est la même chose, et rien
dans tout n'est la même chose. Toutes les choses
divines et humaines cheminent, alternant en
haut et en bas. Le jour et la nuit ont un
maximum et un minimum, comme la lune son
maximum et son minimum ; le feu et l'eau leur
ascendant ; le soleil sa période la plus longue et
sa période la plus courte. Lumière à Jupiter,

ténèbres à Pluton; lumière à Pluton, ténèbres à Jupiter. Cela ici, cela là, marche et se déplace, faisant en toute saison, cela la fonction de ceci, ceci la fonction de cela. Se mêlant et se séparant, les choses accomplissent leur destinée fatale. La destruction vient à tout de chaque chose : au plus grand du plus petit, au plus petit du plus grand. Les hommes scient le bois; l'un tire, l'autre pousse, et cependant ils font la même besogne. De même pour la nature humaine, ceci pousse, cela tire, donne à ceci, prend à cela, donne à ceci d'autant plus, prend à cela d'autant moins. »

L'éternelle résurrection, les échanges accomplis entre l'être organisé et le monde n'ont donc pas échappé au Père de la médecine? Qui ne reconnaît dans ses paroles la définition de la vie donnée par Aristote, répétée par Blainville : « la nutrition, c'est la vie? »

Quels sont les éléments dont sont formés les êtres organisés?« Tous les animaux, et l'homme lui-même, sont composés de deux substances divergentes pour les propriétés, mais convergentes pour l'usage : le feu et l'eau. Le feu peut toujours tout mouvoir, l'eau toujours tout nourrir; ils se font des emprunts mutuels; ils sécrètent hors de soi des germes d'animaux ne se ressemblant entre eux ni pour l'esprit, ni pour les propriétés. Dans l'homme pénètrent des parties des parties, des touts des touts, ayant une mixture d'eau et de feu, les unes pour prendre, les autres pour laisser. L'homogène s'adjoint à l'homogène, mais l'hétérogène lutte, combat et se sépare. »

Quelle est la cause des phénomènes physiologiques ? Les philosophes qui avaient précédé Hippocrate avaient rattaché la question de la causalité à celle du principe des choses. Héraclite avait supposé une âme, une cause ignée ; Anaximène, aérienne ; Hippon, aqueuse ; Démocrite, atomistique, corpusculaire. Hippocrate ou l'école de Cos, imite ses illustres devanciers. Pour lui, l'âme est une substance composée des principes constitutifs des corps. « En l'homme et en tout animal qui respire, pénètre une âme, mixture d'eau et de feu. Cette âme peut devenir meilleure ou pire par le régime ; elle se produit sans cesse, depuis la naissance jusqu'à la mort. Cause de l'intelligence, elle préside à la naissance, à la formation des sexes, etc. »

En réfléchissant à ces hypothèses, le médecin peut voir à quels errements arrive un homme intelligent, chaque fois qu'il fonde ses raisonnements sur l'imagination ; qu'il abandonne l'observation, la méthode expérimentale. Cependant, convenons-en, ces conjectures antiques de l'école de Cos diffèrent bien de celles de nos jours. Par leur nature de pouvoir être démontrées, réfutées, elles ont fui devant le développement du savoir, ou sont devenues des réalités. Croître et décroître est la nutrition pressentie dans l'antiquité, dévoilée dans l'âge moderne ; l'âme, mixture d'eau et de feu, est une hypothèse dont nous pouvons conserver le souvenir, mais dont on n'oserait pas parler, crainte de s'attirer le rire ou la pitié. Malgré ces conjectures, si l'on rapproche les passages où sont exposées les notions métaphysiques hippocratiques ; si on les examine avec un esprit dégagé de tout préjugé, de toute influence scolastique, il est facile de voir que la vie, telle que nous la montre la science contemporaine, a été entrevue par le médecin de Cos. Son étiologie, sa pathologie, sa métaphysique, nous l'attestent. Naître et mourir, croître et décroître est la même chose ; la vie est un cercle, tout ce que la terre produit est conforme à la terre, tel est le véritable vitalisme d'Hippocrate.

On a beaucoup écrit sur ce vitalisme ; chaque école ontologique a fait remonter ses notions absolues au Père de la médecine. Bien plus, on a fait de ce type vénérable de l'antique philosophie un précurseur de la théologie révélée. « Au jour marqué dans ses desseins, écrit un partisan de la secte Hanhémanienne, Dieu, pour donner une forme à l'art médical, suscita un homme issu d'une ancienne famille de médecins. A cet homme, il donna des lumières qui devaient permettre à la médecine de s'harmoniser avec le Christianisme. » Ces paroles, quoique bien étranges, ne doivent point nous surprendre. Que ce soit le vitalisme de Pierre, de Jacques ou de Paul, on l'affuble à la doctrine de Cos ; on le place sous l'égide d'Hippocrate. Dans ce siècle où l'autorité des noms prévaut encore trop souvent sur l'autorité de la raison, le nom du médecin grec est bien propre à rehausser tout système métaphysique auquel il est accolé. D'ailleurs, pourquoi n'aurait-on pas fait d'Hippocrate un précurseur de la théologie révélée ? N'a-t-on pas fait d'Aristote un véritable orthodoxe ? Les Coïmbrois, l'école thomistique, n'ont-ils pas tâché d'approprier au Christianisme le Traité de l'âme d'Aristote ? La Sorbonne n'a-t-elle pas rendu un décret, plein de sang, pour sanctionner et appuyer de telles folies? Une école célèbre, l'école de Montpellier, a surtout la prétention de faire remonter à Hippocrate la doctrine du double dynamisme humain. « Outre l'âme intelligente, dit M. Lordat, Hippocrate en étudiait soigneusement une autre qu'il appelait la *Nature vivante*, qui n'était identique ni avec l'âme pensante, ni avec les matériaux des organes. Cette nature, signalée par Hippocrate, devient une cause si semblable à l'âme intelligente, qu'on ne sait plus comment la désigner par un titre différent. A l'entendre, elle sait d'elle-même tout ce qui est nécessaire pour exécuter la vie intellectuelle, sans avoir besoin qu'on le lui enseigne et sans l'avoir appris de personne. Comme cette nature d'Hippocrate est la cause de la chaleur, l'auteur exprime quelquefois cette puissance par le nom de *Calidum innatum*. Ainsi, dans le Traité des chairs, on lit: ce que nous appelons la chaleur ou le chaud me parait être quelque chose d'immortel qui entend tout, voit tout, connaît tout, autant ce qui est présent que ce qui est à venir.» La conclusion logique des paroles du vénérable Professeur de Montpellier est qu'Hippocrate ne savait pas très-bien ce qu'il disait, car s'il étudiait soigneusement une nature vivante, il l'a faite si semblable à l'âme pensante, qu'on ne sait plus comment la désigner par un nom différent; aussi, *l'école a-t-elle été obligée de corriger les incongruités du langage hippocratique.* M. Lordat parle du Traité des chairs. Vraiment, nous ne voyons pas ce qu'a de commun cet opuscule avec la doctrine vitaliste. Nous allons donner une analyse succincte des principales notions métaphysiques exposées dans ce mémoire; l'on jugera s'il existe une ombre de rapport, de similitude entre ces notions et le système barthézien, en supposant que l'opuscule *des chairs*, rejeté du canon hippocratique par la plupart des traducteurs et commentateurs antiques et modernes, représente les idées philosophiques de l'école de Cos.

L'auteur du traité *De Carnibus*, débute par la question la plus grave, le problème fondamental de la métaphysique : l'origine du monde. Il ne croit pas à la création *ex nihilo;* il acquiesce à l'antique opinion de l'éternité de la matière qu'il suppose constituée par quatre éléments primitivement dans le chaos : le feu, la chaleur ou le chaud, dont la plus grande partie occupe les régions supérieures de l'éther ; la terre, élément fécond, sec, mais plein de mouvements, car il a retenu beaucoup de chaud ; l'air, élément moins chaud, occupant l'espace intermédiaire entre le chaud et la terre ; l'eau, élément le moins chaud, le plus épais, le plus humide. La chaleur, le calorique, substance matérielle et immortelle, a l'intelligence de tout, voit tout, connaît tout, entend tout, le présent, l'avenir. Dieu igné, créateur du monde, il l'anime, l'embrasse, le gouverne. Il préside à la formation des êtres vivants dont le degré plus ou moins achevé de leur organisme dépend de la quantité plus ou moins grande de cet élément merveilleux, cause première de tous les phénomènes. Toutes les parties animales sont vivifiées par le calorique dont le cœur est la métropole, le cerveau étant la métropole du froid.

Franchement, quelle comparaison pouvons-nous établir entre ces notions et celles de M. Lordat, entre cette âme ignée animant la nature entière, faisant de l'univers une immense unité et le système du double dynamisme ? Quel rapport existe-t-il entre le fétichisme exposé dans l'opuscule *De Carnibus* et la doctrine

théologo-métaphysique de Montpellier? Où trouve-t-on dans ce traité un seul mot de deux facultés occultes? L'auteur, quel qu'il soit, serait-
ce même le vieillard de Cos, admet-il une âme
pensante et une nature vivante? Ce *calidum
innatum* était-il pour Hippocrate une nature
vivante, une force vitale distincte de l'âme, comme
on le prétend si gratuitement? Non. Barthez,
qui avait lu et compris l'opuscule des chairs,
à eu le bon esprit de le reconnaître et d'écrire :
« Hippocrate a cru que l'âme de l'homme (et
non la nature vivante) est une chaleur innée,
tempérée par la respiration ; il a été jusqu'à
attribuer à la chaleur l'immortalité divine et la
science universelle. » Faire remonter à Hippocrate la création de deux âmes, c'est bon pour
Daniel Leclerc, discourant sur les paroles de
Salomon, mais est chose indigne de notre siècle. Que l'école de Cos ait donné à la vie une
cause, M. Lordat devrait bien savoir que
cette cause, cette âme, cette nature vivante,
qu'elle soit une mixture d'eau et de feu, ou
une substance ignée, aérienne, n'était pas une
de ces forces immatérielles admises de nos
jours, ne possédant aucun attribut de la matière; il le sait certainement, car son illustre

prédécesseur avoue lui-même que ce n'est que postérieurement au Père de la médecine que des métaphysiciens (Platon et Aristote), en abstrayant les attributs sensibles, ont formé le concept d'une substance immatérielle. On a corrigé les incongruités du langage hippocratique!... Corrigé!... que penserait le médecin grec, s'il vivait, s'il entendait les raisonnements sur le principe vital, sur l'union hypostatique, sur la doctrine d'alliance; s'il voyait intervenir dans les discussions biologiques les grandes autorités de saint Augustin, de saint Thomas et du bienheureux Albert? Que dirait-il, s'il assistait aux célèbres controverses sur la production des âmes sensibles et rationnelles, sur leur rôle dans l'organisme, sur la création *ex nihilo?* Oh! quand vous parlez d'Hippocrate, quand vous affublez sa doctrine à votre système abstrus; quand vous lui faites créer deux âmes, des maladies sans lésion matérielle; quand vous voulez rattacher ce type vénérable de l'antique médecine à vos notions théologo-métaphysiques, vous méritez un grave reproche: celui de faire dire au Père de la médecine, de lui imputer des notions incompatibles avec son intelligence. Dites que le principe vital descend de saint Paul, d'Ezéchiel ; dites qu'il est uni avec l'âme par union hypostatique ; mettez votre ontologie en harmonie parfaite avec les dogmes théologiques que vous professez, nous ne vous blâmerons pas, nous pourrons vous plaindre ; mais, de grâce, laissez à Hippocrate ce qui appartient à Hippocrate ; faites des doctrines d'alliance, mais pas avec le vieillard de Cos.

L'Hippocratisme moderne, école rivale de celle de Montpellier, s'étaye aussi sur le nom du médecin de Cos. Que penserait cet illustre mort, en entendant un disciple de cet hippocratisme moderne, dire : « Dieu a tout créé avec poids, mesure et nombre, et a partout dans les choses fondamentales imposé le nombre trois ? » Certes, il ne froncerait pas le sourcil ; il se contenterait de repousser des néophytes qui ne comprennent point sa doctrine, la plus belle de toutes, car elle repose sur la nutrition, sur ce grand acte physiologique, fondement de toute vitalité, qui pour être compris ne demande ni notions théologiques, ni conjectures métaphysiques, mais simplement l'étude de l'homme et celle des modificateurs extérieurs, étude dégagée de toute espèce de préjugés.

Ceux qui ne lisent pas les œuvres hippocratiques ; qui s'en rapportent à un lambeau pris d'un côté, à un lambeau pris d'un autre , à quelques phrases tirées tantôt d'ici , tantôt de là, qu'on corrige et débite ensuite gravement comme si elles représentaient la doctrine d'Hippocrate , doivent avoir une singulière idée des conceptions de ce médecin. Nous savons ce que nous avons éprouvé. Père de la médecine ! disions-nous , avant d'avoir lu ses ouvrages, et pourquoi ? pour avoir créé une foule de fictions, des maladies sans lésion matérielle , deux en soi, une âme et une force vitale ; pour avoir dit que Dieu , en créant le monde, a partout dans les choses fondamentales mis le nombre trois; pour avoir dit que la divinité guérissait les maladies, car pour l'hippocratisme moderne, le *Natura morborum medicatrix* correspond aux paroles d'Ambroise Paré : Je le pansay, Dieu le guarit? Triste Père! répétions-nous; la médecine aurait bien pu se passer de son concours. Heureusement, une transformation radicale s'est opérée, lorsque nous avons eu lu Hippocrate, non pas le moderne, celui de chaque secte, de chaque âge, mais le vieux, l'antique, celui de Cos ; ce n'était plus le même homme, la même doctrine. Une lumière bienfaisante venait dissiper l'obscurité profonde qui nous enveloppait.

Que la génération médicale actuelle réfléchisse aux hypothèses anthropologiques qu'on ose produire ; qu'elle lise Hippocrate, qu'elle compare ses œuvres aux systèmes qui ont la prétention de réfléter ses pensées, et qu'elle dise ensuite si un abîme ne sépare pas ses idées, des notions ontologiques de notre siècle. Certes, le Père de la médecine a bien des fois erré, comme l'atteste son âme, mixture d'eau et de feu ; comme l'attesterait également son âme ignée qui voit tout, entend tout, si tant est que l'opuscule des chairs appartienne à l'école de Cos ; mais, malgré ses erreurs, il a eu de bien grandes pensées. Le monde ne lui a pas apparu sous une face mesquine ; le monde n'était pas, à ses yeux, cette planète, créée *ex nihilo*, où l'homme, la plante, l'animal, tout est distinct. Non, ce monde éternel était le même; tout pour un, tout était le même; rien ne mourait, rien ne naissait qui ne fût auparavant. Et ces idées sur l'éternité de la matière, sur la rénovation nécessaire des êtres n'étaient pas seulement partagées par Hippocrate, mais par tous les philosophes grecs. S'ils différaient sur la nature, le nombre des éléments, tous avaient le sentiment profond d'une rénovation perpétuelle, maintenant l'harmonie de la nature, sentiment exprimé déjà par l'antique Homère : « Les hommes se succèdent comme les feuilles. Le souffle de l'hiver répand sur la terre les feuilles desséchées; mais, bientôt la forêt reverdissante en pousse de nouvelles, car l'heure du printemps arrive de nouveau. Tel est aussi le sort des hommes : une génération est produite, l'autre disparaît. » (*Iliade*, livre IV.)

Après le Père de la médecine, la science de l'homme fit peu de progrès, le respect pour les morts, respect sans doute bien honorable, mais trop exagéré, s'opposant à la dissection des cadavres humains. Aristote, à l'aide de nombreuses dissections d'animaux (car il est douteux qu'il ait fait l'anatomie du corps humain), étudie les organes sous leurs formes géométriques, jette les bases de l'anatomie comparée, si admirablement décrite et perfectionnée par l'illustre Cuvier. La physiologie, sauf les aperçus légués par les philosophes, était tout entière à créer. On ignorait la circulation découverte par l'immortel Harvey; on

croyait les artères pleines d'air, opinion absurde de nos jours, cependant soutenue par
Aristote, partagée par Erasistrate, Hérophile ;
on ne connaissait point les fonctions du cerveau. Si l'auteur de ce fameux Traité des chairs,
cité par M. Lordat, en faisait la métropole du
froid, Aristote, Zénon, Épicure ont placé le
siége de l'intelligence dans le cœur. Aristote
n'a-t-il pas prétendu que le cerveau était une
masse d'eau et de terre, privée de sang et de
sensibilité ? L'on ne se rendait point compte
des élaborations merveilleuses accomplies dans
l'organisme, élaborations pressenties déjà,
mais dont la découverte date de Lavoisier.
Comment expliquer alors les phénomènes physiologiques ? Par des hypothèses. Les philosophes, qui avaient précédé Hippocrate, avaient
produit des conjectures purement gratuites ;
ceux qui le suivirent en créèrent également ;
ce que l'observation, la méthode expérimentale
ne put accomplir, l'imagination le réalisa.
Mais, les notions absolues sont bien différentes
cette fois. Si les premiers penseurs helléniques
avaient donné le jour à des hypothèses, ils
avaient eu le sage esprit de ne considérer que
la matière et ses phénomènes ; s'ils avaient

varié sur l'essence des substances, sur la causalité des phénomènes, tous convenaient, comme
l'a fait remarquer Bacon, que la matière
possède des attributs, des qualités indissolublement unies au mode agrégatif ; tandis que
Platon et Aristote, dépouillant la matière de
ses propriétés, ont créé ces substances for-
melles, ces idées, ces abstractions : rêves de
l'esprit humain, sur lesquels on a tant discuté,
tant raisonné, sans jamais se comprendre, et
qu'on essaie encore de nos jours de concilier
avec les dogmes catholiques, car *un peu de
superstition a suivi l'erreur.*

Platon adhère à l'opinion antique de l'éternité
de la matière. Agitée d'un mouvement désor-
donné, elle apparaissait sous une foule d'as-
pects, lorsque la Divinité la tira du chaos
et forma le monde, à l'image d'un monde
éternel, divin, du monde des idées. On a prétendu que les idées, types incréés, exemplaires
éternels, étaient de pures pensées de Dieu.
Cette interprétation est digne de ces commentateurs qui, pliant les écrits des hommes à
leurs croyances, font d'Hippocrate un vitaliste
barthézien, un hippocratiste moderne, et d'Aristote un chrétien. Qu'on lise le Timée et l'on

se convaincra que les idées, pour le disciple
du vertueux Socrate, sont des êtres distincts
de l'ordonnateur suprême. A quelle époque la
création du monde, cette œuvre merveilleuse,
a-t-elle été accomplie ? Dans quel siècle, Dieu
a-t-il fini par comprendre que l'ordre était pré-
férable au désordre ? ou plutôt, dans quel âge
a-t-il pu substituer l'harmonie à la confusion ?
Sur quels documents historiques Platon s'est-il
fondé pour affirmer que le chaos a précédé
l'organisation de l'univers ? Comme Bichat, le
fondateur de la secte académique a gardé un
silence absolu sur ces questions ; cependant,
puisqu'il donnait un libre essor à son imagination poétique, il aurait dû les résoudre.

La matière est privée de tout attribut, de
toute qualité ; elle n'est ni air, ni eau, ni terre,
ni feu. Réceptacle commun de ce qui naît et
de ce qui meurt, c'est une glace réfléchissant
le monde intelligible, sur laquelle se peignent
des images, persistant éternellement la même,
après la disparition de ces images. « Il faut
songer que l'image devant offrir toutes les
formes possibles, la chose où elle doit venir
s'empreindre ne serait pas bien empreinte, si
elle n'était pas privée des formes qu'elle doit

revêtir. Ce qui constitue l'image, c'est une substance, distincte de la matière, composée de corpuscules *si petits, si ténus, que chacun d'eux, considéré isolément, échappe à la vue.* » Platon ne pouvait pas avouer plus naïvement qu'il parlait d'après son imagination. Ces atomes sont à la matière ce que sont les couleurs à la toile du peintre. La manière d'être des quatre éléments, la terre, l'air, l'eau et le feu, est étroitement liée à la configuration de ces corpuscules. Si ces éléments diffèrent, c'est que les atomes dont ils se composent peuvent offrir, par leur agrégation, des figures géométriques différentes. Le modèle, suivant lequel l'image se réalise, est l'idée : forme divine, exemplaire intelligible, incorporel, et non une de ces causes matérielles, « comme l'ont prétendu ces philosophes qui, rabaissant jusqu'à la terre toutes les choses du ciel et du monde, affirment que cela seul existe qui se laisse apercevoir et toucher, et témoignent un souverain mépris à celui qui leur dit que l'être véritable, la cause, le modèle, est immatériel. Aussi, leurs adversaires ont-ils la circonspection de se réfugier dans un monde invisible et de les combattre, en prouvant que ce sont les formes qui constituent le véritable être. » Les atomes peuvent produire une infinité d'êtres constitués des mêmes corpuscules, correspondant tous à une seule idée, à un seul modèle divin, l'idée étant unique de son espèce.

Avec ces fictions, ces rêveries, Platon explique facilement la création du monde et celle de l'homme. Dieu forme l'univers de feu, d'air, de terre et d'eau ; au centre, il place une âme composée de l'essence divine, de l'essence matérielle et d'une essence intermédiaire, participant, à la fois, et de la nature divine et de la nature matérielle. S'étendant dans toutes les parties du globe, l'enveloppant extérieurement, se mouvant et mouvant le monde, cette âme commence une vie sans fin et fatale. La suprême intelligence crée ensuite la race céleste des dieux (les astres), composée presque tout entière de feu, élément le plus pur, et la charge de présider à la formation de l'homme et des animaux. Ces dieux secondaires, et à jamais impérissables (car, si Platon admet la formation du monde, il croit à son éternelle durée), forment le corps de l'homme d'air, d'eau, de terre et de feu : éléments dont la juste proportion constitue la santé, le défaut ou l'excès, la maladie. Sans cesse, ces éléments se renouvellent par l'alimentation, et cette rénovation s'opère par la pointe des triangles, par le tranchant des arètes des corpuscules organiques sur les triangles des substances alibiles. Ces atomes étant plus tranchants, plus aigus dans la jeunesse, l'assimilation est rapide, l'emporte sur la désassimilation ; émoussés dans la vieillesse, la réparation de l'organisme s'opère difficilement.

Le corps formé, les dieux le dotèrent d'une âme divine, composée des mêmes éléments que l'âme du monde, mais moins purs, car ils proviennent du reste du mélange dont l'être suprême s'était servi pour former l'âme du monde. Cette âme exerce-t-elle toutes les fonctions organiques? Préside-t-elle à l'accomplissement de tous les phénomènes physiologiques ? Un seul principe, une seule cause est-elle capable, en même temps et par rapport au même sujet, d'actions ou de passions contraires? Platon s'est posé ces questions; et malgré qu'il ait écrit (Traité de la république), qu'il est assez mal aisé de les résoudre, il s'est prononcé pour la multiplicité des âmes; car il est impossible, suivant lui, que le même principe puisse présider aux actes les plus vils et les plus nobles de l'organisme. (Argument ridiculisé par Stahl, invoqué de nos jours en faveur du principe vital de la nouvelle Cos). Outre l'âme divine, immortelle, les dieux dotèrent l'homme et l'animal d'une âme mortelle, composée de deux parties: l'une meilleure, l'âme irascible, sujette à la colère, à l'audace; l'autre pire, l'âme concupiscible, le principe de la faim, de la soif, de l'amour, etc. L'esprit philosophique, raisonnable, tendant sans cesse vers le bien, le vrai, le beau, fut logé dans le cerveau; l'esprit irascible, de gloire, de colère, d'ambition, dans la poitrine; l'esprit sensitif, nutritif, dans l'abdomen, entre le diaphragme et le nombril, « comme une bête fauve qu'il est nécessaire de nourrir. » Du degré plus ou moins achevé de perfection de ces âmes, aussi distinctes que les trois ordres d'état dont Platon composait son état, dépendent les caractères des peuples et des individus. Il existe des hommes instruits, ambitieux, intéressés, comme il existe des nations érudites (la Grèce), courageuses (la Thrace,) avides de gain (la Phénicie). Ces âmes n'organisent point le corps, la forme, le modèle étant l'idée, l'exemplaire divin. Indépendantes de la structure de l'économie animale, elles peuvent pénétrer dans un organisme quelconque, et ces émigrations sont toujours en rapport avec le degré de perfection de l'esprit raisonnable. Tous les animaux possèdent ces âmes; mais plus l'on descend dans l'échelle animale, plus la raison faiblit. Les oiseaux sont formés des hommes pleins de légéreté; les animaux terrestres, des hommes irascibles; les poissons, des hommes les plus stupides, ayant pris, pour guide de leurs actions, l'âme concupiscible. « Telles sont les transformations que subissaient autrefois et que subissent encore les animaux, soit qu'ils gagnent ou qu'ils perdent en stupidité. »

Le disciple de Socrate avait repris le système de Pythagore, mais il l'a modifié profondément. Le philosophe de Samos avait fait dépendre la formation des êtres, leur détermination, de l'adjonction des nombres à la matière; mais ces principes numériques, ces en soi mathématiques, se composaient des mêmes contraires que ceux de la masse indéterminée; ils se reliaient à l'unité numérique universelle, à l'âme du monde, renfermant les mêmes contraires, animant le monde, n'en étant jamais séparée. Platon admet bien une substance mathématique, constitutive des êtres; mais cette substance corpusculaire, atomistique, greffée sur la matière, est tout à fait distincte par ses éléments de la *Dyade*, de cet être indéterminé, réceptacle commun de ce qui naît et de ce qui meurt; ils ne se relient pas à l'âme universelle. L'âme platonicienne est distincte des nombres; de plus, cette âme n'est pas Dieu, Dieu existe indépendamment de l'âme du monde; en outre, entre l'être suprême et les principes mathématiques existent des idées, des dieux secondaires, des âmes créées par les astres: êtres inutiles dans le système Pythagoricien, le monde étant à jamais ce qu'il a été de toute éternité. La philosophie de Pythagore était le pur fétichisme raisonné; la philosophie du disciple de Socrate respirait également le fétichisme, mais modifié par les notions théologiques importées de l'Orient.

Socrate et Platon étaient-ils réellement convaincus de l'immortalité de l'âme? On pourrait en douter, en lisant la défense de Socrate, cette apologie de la vertu, cette flétrissure de la calomnie; on pourrait en douter également, en méditant le Phédon. M. Cousin est obligé de convenir que les lèvres du divin et sublime martyr de la liberté de penser trahissaient une légère marque de scepticisme, dans son dernier entretien avec ses disciples. Certes, plus que personne, Socrate devait espérer un autre ordre de choses après cette vie : il avait assisté à la prise d'Athènes ; il avait vu les malheurs de cette merveilleuse cité ; il avait été calomnié, condamné à mort par les Anytus et les Mélitus, tristes défenseurs à outrance d'une théologie qui devait infailliblement crouler. Dans ce moment de suprême douleur, où il allait quitter l'existence, il devait fixer ses regards vers ce ciel idéal, espoir de l'infortune, fiction consolante du malheur ; il se persuadait et voulait persuader à ses disciples qu'il revivrait et retrouverait des hommes bons et vertueux avec lesquels il converserait ; cependant, il eut assez d'intelligence pour douter même en face de la mort et rester jusqu'au dernier instant de sa vie l'homme du raisonnement. Nous avons parlé d'Anytus ; nous repoussons les paroles de M. Cousin, qui tendraient à justifier et à réhabiliter cet antique accusateur public. Si l'on adhérait à la singulière justification d'Anytus, présentée par M. Cousin, à quelles erreurs ne serait-on pas conduit ? Quel crime, quelle persécution

hideuse ne trouverait pas une excuse légitime
devant la conservation d'une théologie ou d'un
état? Au-dessus des considérations banales et
blâmables, invoquées par les partis politiques
tour à tour triomphants, doivent planer des
considérations d'un autre ordre plus élevé, aux
yeux du philosophe ; au-dessus de la *raison
d'état*, doit s'élever et toujours s'élèvera la conscience de l'homme intelligent, sympathisant avec
la vérité opprimée, flétrissant et ne justifiant pas
le crime, et la calomnie triomphante. Si encore
Anytus eût été un de ces féroces et ignorants
séïdes du despotisme, dont la force brutale est
la seule raison pour maintenir l'édifice vermoulu
et chancelant d'une théologie ou d'une forme
gouvernementale, on pourrait le mépriser, l'histoire ne devrait pas même en faire mention;
mais, ce qui rendra à jamais vil ce juge
d'Athènes, c'est son intelligence.

Aristote, esprit universel comme Démocrite,
reprend le système de Platon, le modifie ; car il
est, nous ne saurions assez le répéter, de la
nature des notions métaphysiques de varier
avec chaque secte philosophique.

Le penseur de Stagyre admet l'éternité du
monde. Si le monde est éternel, alors pourquoi

la civilisation a-t-elle fait si peu de progrès? « Une explication qui n'est pas sans vraisemblance, c'est que les arts et la science furent plusieurs fois découverts et plusieurs fois perdus. » Sans doute, le progrès humanitaire a maintes fois disparu ; il ne date pas de quelques milliers d'années, comme le pensent de grands enfants, pour nous servir des expressions du grand prêtre égyptien dont Platon rapporte les paroles pleines de sagesse ; cependant, malgré ces suppositions rationnelles, la solution du problême de l'éternité du monde, quoique attrayante pour l'âme du philosophe, n'en restera pas moins inaccessible perpétuellement à l'esprit humain.

Aristote reconnaît un être suprême ; mais il est facile de prévoir combien cette divinité diffère du Dieu de Platon. Ce n'est plus cette intelligence pleine de bonté, aimant le bien, le vrai, le beau, saisie d'admiration en voyant le monde se mouvoir, créant l'univers sur un modèle divin ; mais un être n'aimant que lui, ne pensant qu'à lui, possédant la félicité parfaite. Rien ne vient troubler son immutabilité ; s'il est moteur de toutes choses, c'est un moteur fatal, mouvant l'univers comme l'aimant meut le fer.

« Voilà bien ce Dieu spéculatif de la métaphysique, ce Dieu qui ne désire que lui, qui ne veut
rien en dehors de lui, qui dédaigne le monde.
La première difficulté de ce système, c'est qu'il
suppose l'éternité de la matière et de l'être
organisé; la seconde, c'est que ce Dieu dont on
veut faire l'objet de l'amour n'a plus rien qui
nous le fasse aimer. » Si nous retournions les
paroles de M. Jules Simon; si nous disions,
en parlant de sa divinité : Voilà bien ce Dieu
de la métaphysique, qui aime et gouverne le
monde. La première difficulté de ce système,
c'est qu'il suppose la création de la matière et
de l'être organisé; la seconde, c'est que ce
Dieu si bon, si attentif, dont on veut faire
l'objet de notre amour, laisse accomplir des
actes déplorables bien propres à le faire dé-
tester; que pourrait-on répondre? Que M. Jules
Simon admette l'existence de Dieu, si bon
lui semble; mais qu'il laisse de côté cette providence détruisant la liberté humaine, le libre
arbitre.

Outre un être suprême, Aristote admet des
dieux secondaires, les astres : divinités incréées,
éternelles. Ces dieux sont-ils des moteurs du
monde, indépendants de l'essence première, ou

reçoivent-ils d'elle le mouvement qu'ils communiquent à tous les êtres ? N'existe-t-il qu'un moteur universel, ou en existe-t-il un pour chaque sphère céleste ? Oui et non, répond Aristote. En face de cette contradiction, les traducteurs des œuvres de cet illustre philosophe ont dû varier sur l'authenticité du xiie livre de sa métaphysique. Les uns l'ont considéré comme inachevé ; les autres l'ont rejeté comme apocryphe ; ceux-ci ont prétendu que les astres, d'après Aristote, possèdent un mouvement propre, une force motrice, mais que leurs mouvements seraient désordonnés, si les astres n'obéissaient pas au mouvement universel imprimé par le moteur suprême ; enfin, ceux-là leur ont refusé tout mouvement propre.

Passant aux êtres de notre planète, Aristote distingue dans leur composition : la matière et la forme ; l'ensemble de la forme et de la matière. « Dans toute production soit naturelle, soit artificielle, il y a la matière ou le sujet dont l'être provient ; ce qui constitue cet être, la forme ; l'ensemble de la forme et du sujet ou l'être constitué par la réunion de la forme et de la matière. » La matière est une masse indéterminée, inerte (le mouvement venant des astres),

ne possédant aucun attribut, aucune qualité.
« J'appelle matière ce qui n'a de soi ni forme,
ni qualité, ni quantité, ni aucun des caractères
qui déterminent l'être.» (Métaphysique, liv. VII.)
Ce qui détermine l'être, c'est la forme. « Ce qui
détermine l'être, c'est l'essence, la forme. »
Ainsi, le feu, l'air, l'airain ne sont pas la matière ; mais des composés de forme et de matière. Comme le font remarquer les traducteurs
de la métaphysique d'Aristote, MM. Zévort et
Pierron, ils sont de *cela*, ils ne sont pas *cela;*
ils possèdent déjà une forme, un en soi, une
monade qui les distingue ; ils sont déterminés ;
s'ils sont indéterminés, c'est par rapport aux
objets dans lesquels ils entrent comme éléments. L'airain, par exemple, est déterminé,
il est de *cela*, c'est une matière formée ; mais
il est indéterminé par rapport à une statue ; il
lui faut une nouvelle forme qui le caractérise.

Quelle est la nature de ces formes, êtres
caractéristiques des productions soit naturelles,
soit artificielles? Sont-ce des monades de nature
ignée, aqueuse, aérienne? Les traducteurs
d'Aristote conviennent que sur cette question,
base du système péripatéticien, le philosophe
grec ne s'est pas expliqué clairement.

Ces notions devaient encore rejaillir sur l'anthropologie. Aristote divise les êtres naturels en deux grandes classes : les êtres animés et les êtres inanimés. « Parmi les corps naturels, les uns ont la vie, les autres ne l'ont pas; et par vie j'entends ces trois faits : se mouvoir par soi-même, se développer et périr. Je dis donc que l'être animé se distingue de l'être inanimé parce qu'il vit. » Ainsi, pour Aristote, la nutrition c'est la vie; cette vie a pour agent, une forme, une âme, une entéléchie. Cette âme n'organise pas le corps; elle lui communique simplement la vie, le fait passer de l'état passif à l'état actif, de l'état de puissance à l'état d'acte. Pour que cette entéléchie puisse développer l'être, il faut que le corps soit organisé et organisé de certaine façon; il faut, et Aristote ne cesse de le répéter, que l'instrumentation organique soit propre à être mise en exercice, à fonctionner; qu'elle ait la vie en puissance; qu'elle soit susceptible de vivre, de recevoir l'âme. « La terre n'est pas l'homme en puissance, elle aurait bien plutôt ce caractère, quand déjà elle sera sperme; le sperme n'est pas l'homme en puissance; il faut qu'il soit dans un autre être, qu'il y subisse un changement. L'âme est la forme d'un *corps organisé d'une certaine façon; elle n'est pas, comme les philosophes antérieurs l'ont dit, dans un corps quelconque.* » Aristote rejette donc les migrations des âmes, la métempsycose, admise par les pythagoriciens; métempsycose que Barthez était tenté d'accepter pour son principe vital. Nutrition, sensibilité, motilité, intelligence, s'enchevêtrent, se subordonnent régulièrement : sans nutrition pas de sensibilité ; sans sensibilité pas de motilité ; sans sensibilité et motilité pas d'intelligence. La nutrition est le fondement de la vitalité. « Cette fonction subsiste indépendamment de toutes les autres, tandis qu'il est impossible que sans elle les autres subsistent.

« Cette entéléchie, dont Aristote ne spécifie pas la nature, a-t-elle des actes qui lui soient spécialement propres, ou ses affections sont-elles communes au corps? Le philosophe grec attache une grande importance à la solution de cette question, car « si l'âme a quelqu'une de ses affections qui lui soient spécialement propres, elle pourrait être isolée du corps ; mais si elle n'a rien qui soit exclusivement à elle, elle ne saurait en être séparée. » Il hésite à résoudre ce problème; cependant, il incline à penser que l'âme n'éprouve et ne fait quoique ce soit sans le corps. « Toutes les modifications de l'âme *semblent* n'avoir lieu qu'en compagnie du corps. Courage, douceur, pitié, crainte, audace, haine, amour, simultanément à toutes ces affections, le corps éprouve une modification. La fonction qui *semble surtout propre à l'âme, c'est de penser. La pensée ne saurait jamais se produire sans le corps.* » Contrairement à Platon qui considérait le corps comme une entrave au libre exercice de la pensée, apanage de l'âme raisonnable, le penseur de Stagyre résout affirmativement la question de l'union de l'âme et du corps. Depuis l'antiquité, ce problème a été l'objet de bien des discussions ; aujourd'hui, il est encore agité, mais il est loin d'avoir reçu une solution définitive. Qu'on se reporte à la controverse élevée entre M. Lordat et le père Ventura ; qu'on se rappelle les paroles pleines d'ironie dirigées par le chef actuel de la doctrine bar-thézienne contre les organiciens et les animistes: les premiers soutenant, avec Descartes, que les fonctions du corps ne peuvent être attribuées à l'âme pensante ; les seconds admettant, avec Stahl, un principe raisonnable, l'âme pensante, comme cause des phénomènes physiologiques.

L'entéléchie survit-elle à la désagrégation du corps? Non ; l'âme meurt avec le corps, l'âme ne survit pas à la désagrégation de l'organisme. « L'âme est l'entéléchie d'un corps constitué d'une certaine façon ; c'est là ce qui donne raison à ceux qui prétendent que l'âme n'existe pas sans le corps. Non, l'âme n'est pas le corps ; elle est quelque chose du corps. Il est donc clair que l'âme n'est pas séparée du corps, *si toutefois l'âme est divisée en parties.* » Sur cette question de la divisibilité de l'âme, tranchée affirmativement par Platon, Aristote y revient souvent, et toujours avec une grande hésitation. Admettons même que l'âme soit divisible, quelle partie de l'entéléchie le penseur hellénique fera-t-il survivre à la désagrégation du corps? La sensibilité, la motilité, la nutrition? Non, mais l'intelligence qui *semble être un autre genre d'âme, et le seul qui puisse être isolé du reste, comme l'éternel s'isole du périssable.* Cette intelligence, cet autre genre d'âme, a-t-elle, dans son existence future et immortelle, conscience de ses actes antérieurs? Conserve-t-elle le souvenir du passé? Hélas! non. Ce n'est plus l'âme pensante, raisonnable de Platon, possédant la réminiscence ; c'est un être passif, une momie, une nullité. Pensées, mémoire, connaissance, souvenirs, tout ce qui constitue la personnalité humaine est évanoui ; conséquence fatale, inévitable de ce fait : que les actes et les affections humaines, même la pensée, sont de l'âme et du corps, en un mot de l'homme. Revivre sans avoir conscience du passé, sans pouvoir converser avec ceux qu'on a aimés, est chose bien triste. « Ah ! si ses facultés intellectuelles s'altèrent jusqu'à rendre l'âme étrangère à son ancien destin, cet anéantissement diffère-t-il donc de celui de la mort ? » (Lucrèce). Le savant traducteur du traité de l'âme d'Aristote, M. Bathélemy Saint-Hilaire, a bien raison de dire qu'une telle immortalité est un vain mot, un leurre.

On ne pouvait créer plus de rêveries qu'en ont produit Aristote et Platon. Ces rêveries, ces fictions sont loin d'avoir fui devant le progrès scientifique. Sans doute, la théologie de ces deux philosophes ne subsiste plus, on n'oserait pas admettre avec Platon l'éternité de la matière, et à plus forte raison, avec Aristote, l'éternité du monde ; on se garderait bien de diviniser les astres, de parler de dieux secondaires, créés et incréés. Sur ces questions, les

conciles ont prononcé : médecins et théologiens
se sont inclinés devant leur décision. Mais la
psycologie! l'étude de l'âme! quelles discussions
n'a-t-elle pas suscitées ? Quels flots d'encre et
de paroles n'a-t-elle pas fait couler ? Quelles
controverses ne soulève-t-elle pas encore? Depuis
Aristote jusqu'à Stahl et le père Ventura, depuis
Platon jusqu'à M. Lordat, cette *grande science*
sert de champ d'arène où se rencontrent pêle-
mêle médecins et rhéteurs, savants et sophistes.
On discute, l'on rediscute sur l'origine de
l'âme, sur son unité, sur son rôle dans l'organisme, sur ses attributs, sans jamais pouvoir
s'entendre, sans jamais pouvoir tomber d'accord.
Si des systèmes psychiques offraient encore un
cachet d'originalité! Mais, non; ils ne sont que
la copie des systèmes ontologiques antiques,
modifiés par suite des notions théologiques régnantes. Barthéziens, Stahlianistes, Hippocratistes modernes sont les copistes, les plagiaires
des systèmes d'Aristote et de Platon. Ils ont
tronqué, modifié les notions de ces philosophes,
pour ne pas froisser leurs croyances. Tous ont
eu soin d'invoquer en faveur de leurs hypothèses : ceux-ci, l'autorité d'Aristote, de saint
Thomas, d'Albert-le-Grand, des saintes écri-

tures; ceux-là, le témoignage de Platon, de Pythagore, de saint Paul, de saint Augustin et des saintes écritures. Stahl n'est-il pas allé jusqu'à faire intervenir le péché originel dans l'accomplissement des phénomènes physiologiques morbides? M. Lordat n'a-t-il pas eu recours aux hypostases, à l'union hypostatique, expression vague nous reportant à l'école mystique d'Alexandrie, qu'on n'aurait jamais dû faire intervenir dans les discussions biologiques? Qui donc nous délivrera de ces étranges controverses? Qui donc mettra un terme à toutes ces polémiques enfantines et ridicules dont les sciences, l'anthropologie exceptée, sont à l'abri? La raison; non pas cette raison boiteuse qui cherche à concilier la croyance et le raisonnement, la foi et la science; cette raison qui n'a jamais produit, en tout et partout, que des fruits détestables; mais cette raison pure, prenant conscience d'elle-même, grandissant avec le savoir, ne reconnaissant d'autre maître que la vérité, s'inquiétant peu de ce qu'ont pu penser et dire des hommes, étrangers au savoir, dont la langue n'a su articuler que des sophismes.

Avec Aristote et Platon, nous sommes bien

éloignés de ces tristes époques où les prêtres et les oracles faisaient descendre la lune, éclipsaient le soleil. Le raisonnement avait atteint le polythéisme; les divinités n'étaient plus aux yeux des philosophes ce que le peuple pensait; les fondements de la théologie grecque étaient sapés, le temps approchait où elle devait sombrer. Rien ne devait en arrêter la chute : ni les accusations banales portées contre les sages, les penseurs : *de chercher à pénétrer les secrets du Ciel* (sophiste de Platon); ni l'incendie de l'école pythagoricienne; ni la persécution odieuse d'Anaxagore, la mort de Socrate, l'esclavage de Platon, l'empoisonnement d'Aristote, le martyre de Callisthènes. Deux nouvelles sectes philosophiques devaient en achever la ruine : le stoïcisme et l'épicurisme.

Les stoïciens rejettent le polythéisme, reconnaissent un seul Dieu. Être raisonnable, inaccessible au mal, de nature aérienne suivant Antipater, de nature ignée selon Zénon, n'ayant aucune forme humaine, situé surtout dans les régions supérieures de l'éther, père et architecte du monde, il l'anime, le gouverne d'après des lois fixes, immuables. Embrassant la nature entière, la divinité a reçu différentes dénominations suivant ses différents effets. « On l'appelle Jupiter, parce que selon la signification de ce terme, c'est d'elle que viennent toutes choses ; Junon, en tant qu'elle domine dans l'air ; Neptune, en tant qu'elle tient l'empire des eaux ; Cérès, en tant qu'elle gouverne la terre. » (Diogène de Laërce.) La matière est une masse indéterminée, passive, sans attributs, sans qualité, mue par l'intelligence suprême qui lui commande et produit les êtres.

« L'homme est une image du monde. La matière, c'est son corps ; Dieu, son âme. » (Sénèque.) Cette âme, émanation de l'âme du monde, contenue dans la liqueur séminale, agit sur un germe, le développe, préside à l'évolution de l'organisme. Répandue dans toute l'économie animale, elle accomplit toutes les fonctions : nutrition, sensibilité, motilité, génération, sont sous sa dépendance. Son action varie dans l'accomplissement des phénomènes physiologiques, comme l'action de la divinité dans la production des phénomènes cosmologiques ; action essentiellement subordonnée à la structure de l'organisme, structure dépendant du germe que l'âme ne crée pas, mais ne fait que développer. Le corps est l'enveloppe de l'âme, l'âme en est la gardienne. Comme Dieu, répandu dans l'univers, siége principalement dans les régions éthérées, cette parcelle de la divinité siége surtout dans le cœur. A la dissolution de l'organisme, elle se dissipe aux champs aériens et va s'abîmer dans l'âme universelle, dans Dieu, dont elle a été séparée par le court instant de la vie.

Les épicuriens admettent le polythéisme; reconnaissent des dieux à forme humaine. Ces divinités ne participent en rien à l'accomplissement des phénomènes du monde. Étrangers aux événements de la terre, ils coulent leur éternité dans un bonheur parfait, sans être touchés de nos vertus, ni courroucés de nos vices. Ces dieux avaient, au moins, le privilège de n'être point responsables des crimes qui ont souillé et souillent encore la surface de la terre; surtout, ils ne portaient pas atteinte au libre arbitre et n'établissaient pas sur la terre le règne de la fatalité.

Le philosophe de Gargette admet l'éternité du monde primitivement dans le chaos; mais, ce monde n'est plus ce globe étroit, fini, unique de Platon, d'Aristote, de Zénon. « Le grand *Tout* n'a rien hors de lui qui puisse le limiter. Telle est la nature des choses qu'un grand fleuve, après avoir couru pendant l'éternité tout entière, loin d'atteindre les bornes de l'univers, n'en serait pas plus près qu'en s'élançant de sa source. »

Ah! si de l'univers l'étendue est prescrite,
Parvenons jusqu'au lieu marqué par sa limite;
Là fait voler un trait; dans l'espace emporté,
Il traverse à jamais sa vague immensité,
Où quelque objet enfin lui fermera le vide,
Car, il faut qu'à ce choix la raison se décide.
Qu'il s'arrête à l'obstacle ou glisse dans les airs,
Le trait n'a pas touché le bout de l'univers.
Mais laissons-le voler dans ces plaines profondes
Où des mondes sans fin s'entassent sur des mondes;
Un obstacle est offert, l'obstacle est écarté
Et l'espace recule avec l'éternité!

(LUCRÈCE, *traduct. Pongerville de l'Académie.*)

Épicure suppose, avec Démocrite, la matière composée d'atomes mobiles dont les combinaisons diverses constituent les êtres. Le corps de l'homme en est un composé, l'âme également. Cette âme renferme deux parties : l'animus et l'anima, rapprochées par un lien si commun, si étroit (peut-être par union hypostatique?) qu'elles constituent une seule substance. L'animus, l'intelligence, *en quelque sorte l'âme de l'âme*, placée dans le cœur, est formée des corpuscules les plus déliés, d'atomes sphéroïdes, dont rien n'égale le poli, la finesse, la légèreté. L'anima, puissance subalterne, répandue dans tout l'organisme, est composée non pas de ces corpuscules sphéroïdes, *innominés*, auxquels on ne saurait donner aucune expression, mais d'atomes moins polis, constitutifs du feu, de l'air. De la proportion plus ou moins grande de ces éléments, dépendent les caractères des individus : le lion, chez qui domine la chaleur, est impétueux; le bœuf, dont l'âme est empreinte d'air, est paisible; l'homme, le plus intelligent des êtres, chez qui domine l'animus, peut offrir également une variété infinie de caractères, par suite de la prédominance d'un de ces éléments. Sans l'âme, le corps ne peut naître, croître, se développer; même dans le sein maternel, ils ne pourraient se diviser sans périr. L'âme naît avec le corps, croît, vieillit, se désagrège avec lui.

Académie, péripatéticisme, épicurisme, stoïcisme, telles sont les quatre grandes et dernières écoles métaphysiques grecques qui ont recherché l'origine du monde, l'essence de la matière, la causalité des phénomènes, après

Hippocrate, comme l'avaient essayé, avant le Père de la médecine, les écoles d'Ionie et de la Grande-Grèce. Dans son introduction remarquable de sa traduction des œuvres hippocratiques, M. Littré a tracé ces lignes pleines de raison : « L'homme qui réfléchit sur lui-même et sur sa conduite passée, trouve de grands enseignements et dans ce qu'il a fait de bien et dans ce qu'il a fait de mal ; de même, la médecine ne peut revenir sur son passé sans y recueillir des leçons pour son avenir. » Qu'on revienne sur le passé biologique ; qu'on dise si ce passé ne doit pas servir d'enseignement? Dans l'antique Grèce, nous voyons les systèmes ontologiques crouler perpétuellement, les faits scientifiques, peu nombreux d'abord, grossir insensiblement et former un édifice inébranlable contre lequel viendra toujours se heurter et se briser la légion innombrable des chimères ; nous apercevons les philosophes débattant des questions insolubles, les tournant, les retournant de mille et mille manières, n'arrivant à aucun résultat positif, laissant aux générations à venir un déplorable héritage de notions fictives : d'anima, d'animus, de formes, de monades, de principes numériques, d'entéléchie, fictions

dont la science anthropologique a tant de peine
à se dépouiller. Cependant, nous devons le
reconnaître et le répéter: dans l'antique Grèce,
la métaphysique avait sa raison d'être. On avait
cru, on avait douté; on avait raisonné, on
savait; mais, ce savoir n'était pas assez vaste
pour reposer l'intelligence de tant de profonds
penseurs. Unie à la science, ce que nous ne
devons jamais oublier, la métaphysique aidait
au développement de la raison, grandissait
l'intelligence par l'exercice de la pensée; auda-
cieuse, ennemie des croyances du vulgaire,
elle avait un cachet d'originalité, empreinte
caractéristique de toutes les productions idéales
des Hellènes; bien différente en cela de la philosophie moderne, qui n'a cessé de se traîner
à la remorque de la théologie révélée.

Le polythéisme était sapé par la philosophie;
la liberté, déjà si compromise par la prise
d'Athènes, sombrait dans les plaines de Ché-
ronée. Après la mort du héros de cette sanglante
et fratricide journée, *qui n'a rien fait de si
grand que le crime d'avoir tué Callisthènes*, la
Grèce étant livrée à mille dissensions intestines, aux horreurs de la guerre civile, le
savoir se réfugie sur les rives du Nil où il

trouve pour le protéger Ptolémée, âme empreinte encore du souffle athénien. Erasistrate, Hérophile dont les ouvrages n'existent plus, mais dont les noms à jamais inséparables résument les travaux biologiques de l'école d'Alexandrie, dissèquent des cadavres humains et non des hommes vivants, comme la secte monacale et entre autres Clément d'Alexandrie le leur ont reproché. Ils enrichissent l'anatomie de découvertes précieuses ; ils rectifient cette opinion bizarre : que le siége de l'intelligence est dans le cœur ; et cette autre opinion, plus bizarre encore de Platon : que les aliments pénètrent dans les poumons. Ils décrivent très-bien le cerveau, distinguent deux espèces de nerfs ; mais ignorant le mécanisme de la circulation, ils tombent dans les errements des philosophes qui les avaient précédés. Avec les stoïciens, ils admettent une âme éthérée, sans cesse alimentée par l'air, pénétrant des poumons dans le ventricule gauche du cœur (cavité pneumatique), et de là se répandant dans toutes les artères. A l'aide de ce pneuma, dont la partie la plus noble réside dans le cerveau, ils expliquent facilement les phénomènes physiologiques.

L'anatomie aurait fait de grands progrès à Alexandrie ; peut-être même la circulation eût-elle été découverte, si les successeurs des premiers Ptolémées, monstres de débauche et de cruauté, n'avaient pas interdit la dissection des cadavres humains. Seule, l'ontologie, la métaphysique, séparée cette fois de la science, fut protégée dans la capitale de l'Egypte, véritable pépinière de rhéteurs venus de la Grèce, d'illuminés accourus de l'Asie mineure. Hommes mystiques, le plus ordinairement étrangers au savoir, ils agitent les problèmes les plus excentriques. Leur but n'est pas de s'attacher à l'étude du monde, de faire progresser la science ; mais de créer une nouvelle théologie pour remplacer l'antique qui chancelait. La fameuse immutabilité de Dieu, expliquée d'une manière si vague par Aristote (liv. XII Métaphys.), les préoccupe surtout. Pour trancher la question, ils n'ont pas recours à des dieux secondaires ; ils ne déifient pas les astres ; ils supposent un Dieu en trois personnes ou trois hypostases : l'une, l'unité immuable, l'autre, le père du monde, une troisième, intermédiaire ; trinité hypostatique qui fait dire à M. Jules Simon : « le Christianisme admet un Dieu en trois personnes et les Alexandrins un Dieu en trois hyposthases ; il n'y a pas même différence de mots, puisque personne est la traduction du mot latin *persona*, qui lui-même est l'équivalent du mot grec hypostase. La première, la plus fondamentale des différences de ces hypostases, c'est que le dogme chrétien est un mystère. Les chrétiens déclarent la doctrine des Alexandrins contradictoire ; et, cependant, ils l'admettent quoique absurde, parce qu'ils obéissent à un principe supérieur à la raison. » Pourquoi parler de cette doctrine hypostatique ? Quel rapport a-t-elle avec l'anthropologie ? aucun. Si nous en avons dit quelques mots, la faute en doit incomber à l'école de Montpellier, qui n'a pas craint de se servir de ces expressions mystiques, de ces termes vagues avec lesquels la science biologique n'a rien à démêler, rien de commun.

Si un rameau de la civilisation grecque avait convergé vers l'Egypte, un autre avait pris la direction de l'Italie. Maîtres de la Grèce, les Romains avaient importé sur les bords du Tibre les productions intellectuelles des Hellènes. Ce qui s'était accompli à Athènes, se réalise alors à Rome : l'âge métaphysique succède à l'âge théologique. On ne croit plus ; l'on doute, l'on raisonne sur les dieux, sur le monde, sur la vie. On reprend les systèmes de Platon, d'Aristote, de Zénon, d'Epicure ; on les commente ; mais on ne crée point de philosophie nouvelle. Comment aurait-on pu en créer ? l'imagination brillante des penseurs Grecs n'avait rien laissé à idéaliser sur les grandes questions de l'origine du monde, de l'essence de la matière, de la causalité. Les philosophes Romains furent ce que sont nos métaphysiciens : les propagateurs des notions absolues de la Grèce. Cependant, rendons-leur cette justice : ils eurent le bon esprit de ne jamais concilier ces notions avec les croyances régnantes d'alors, comme on le pratique trop souvent de nos jours ; bien au contraire, tous rejetèrent une théologie qui devait infailliblement crouler.

Si la métaphysique en Italie fut ce qu'elle avait été dans la Grèce ; si elle présenta les mêmes incertitudes, offrit les mêmes oscillations ; si le stoïcisme, l'épicurisme, le péripatéticisme et la secte académique divisèrent les intelligences, la science anthropologique ne cessa de progresser, dans des proportions faibles il est vrai, la dissection des cadavres humains étant interdite chez cette nation romaine, où, chose inouïe, le sang des gladiateurs ruisselait, chaque jour, dans les arènes : spectacles atroces, inconnus de la Grèce et de la république romaine, inventés et protégés par de féroces et superstitieux Césars, pour assouvir les sensations fortes d'une vile populace avec laquelle ils avaient à compter.

Parmi la tourbe des médecins exploitant les vices et les richesses de Rome, l'esprit est heureux de rencontrer un de ces hommes à jamais célèbres dans les fastes de la science, et par son érudition et par sa haine du charlatanisme. Reprenant les travaux accomplis dans la Grèce, puis à Alexandrie, Galien collige les découvertes anatomiques antérieures ; lègue, comme l'a dit M. Littré, aux âges à venir, le testament biologique de l'antiquité. Il n'est pas simple compilateur, il est novateur. A l'aide de nombreuses dissections d'animaux, il élargit les bases de l'anatomie. Quant à la physiologie, que pouvait-il faire ? il ignorait la circulation, la respiration. Ainsi que ses illustres devanciers, Galien dut payer son tribut aux hypothèses métaphysiques, hypothèses réflétant le souffle idéal de la Grèce. Imbu des notions de la secte

stoïcienne, il admet une âme éthérée, divisible,
composée de trois parties : l'esprit naturel,
l'esprit vital, l'esprit animal. L'esprit naturel,
élaboré par le foie, est formé de la vapeur la
plus subtile du sang. Pénétrant dans le cœur, se
combinant avec l'air attiré et retenu dans cet
organe au moyen des poumons, il se transforme
en esprit vital qui se répand dans tout l'organisme. Traversant les ventricules cérébraux,
cet esprit vital se change en esprit animal, en
se combinant à l'air introduit dans ces ventricules à travers la lame criblée de l'os ethmoïde,
lame qui l'a tamisé et n'a laissé passer que la
partie la plus pure, la plus déliée. Du cerveau,
l'esprit animal se rend dans les nerfs où il va
servir aux fonctions de la vie de relation. Cette
psychologie stoïcienne, cette âme éthérée,
dont le siége, les divisions rappellent le siége,
les divisions des âmes concupiscible, irascible,
raisonnable de Platon, ridiculisée par Bordeu,
trouve une raison d'être, si l'on songe au siècle
où vivait le médecin de Marc-Aurel. Ce qui est
déplorable, c'est de voir aujourd'hui, en plein
XIXe siècle, des médecins, des hippocratistes
modernes, ne tenant aucun compte des pro-
grès merveilleux réalisés en physiologie, parler

de cette trinité galénique. Qu'on lise l'ouvrage de M. Faget.

Galien et Marc-Aurel ont-ils cru à la mortalité de l'âme, comme le prétend M. Lordat? Non. Stoïciens, ils ont admis une âme éthérée, émanée de l'âme du monde, s'y réunissant après la dissolution du corps. Chose singulière! Barthez qui cherchait partout des noms illustres, propres à étayer son principe vital, à lui assurer une origine antique, n'a pas fait de Marc-Aurel un matérialiste, mais un des pères du double dynamisme humain; il en a agi de même pour Sénèque. Certes, le Professeur de Montpellier a bien mal compris cet illustre et vertueux stoïcien, digne ami de l'infortuné Démétrius; s'il l'avait compris, il aurait vu que le philosophe romain ne reconnaissait dans le monde que deux agents: l'un indéterminé, passif, la matière; l'autre actif, constitutif des êtres, la raison agissante, Dieu. « L'univers est le résultat de la matière et de Dieu; c'est Dieu qui commande, la matière lui obéit. L'homme est une image du monde; la matière est son corps, Dieu est son âme. » (Lettres de Sénèque à Lucilius.) Quel rapport existe-t-il entre le système vitaliste et le système stoï-

cien? Où voyons-nous ces causes, ces substances vitales, êtres intermédiaires entre
l'âme et la matière, contre lesquelles s'est
élevé Sénèque? Où trouvons-nous des causes
d'ordre matériel, d'ordre vital, d'ordre intellectuel? Mais dira-t-on : l'âme se compose de
deux parties, c'est Sénèque qui l'a dit. Sans
doute, l'âme stoïcienne est divisible; son action
est essentiellement subordonnée à la structure
de l'organisme. Elle est divisible comme la
divinité dont les actes varient avec la composition des corps; elle est divisible comme le
blas de Van-Helmont, le fluide mortual de
Bacon, l'irritabilité de Haller, la sensibilité de
Bordeu, le principe vital de Fizes, de Barthez, de M. Lordat; mais au fond, sa nature,
son essence première est unique; elle est
éthérée, divine dans ses éléments, comme le
principe vital est unique dans son essence.
Quand nous interprétons les auteurs, pourquoi
leur imputer des notions incompatibles avec
leurs idées? Est-il jamais entré dans la pensée
de Sénèque d'attribuer à l'animal un principe
vital, distinct de la divinité et de la matière?
de donner à l'homme ce même principe vital
et une âme? Tout ceci n'est pas sérieux, le

panthéisme du philosophe romain étant l'opposé radical du système vitaliste qui jette un abîme entre l'homme et l'animal. Qu'on fasse remonter l'origine des deux âmes, du double dynamisme humain à Bacon, on peut le faire ; mais qu'une fois pour toutes, on laisse de côté toute espèce de rapprochement entre ce système et le système stoïcien.

Après Galien, l'anthropologie ne fit aucun progrès. La théologie s'emparant de nouveau des esprits, l'étude du monde fut négligée; l'homme ne s'occupa que de questions puériles. Les notions les plus déplorables reparurent. Sorciers, astrologues, mages, charlatans, expiateurs, ce que l'antiquité avait cru, avait craint, avait repoussé, tout reparaît, renaît par enchantement. Dans l'antiquité, l'anthropologie avait eu ses explications ridicules; au moyen-âge, cette science eut ses explications absurdes, parce qu'à ces deux époques les mêmes causes subsistant, les mêmes effets devaient se produire. Dans l'antiquité, l'absorption des sciences par la théologie avait été complète; dans le moyen-âge, la même absorption eut lieu. Les temps antiques avaient vu les résurrections par Isis, Osiris, Esculape. Interprète des dieux, le médecin dépossédait,

ressuscitait; tout était divin, sacré, mystérieux.
Le savoir grandissant, les penseurs avaient ri
de ces superstitions grotesques. Au moyen-âge,
possessions, résurrections, sortilèges reparais-
sent avec un débordement inouï jusqu'alors. Le
médecin est prêtre, moine; il exorcise, dépos-
sède, désensorcèle; juge, il fait brûler de pauvres
fous. Dans la Grèce, on allait visiter les temples
des Asclépiades; on faisait des onctions, des
ablutions; on donnait (car dans ces choses-là,
c'est une condition importante); le Dieu apparaissait la nuit (aujourd'hui encore, mais pas
autant); on possédait des lieux vénérables où
s'accomplissaient des cures surnaturelles; on
avait des amulettes, des médailles, d'une vertu
médicatrice merveilleuse; tout s'accomplissait
par des dieux, sous le polythéisme. Sous le
monothéisme, tout se réalise par un dieu hypostatique, ou le malin esprit, l'effroi de ces
tristes époques. Si la science, au moyen-âge,
fut complètement oubliée, méprisée, en re-
vanche la théologie, *science des sciences qui les
étudie toutes pour toutes les absorber* (Lacordaire),
joua un rôle des plus brillants. Les Nestoriens,
les Eutychiens, les Ariens, les Pélasges, les
Anasthase, les Donat, les Augustin, dignes

héritiers de l'école monacale d'Alexandrie,
transportée alors à Byzance, ont à jamais
illustré ces siècles. Si ces célèbres controverses
théologiques n'avaient fait verser que des flots
d'encre et de paroles, comme les discussions
psychiques actuelles, on pourrait, sinon les
oublier, les mépriser ; mais ce qui les rendra
à jamais affreuses, exécrables aux yeux do
tout homme intelligent, ce sont les flots de
sang qu'elles ont fait répandre.

Voir la liberté de penser si grande avec
Périclès et Hippocrate, le progrès si beau au
siècle d'Aristote ; le voir si petit au moyen-âge,
il y a de quoi remplir le cœur d'une sombre
tristesse ! Les animaux n'avaient pas alors de
principo vital. Le diable s'emparait des hommes
et des bêtes, causait des maladies honteuses,
inconnues de l'antiquité ; maladies perdant,
chaque jour, de leur intensité avec le développement du bien-être et de la moralité. Que
des hommes intelligents vantent le moyen âge,
qu'ils parlent des progrès réalisés sous l'ère
catholico-féodale ; ces siècles n'en doivent pas
moins être chargés des exécrations du genre
humain. Nous dirons avec Condorcet : « Dans
cette époque désastreuse, l'esprit humain des-

cendit rapidement de la hauteur où il s'était élevé, et l'on vit l'ignorance traîner après elle : ici la férocité, ailleurs une cruauté raffinée, partout la corruption et la perfidie. A peine quelques éclairs de talent, quelques traits de grandeur d'âme ou de bonté peuvent-ils percer à travers cette nuit profonde. Des rêveries théologiques, des impostures superstitieuses sont le seul génie des hommes, l'intolérance leur seule morale; et l'Europe, comprimée entre la tyrannie sacerdotale et le despotisme militaire, attend dans le sang et les larmes le moment où de nouvelles lumières lui permettront de renaître à la liberté, à l'humanité et aux vertus. »

Heureusement, dans le grand cataclysme intellectuel causé par l'avènement du monothéisme et l'irruption des Barbares, où tant d'ouvrages élaborés par le génie antique avaient été engloutis, un peuple recueillit les débris des œuvres des penseurs grecs. Maîtres de l'Egypte, de l'Espagne, les Arabes traduisent, commentent Hippocrate, Galien, Aristote. Les juifs, les gentils d'alors, les propagent à Naples, Salente, Montpellier, Toulouse, reliant par le commerce l'Orient à l'Occident, le savoir à la barbarie];

initiant les fils des Goths, des Visigoths, des Ostrogoths, aux productions intellectuelles de l'antiquité. Pendant des siècles, le peuple monacal, gent très ignorante, mais très orgueilleuse (c'est son cachet dans tous les siècles, dans toutes les contrées), aborde et résout les questions les plus inconcevables. Elle repousse le divin Platon, admire le sceptique Aristote. Sachant à peine lire, dénaturant les textes, elle fait du penseur de Stagyre un orthodoxe, un précurseur de la théologie révélée, à force de *nisi*, de *distinguo*, d'*affirmations* et de *négations*. Elle trouvait dans la métaphysique de ce philosophe une ample moisson de termes nébuleux, propres à alimenter ses discussions puériles, ses criailleries perpétuelles.

Dans ces siècles des *quidquid dixeris argumentabor*, l'anthropologie accomplit des progrès merveilleux. Malgré l'interdiction de l'anatomie, la physiologie fut complètement expliquée, la psychologie d'Aristote adaptée à la théologie monothéistique, rendant compte des actes organiques. Bien plus, choses réelles quoique absurdes, les scolastiques eurent assez d'intelligence pour raisonner sur la physiologie des anges! Et aujourd'hui encore l'on vante ces

âges, ces beaux jours de l'école! Dans les discussions biologiques, des rhéteurs intervien-
nent : ceux-ci s'appuyant sur l'autorité de saint
Thomas, ceux-là, sur l'autorité de l'évêque de
Ratisbonne ; des écoliers qui ne savent pas un
mot d'Hippocrate, qui ignorent le nom de
l'immortel Harvey, reçoivent et admirent des
jugements tout faits. Quand donc luira le jour où
toutes ces niaiseries seront appréciées à leur
juste valeur? Il luira certainement ; mais que
de siècles s'écouleront encore, avant que l'humanité ait rompu avec tant de sottises, tant de
petitesses, et ait repoussé cette foule d'idoles
auxquelles l'homme prodigue trop facilement
son admiration.

La médecine, comme l'anthropologie, réalisa
des progrès prodigieux. L'école et sa poussière,
école et poussière monacales, discourant sur
Galien, les humeurs et les esprits ; sur les
démons succubes et incubes, les transformations d'hommes en bêtes, les possessions, opèrent des cures telles que, perdant toute la
confiance des malades, les médecins chrétiens
ne la recouvrent que par l'intervention des
conciles et des despotes, défendant aux juifs
l'exercice de la médecine ; interdiction barbare

qui a fait échapper à l'âme honnête de Bordeu,
ces paroles pleines de charité : « Que pouvaient-
ils répondre nos médecins chrétiens à ceux qui
leur disaient : vous qui voulez nous guérir par
force où avez-vous appris le métier que vous
faites ? N'est-ce pas dans les ouvrages de ces
juifs et de ces arabes que vous voudriez nous
faire oublier, et dont les enfants mieux instruits
que vous de la langue et des idées de leurs pères,
vivent parmi nous et possèdent notre confiance sur
ce qui regarde notre santé, la chose du monde
au sujet de laquelle nous sommes les plus libres.
Faites mieux que les juifs ; soyez plus savants
qu'eux ; mais n'imaginez pas avoir le droit de
nous tyranniser, de vous rendre préférables à
eux, en les déchirant, en essayant de leur ôter
le pain de la main, et en nous forçant de partager avec vous ce pain que nous voulons partager avec eux. »

Laissons ces malheureuses époques où les
conciles de Béziers, do Toulouse, d'Avignon, ex-
communiaient les chrétiens qui avaient recours
aux juifs, pour le traitement de leurs maladies ;
arrivons à des âges meilleurs.

On était en pleine théosophie, on discourait
sur Aristote et Galien, sur le péripatétisme à

Naples, sur le galénisme à Salente, Montpellier;
on ergotait sur l'*antè rem*, *l'in re*, le *post rem*,
les nominaux et les universaux, lorsqu'un évè-
nement des plus heureux vint à s'accomplir.

Après la chute des républiques Grecques, la
science scindée s'était réfugiée sur les bords du Nil
et du Tibre. Recueillis en Egypte par les Arabes,
les ouvrages des philosophes grecs avaient passé
dans l'Occident ; ceux déposés à Rome, puis à
Byzance, devaient, quelques siècles plus tard,
suivre la même direction et converger vers le
même point. Les Turcs, qu'il ne faut pas plus
confondre avec les Arabes, que des oppresseurs
avec des opprimés, venaient de s'emparer de
Constantinople (1453). Fuyant le joug de ces
farouches conquérants, des bienfaiteurs de l'humanité voguèrent vers l'Occident, emportant
les monuments du génie grec. Cette fois les
ouvrages de ce peuple fameux sont mieux connus;
on les étudie, on les commente, on les interprète toujours avec admiration ; on tâche de
s'instruire ; on laisse de côté la scolastique des
Coïmbrois, des Sprenger, des Don Scott. Aux
siècles d'ergoterie, de bavardages scolastiques,
succède le siècle d'érudition, érudition puissamment secondée par une découverte merveil-

leuse qui venait de se réaliser. Au XIIIe siècle, les Arabes avaient découvert le papier de linge ; au XVe, Guttemberg, Faust, Schœffer inventent l'imprimerie. Désormais le savoir grandira rapidement et civilisera le monde. Ce ne sera plus comme dans l'antiquité où il fallait tant de peine pour composer quelques manuscrits, tant de précautions pour les conserver, tant de richesses pour les posséder ; ce ne sera plus comme au moyen-âge où il était si facile à une foule d'êtres oisifs de les rogner ; ce ne sera plus comme dans les siècles des conquérants, les grands hommes de l'histoire, où la civilisation transportait ses pénates de contrée en contrée pour échapper à la barbarie. On aurait copié, traduit, que pouvaient de telles copies, sans l'imprimerie ? Que seraient-elles devenues sans la découverte de l'ouvrier de Mayence ? Toujours rares, elles auraient été bientôt anéanties, « car le mépris des sciences était un des premiers caractères du christianisme. Il avait à se venger des outrages de la philosophie ; il craignait cette confiance en sa propre raison, fléau de toutes les croyances religieuses ; la lumière des sciences lui était suspecte et odieuse, car elles sont très-dangereuses pour le succès des miracles, et il n'y a point de religion qui ne force ses sectateurs à dévorer quelque absurdité physique. » (Condorcet.)

Après avoir renoué la chaîne scientifique du passé au présent, l'esprit humain ne put être satisfait des antiques connaissances. Au XVIe siècle, Vésale, Fallope, Fabrice d'Aquapendente, Colombus, Varole, reprennent l'étude statique de l'homme, dissèquent des cadavres humains. Leurs découvertes portent sur les procédés empruntés à la mathématique : forme, volume, dimension, situation, rapports des organes sont très-bien étudiés. Rien n'a manqué à la gloire du plus grand anatomiste de cette époque, pas même une persécution des plus atroces. L'antiquité avait vu la calomnie s'acharner sur les penseurs Grecs, l'âge moderne devait voir reproduire les mêmes faits. Anaxagore avait été un impie, Socrate un vicieux, Erasistrate et Hérophile des meurtriers; au XVIe siècle, Vésale devait être un assassin; au XVIIe siècle, Galilée un hérétique ; au XVIIIe, Bordeu un voleur qui *n'aurait pas dû mourir horizontalement*. O race de hideux Bouvards, calomniateurs de tous les âges, quand donc aurez-vous disparu ?

Si l'anatomie s'enrichit de découvertes pré-

cieuses, il n'en fut pas de même de la physiologie. Sauf la découverte de la circulation
pulmonaire par Servet, immolé par le fanatique
et ignorantin Calvin, l'étude dynamique de
l'être vivant était à créer. Des rêveries psychiques, des hypothèses alchimiques rendaient
seules compte de la vie; les unes acceptées par
les galénistes, les conservateurs du passé; les
autres propagées par les alchimistes, les révo-
lutionnaires mystiques du présent. Ces derniers
ont souvent erré dans le domaine des fictions.
Peu importe : ils ont été de grands novateurs.
Chercheurs infatigables, ils ont accompli en minéralogie des travaux remarquables, et ces travaux sont assez grands pour faire absoudre leurs
erreurs. Qu'ils aient eu recours à des expressions
mystiques, ils sont excusables, si l'on se reporte au siècle où vivaient ces premiers chimistes.
Ce qui rend surtout ces hommes admirables,
c'est leur abnégation. Ils n'ont reculé devant
aucun sacrifice, devant aucun obstacle pour
découvrir et propager la vérité. Apôtres de l'expérience, voyageant à la manière des premiers
philosophes, ils ouvraient des conférences publi-
ques, ne craignaient pas, pour se faire comprendre, de se servir d'expressions vulgaires. Comme

les pythagoriciens, ils ont été bien malheureux. Cadran était poursuivi, calomnié ; le potier d'Agen, dont Ambroise Paré fut l'élève (car lui aussi tenait à communiquer ses idées), n'échappa point à la persécution et resta jusqu'à sa mort un libre penseur, malgré les menaces d'un Henri III. Corneille Agrippa expirait dans un hôpital, en prononçant ces paroles indiquant la pépinière des persécuteurs de ce siècle : «Dans les sectes monastiques, abordent de méchants garnements ; tous ceux qui, effrayés de leur mauvaise vie, craignent la rigueur des lois et n'ont retraite assurée nulle part ; qui ont mené une vie infâme et déshonnête ; qui sont réduits à bêlistrer et à demander leur pain, après avoir dissipé leurs biens en paillardises, brelans et tavernes, et s'être chargés de dettes envers chacun. Voilà la grande mer en laquelle vivent, avec les autres poissons, Behemet et Léviathan, monstres énormes et étranges reptiles dont le nombre est infini. » Les paroles de l'empoisonné de Saltzbourg, ce calomnié de tous les âges, ne sont pas moins lamentables : « Ils m'ont noirci en toute occasion, de toute manière ; ils ont mendié des témoignages contre moi ; ils sont allés partout, jusque dans les lieux publics, sur des grands chemins, chercher de quoi nourrir et autoriser leurs passions ; ils se sont joints à un certain marquis qui n'a pas eu honte d'en imposer au sujet de mes honoraires qui m'étaient dus et dont j'étais convenu d'avance. »

Lorsque Paracelse, digne d'être le contemporain de Bernard de Palissy, et par son esprit chercheur et par ses souffrances, parut, les théologiens discouraient sur Aristote ; les facultés de médecine sur Galien, sur les humeurs et les esprits ; Fernel faisait résider la fièvre dans le souffle, le pneuma, dont le cœur était le grand réservoir.

Rompant avec ces notions, Paracelse refuse à Galien l'adulation servile que lui produiguait l'école, fait brûler publiquement les écrits du médecin de Pergame et ceux des Arabes ; mais, rempli d'admiration pour Hippocrate, il professe, toujours pour le vieillard de Cos, le respect, la vénération que professa, deux siècles plus tard, l'illustre Boerhaave pour Sydenham. Avec Démocrite, il suppose l'éternité d'une matière chaotique ; avec Aristote et Platon, il divinise les astres ; avec Platon et Pythagore, il reconnaît une substance formatrice, greffée sur la matière informe ou *la racine*;

substance formatrice provenant des astres, dieux raisonnables, créateurs du monde. Les êtres se composent de trois éléments *formés* ou sidériques : du sel, du soufre et du mercure. La rénovation des corps organiques s'opère par une semence cagastrique, matière formée, sidérique. La structure de leur organisme est toujours en rapport avec une force immatérielle iliastrique, dont ils sont animés : faculté occulte, force invisible, émanée de l'âme iliastrique du monde, et dont la substance élémentaire sidérique, la semence cagastrique, n'est que l'enveloppe.

Appliquant ces notions ontologiques à l'anthropologie, Paracelse considère l'homme constitué par trois éléments : le soufre, le sel et le mercure sidériques, et doué d'une force immatérielle, iliastrique : force répandue dans toute l'économie animale, configurée de la même manière, élaborant les substances alibiles, présidant à toutes les fonctions, soit de la vie de relation, soit de la vie végétative. Arrivant à la pathologie, notre alchimiste voit les maladies produites : 1° par des causes naturelles extérieures, agissant sur les éléments sidériques, constitutifs de l'organisme; 2° par les aliments que ne peut élaborer la force iliastrique ou l'âme sidérique ; 3° par cette force, cet en soi-même ; 4° par les astres, dieux secondaires ; 5° par Dieu, moteur suprême.

Ces hypothèses ontologiques nous sembleront puériles à nous, hommes du XIXe siècle ; nous pourrons les trouver ridicules. Nous aurions tort. En supposant les êtres constitués par trois éléments, Paracelse rompait avec le passé, pressentait ce que la chimie est venu démontrer : que les corps ne se composent pas de quatre éléments ; que l'air, l'eau, le feu et la terre ne sont pas des principes immédiats. Il engageait la génération intellectuelle à venir, dans une voie féconde de découvertes. Qu'il ait parlé de dieux secondaires, d'astres divins et raisonnables, de forces sidériques, il n'a fait qu'imiter Platon dont le système métaphysique a tant de ressemblance, de rapport avec le sien. On a reproché, et des médecins théologues reprochent encore à ce célèbre alchimiste d'avoir cru aux esprits : aux nymphes dans l'eau, aux gnomes sur la terre, aux sylvains dans l'air. Ceci est rationnel et découle naturellement de ses notions fétichiques, pythagoriciennes, de sa force iliastrique, émanée de la divinité, et répandue dans le monde. D'ailleurs, lorsqu'il vivait, l'esprit mystique soufflait partout, les plus belles intelligences étaient imbues des superstitions les plus grotesques. Fernel admettait l'action des esprits déchus sur l'homme, croyait aux adorateurs du démon, à l'efficacité des enchantements, des exorcismes, des conjurations. Que penser de ce célèbre médecin, lorsqu'on se rappelle qu'il est allé jusqu'à prétendre avoir été témoin d'un délire causé par le diable? Wier, Porta, Pensylvanius croyaient également aux esprits infernaux. Et Ambroise Paré, qui échappa au massacre de la St-Barthélemy, comme son illustre maître, Bernard de Palissy, que n'a-t-il pas écrit? « Les démons se forment subitement en ce qu'il leur plaist ; souvent, on les voit se transformer en serpents, crapeaux, chats-huants, corbeaux, boucs, asnes, chiens, loups, chats, taureaux. Ils se transmuent en hommes et aussi en anges de lumière (question fortement agitée par saint Thomas, résolue affirmativement par Paré). Ils hurlent la nuit et font bruit comme s'ils étaient enchaînés ; ils remuent les tables, bercent les enfants, feuillettent les livres, comptent l'argent, jettent la vaisselle par terre. Ils ont plusieurs noms, comme : cacadémons, incubes, succubes, coquemars, gobelins, lutins, mauvais anges, Lucifer, Satan. Les actions du diable sont supernaturelles et incompréhensibles: Ceux qui sont possédés parlent diverses langues incognues, font trembler la terre, tonner, desracinnent les arbres , font marcher les montagnes, soulèvent les châteaux. » Et ceci s'écrivait au XVIe siècle ! et c'est un protestant, un calviniste, un homme de progrès qui traçait ces lignes puériles ! Qu'aurait pensé le Père de la médecine, en entendant cet étrange langage ? Dans quel siècle, chez quelle peuplade se serait-il cru transporté , lui qui avait flagellé les éclipseurs de lune , les arrêteurs de soleil, les charlatans, les expiateurs , les imposteurs mystiques. A Dieu ne plaise que nous fassions remonter à Fernel et à Ambroise Paré la culpabilité de leurs notions superstitieuses ! Le coupable, c'est ce maudit moyen-âge ; le vent scientifique du XVIe siècle ne s'était pas encore élevé assez impétueux pour emporter les débris de cette époque néfaste où l'esprit humain s'était vu jugulé par la plus absurde ignorance, le fanatisme le plus odieux. On était dans le siècle des François Ier, des Henri , des Charles IX , des Boguet, des Trois-Échelles , du hideux accusateur Bodin demandant, à cor et à cri, le sang de Wier, de Porta, les défenseurs de pauvres fous qui périssaient alors par milliers sur les bûchers. Cent cinquante mille furent jugés et brûlés en France, sous le seul règne de François Ier. Rien de plus affligeant pour le cœur humain que les récits de toutes ces horreurs. Pour voir jusqu'où peut être poussé le fanatisme, nous allons transcrire une citation empruntée à un ouvrage de M. Calmeil, médecin actuel de la maison des aliénés de Charenton ; ouvrage dont chaque page exhale un parfum humanitaire bien propre à faire aimer son auteur. Qu'on le lise ; il fera mieux connaître ces lugubres époques que la description du combat de Marignan et la défaite honteuse de Pavie, que toutes ces compilations de faits, de dates, servant à fausser l'intelligence, en faisant prévaloir aux yeux d'une jeunesse ardente l'empire de la force sur l'autorité de la raison. Quand donc l'histoire qui devrait être la légende de l'humanité, légende sanglante jusqu'ici, cessera-t-elle d'être la glorification de la force et de la sottise, et deviendra-t-elle la glorification du martyre et de la vertu ?

« Les scènes les plus attendrissantes ne

remuent point le cœur de Boguet. Le juge de de Saint-Claude raconte ainsi ce qui se passa à l'une de ces audiences : « Pierre Uwillermozz, âgé de *douze ans*, était appelé à témoigner contre son père. Tous deux étaient retenus dans les prisons depuis *quatre mois*. D'abord, le père eut de la peine à reconnaître son enfant qui avait changé de casaque depuis son arrestation. Au moment où il reconnaît son fils Pierre, ce dernier soutient que son père l'a mené au sabbat et l'a sollicité de se donner au diable. Le père dit qu'il n'y était pas allé ; que jamais il n'y avait conduit son fils. A l'instant il s'écrie : Ah ! mon pauvre enfant, tu nous perds tous les deux ; et il se jette en terre, le visage contre-bas, si durement, que l'on jugeait qu'il s'était tué. C'était non moins étrange que pitoyable que ces confrontations, d'autant que le père était *tout défait* de la prison ; qu'il se lamentait, qu'il criait, qu'il se précipitait contre terre. Il me souvient qu'étant revenu à lui, il disait quelquefois à son fils d'une voix amiable, qu'il fît tout ce qu'il voudrait contre lui, mais qu'il le tiendrait toujours pour son enfant. Toutefois, le fils ne s'ébranlait pas, il restait insensible ; si bien qu'il semblait que la nature lui eût fourni des armes contre elle, vu que ses propos tendaient à faire mourir d'une mort ignomi- nieuse celui qui lui avait donné le jour; mais, certes, j'estime qu'en cela il y a eu un juste et secret jugement de Dieu qui n'a pas voulu permettre qu'un crime aussi détestable, comme est celui de la sorcellerie, demeurât caché sans venir en évidence. Aussi, est-il bien raisonnable que le fils ne fut pas touché en cet endroit des aiguillons de la nature, puisque son père s'était directement bandé contre le Dieu de la nature.» (Boguet Henri.)

»Uwillermozz père, ajoute M. Calmeil, mourut dans son cachot avant le prononcé du jugement. Boguet, en renvoyant Pierre Uwillermozz à sa mère, regretta beaucoup la mort anticipée du père, auquel il comptait faire bientôt subir le supplice du feu. » Et cette malheureuse Rolande Duvernois, brûlée le 7 septembre 1600!... Boguet se vante d'avoir fait juger, et monter sur le bûcher plus de *seize cents* aliénés.

Arrivant au dernier paroxysme du fanatisme, ce monstre aurait voulu que les sorciers eussent non pas une seule tête pour la trancher, mais un seul corps pour le brûler. Et ces scènes d'horreur s'accomplissaient au grand jour, en pleine Europe, en pleine France, aux portes de Lyon, à Saint-Claude, il y a deux siècles! Ah! comme l'a dit Paul-Louis, le progrès va et ne cesse d'aller. Si sa marche nous paraît lente, c'est que nous vivons un instant; mais, que de chemin il a fait depuis cinq ou six siècles. A cette heure, en plaine roulant, rien ne peut plus l'arrêter.

Van-Helmont, qui suit de quelques années Paracelse, s'élève également contre le galénisme : les humeurs et les esprits. Chimiste distingué, il est novateur, mais un novateur malheureusement trop dominé par les croyances religieuses de son siècle. Dans sa haine superstitieuse contre le passé, il englobe l'antiquité tout entière. Arrivant au dernier degré d'exaltation théologique, il affirme que les penseurs grecs, étant des païens, ont écrit sous l'influence du diable; que leurs écrits sont l'œuvre du malin esprit, que leur médecine, ouvrage du démon, a été plus nuisible qu'utile à l'humanité souffrante. Ceci est de la pauvreté d'esprit, pauvreté cependant pardonnable, si l'on se reporte au siècle où vivait l'auteur de ces paroles à jamais flétrissables : *Mulier est id quod est propter uterum.* Galénistes, alchimistes,

hommes du passé, hommes de l'avenir se lan-
çaient les mêmes accusations. Au XVIIe siècle,
Riolan n'est-il pas allé jusqu'à proclamer qu'il
aimerait mieux se tromper avec le médecin de
Pergame que suivre une bonne route avec
Paracelse, qu'il regardait comme inspiré par
le diable? Van-Helmont a eu beau se récrier
contre l'antique philosophie; son ontologie,
amalgame confus de notions théologiques, aris-
totéliques, alchimiques, est loin d'offrir le
cachet d'originalité des systèmes métaphysiques
grecs.

Partisan de la création *ex nihilo*, le médecin
belge suppose les substances composées de trois
éléments : le sel, le soufre, le mercure (idée
émise par Isaac Hollandus, reproduite par
Paracelse), éléments dérivant d'un principe
unique : de l'eau. (Conjecture bien antique, remontant à Thalès et à Hippon de Rhégium.)
Suivant notre Théosophe, la matière ne possède
aucun attribut, aucune qualité : attributs, qualités, mouvement, dépendant d'un absolu général,
d'un ferment répandu par le créateur dans tout
l'univers. Plagiaire des systèmes de Platon et
d'Aristote, il répète, sous un nom différent, les
notions ontologiques de ces philosophies, sans

jamais spécifier la nature de son ferment. Tous les êtres possèdent cet en soi. Organisateur de l'économie animale, il veille à l'accomplissement des phénomènes physiologiques , d'une manière générale et d'une manière particulière. En fabriquant les parties du corps , en les distinguant, il s'est divisé en autant de ferments secondaires, de *blas* qu'il y a d'organes : blas , ferments , constituant leur vie , faisant de l'être vivant un être multiforme , des organes autant de parties à vie distincte. Outre ces en soi particuliers , fabricateurs, conservateurs des organes, triant, choisissant ce qui est nécessaire à leur entretien , il existe une portion libre du ferment. Siégeant dans l'estomac , cet *archée* rayonne dans tout l'organisme , va modérer ou activer l'action des blas. Bien différent des ferments secondaires dont les actes sont fatals et subordonnés à la structure des organes , l'archée agit librement et non automatiquement. Être raisonnable , *vis conscientiâ motrix,* il se réjouit, s'emporte, s'indigne , selon les impressions bonnes ou mauvaises qu'il reçoit des milieux, de l'âme et des *démons.* L'âme , substance immortelle , apanage exclusif de l'homme , peut agir sur le corps, mais d'une manière indirecte, en provoquant les manifestations de l'archée.

Ces notions métaphysico-théologiques sont loin d'avoir disparu de l'anthropologie. Bordeu, Bichat les ont reproduites, l'un et l'autre, sous des noms différents ; mais, après tout que signifient des expressions différentes, l'idée fondamentale restant la même. Sensibilité locale, sensibilité générale de Bordeu, contractilité et sensibilité organiques, animales de Bichat, sont la répétition des blas, des ferments dont l'origine première remonte à Platon et Aristote qui, dépouillant les substances de leurs attributs, ont rattaché les phénomènes à des êtres fictifs, à des facultés occultes. L'illustre et sceptique Barthez a rejeté ces sensibilités, ces contractilités ; il a repoussé cet archée s'indignant, se fâchant, agissant avec conscience ; malheureusement, il a supposé à la vie une cause, une faculté occulte automatique que le vénérable M. Lordat essaie, en vain, de faire passer de l'état de simple fiction à l'état de réalité.

Pourquoi Paracelse a-t-il été tant calomnié ? Pourquoi a-t-il été le bouc-émissaire des invectives de la plupart des historiens de la médecine, sans en excepter Curt-Sprengel ? Pourquoi Van-Helmont a-t-il été tant vanté ? Pourquoi son nom est-il encore invoqué à l'appui de certaines notions fictives? Pourquoi? L'explication en est simple , facile. Van - Helmont était un vrai croyant, un partisan fanatique de la théologie révélée , acquiesçant à la création *ex nihilo* , à l'existence d'une âme , apanage exclusif de l'homme. Paracelse, au contraire, admettait l'éternité de la matière , divinisait les astres , les faisait créateurs du monde, supposait un principe immatériel répandu dans le monde, animant la nature entière , façonnant les êtres avec les éléments sidériques. Pythagoricien , fétichiste , il n'a tenu aucun compte des théologies de son siècle; il n'a voulu ni de la religion romaine , ni du culte réformé naissant; il s'est plu à reposer son esprit dans la contemplation des phénomènes célestes et dans celle de la nature. Certes, il a fallu à cet illustre mort un grand courage pour briser avec la croyance. Ce courage, il l'a eu; c'est un de ses plus beaux titres de gloire; mais que de calomnies , que de persécutions ne lui a-t-il pas attirées? On reproche à Paracelse d'avoir cru à la cabale, à l'astrologie! Que dirait-on de lui , s'il avait écrit les étranges lignes tracées par Ambroisé Paré? On le considérerait comme un fou? Mais Paré était un réformé, croyant au Dieu de la révélation ; Paracelse un libre penseur, ennemi de tous les cultes de son siècle.

Au XVIe siècle, l'anatomie avait réalisé des progrès merveilleux ; au XVIIe siècle, âge de doute et de lumière, se reliant admirablement au XVIIIe, la physiologie est créée. Le plus grand des actes organiques, le nœud gordien de tous les autres, la circulation, pressentie par les philosophes grecs, par les anatomistes d'Alexandrie, entrevue par Colombus et Césalpin, était dévoilée et démontrée expérimentalement par l'immortel Harvey, malgré les attaques aussi pauvres que méprisables d'un Riolan, bien digne de figurer, à côté d'un Duret et d'un Marescot, à l'examen d'une folle maîtresse d'un ambitieux et royal rénégat. Riolan faisait pour la découverte de ce *fou* d'Harvey ce que Gui-Patin fit pour l'antimoine. On dirait qu'il est dans la destinée des grands hommes et de toutes les découvertes, de rencontrer des ambitieux pour les contredire, des sots pour les rejeter.

La circulation générale découverte, c'était, sans doute, un pas immense accompli dans l'étude dynamique de l'être vivant. Mais, combien d'autres phénomènes physiologiques étaient encore à dévoiler! On ignorait le mécanisme de la plupart des principaux organes. (Quel rôle ridicule Descartes n'a-t-il pas fait jouer aux poumons)? On ne connaissait point la composition des modificateurs extérieurs : de l'air, de l'eau, des aliments ; on pouvait observer leur influence sur la conservation de l'économie animale, mais l'on ne savait pas se rendre compte de leur action élémentaire. Comment expliquer la vie? Comme dans les siècles écoulés, par des hypothèses.

Parmi tant de sectes ontologiques écloses au XVIIe siècle, sectes dont le nombre devient prodigieux au XVIIIe, ayant toutes la prétention de résoudre le grand problème de l'existence humaine, trois grandes écoles métaphysiques essaient d'expliquer les phénomènes physiologiques : les écoles cartésienne, baconienne, stahlienne.

Descartes, s'adressant au raisonnement, est bien loin de réaliser le programme qu'il s'était tracé. Il doute, après avoir rejeté ses notions théologiques primitives ; malheureusement, son doute, ses raisonnements furent très-souvent entravés par la croyance. Toujours, ce profond

penseur a peur de froisser trop directement la
théologie. A la fin de son traité des principes
de la philosophie, il écrit : « Je soumets mes
opinions au jugement des plus sages et à l'autorité de l'église. » En traçant ces lignes conci-
liatrices de la foi et de la raison, Descartes avait-
il peur de ces persécuteurs fanatiques dont le
XVIIe siècle était souillé ? Comme Bacon, a-t-il
redouté le fagot ? C'est possible. Il avait été en
butte aux lâches attaques d'un Voëtius ; il connaissait la fin déplorable de Jordano Bruno,
s'écriant devant le bûcher qui devait le consu-
mer : « La sentence que vous venez de me lire,
prononcée au nom d'un Dieu de miséricorde,
vous fait peut-être plus peur qu'à moi. » Il
n'ignorait pas la condamnation de Galilée, obligé
de se rétracter, de se parjurer, de se faire
dénonciateur à 70 ans ; condamnation dont il
avait été tellement frappé qu'il brûla un ouvrage
de physique, crainte de s'attirer la haine de
cette puissance occulte qui, dans tous les âges
et sous des noms différents, a fait verser bien
des larmes, couler bien du sang pour assurer le
triomphe de son pouvoir.

D'après Descartes, le monde, créé par un
être suprême (ce n'était pas la raison qui le

lui avait appris), est indéfini et non infini ; car si notre philosophe ne peut concevoir que l'univers ait des bornes, il ne peut nier qu'il n'en ait peut-être quelques-unes connues de Dieu, bien qu'elles lui soient incompréhensibles. Il suppose tous les corps composés d'atomes, mais d'atomes divisibles, leur indivisibilité portant atteinte à la puissance de Dieu : corpuscules inertes par eux-mêmes, le mouvement dérivant de la force motrice que la Divinité, dont l'action s'étend partout, a mise dans le monde, et qu'elle conserve toujours la même. Les substances, et les atomes dont elles se composent, ne possèdent aucun attribut, aucune qualité ; l'étendue seule les caractérise, comme la pensée distingue, caractérise l'âme dont elle est inséparable. Locke a bien eu raison de rejeter cette singulière propriété caractéristique des substances. Quel homme, dirons-nous avec Barthez, pourra jamais se faire une idée de l'essence de la matière dans l'étendue solide ?

Descartes aurait dû suivre le conseil donné par Henri Morus ; il aurait dû accepter franchement le *nihil tangere* de Lucrèce. Ce qu'il y a de plus ridicule dans ces notions cartésiennes, et dont l'intelligence de Démocrite et d'Epicure avait su se préserver, c'est de faire remonter à Dieu tant d'évènements déplorables. Le dieu cartésien est bien le dieu de M. Jules Simon : ce dieu spéculatif de la métaphysique, créateur du monde, auteur d'une foule de faits douloureux qui ne serviraient qu'à le rendre odieux.

Avec ces notions métaphysiques et la découverte de la circulation, Descartes explique facilement la vie. Il place dans le cœur une *espèce de feu :* principe corporel, raréfiant le sang dans les cavités droites de cet organe, le faisant passer dans les poumons où il se rafraîchit et s'épaissit. Rafraîchi et épaissi, le sang revient dans les cavités gauches du cœur. Raréfié, dilaté de nouveau par le feu, il est lancé dans l'économie où il va porter la chaleur et la vie. Ses parties les plus subtiles arrivent en grande abondance dans le cerveau qui les crible, les tamise, ne laisse passer que les molécules les plus ténues. Criblés, tamisés, ces corpuscules se rendent dans les nerfs, puis dans les muscles, déterminent le mouvement : mouvement variable avec la quantité, la rapidité des esprits émis par le cerveau, transmis par les nerfs, et suivant la configuration des organes. Motilité, sensibilité, vie, dépendent de ces esprits animaux lancés par le feu placé dans le cœur, feu dont la force motrice se relie au mouvement répandu dans tout l'univers, à Dieu même. En avançant ces hypothèses, le fondateur du cartésianisme a soin de s'appuyer sur l'autorité de l'Ancien-Testament : « Le mouvement n'est pas l'âme des bêtes ; mais, je dirai plutôt avec la sainte-écriture, que le sang est leur âme ; car, le sang est un fluide qui se meut très-vite, duquel la partie la plus subtile, l'*esprit*, coule dans les nerfs. » (*Deutéronome*, ch. 12, v. 23.)

Outre cette âme corporelle, cet esprit, cause fatale des mouvements des bêtes, l'homme posséderait une âme rationnelle, l'animus ; l'âme rationnelle pensante, unie non pas par *accident*, mais *substantiellement* avec le corps. (Lettre à Régius en réponse aux objections faites par des théologiens.) Le siége principal de cette âme est la glande pinéale qui se penchant de telle ou telle façon, de tel ou tel côté, suivant les pensées de l'âme, envoie les esprits animaux dans les nerfs, puis dans les muscles, provoquer des mouvements volontaires, libres, réalisant la volonté de cette substance immatérielle.

D'où vient que plusieurs philosophes ont attribué une âme pensante aux animaux ? « La source de cette erreur vient d'avoir vu que plusieurs membres des bêtes n'étaient pas différents des nôtres par la figure, les mouvements, et d'avoir cru que l'âme est le principe de tous les mouvements qui sont en nous, qu'elle donne le mouvement au corps, qu'elle était la cause de nos pensées. Cela supposé, nous n'avons point fait de difficulté de croire qu'il y eût dans les bêtes quelque âme semblable à la nôtre.

Mais, ayant pris garde, après y avoir bien pensé, qu'il faut distinguer deux principes de nos mouvements : l'un tout-à-fait corporel et mécanique, qui dépend de la seule force des esprits animaux et de la configuration des organes, que l'on pourrait appeler âme corporelle; l'autre incorporel, l'âme qui pense, j'ai cherché avec grand soin si les mouvements provenaient de ces deux principes ou d'un seul. Or, ayant vu clairement qu'ils pouvaient venir d'un seul, du corporel, je n'ai point reconnu dans les bêtes d'âme qui pensât. » Descartes ôte-t-il la vie, le sentiment aux animaux, comme on l'a répété si souvent ? « Je parle de la pensée et non de la vie; car, je n'ôte la vie à aucun animal, la faisant résider dans la chaleur du cœur ; je ne leur refuse pas même le sentiment.

Aussi, mon opinion n'est-elle pas aussi cruelle aux animaux qu'elle est favorable aux hommes; je dis à ceux qui ne sont pas attachés aux rêveries de Pythagore, puisqu'elle les garantit de soupçon et même de crime, lorsqu'ils mangent ou tuent des animaux. »

Descartes avait accepté franchement la création *ex nihilo*. Bacon ne sait quel parti prendre sur cette grande question, comme nous l'avons établi, en traitant de l'origine des entités. Le philosophe français n'avait reconnu dans l'univers que *matière et esprit* : proposition cartésienne contre laquelle, dit M. Lordat, *s'élève toute la philosophie expérimentale ;* il avait fait intervenir l'action de la divinité dans l'accomplissement des phénomènes cosmologiques et vitaux, ceux de l'homme exceptés. Le philosophe anglais nie l'intervention de cette divinité que «le consentement du genre humain tendrait à faire rejeter. » Partisan des fluides, des causes invisibles, intermédiaires entre la matière et la substance spirituelle, il admet l'existence d'un *fluide mortual,* impondérable : blas, ferment, portant les corps à *percevoir, à choisir* les matériaux nécessaires à leur manière d'être. « Nous apercevons dans les corps une faculté manifeste de *perception*, et même d'élection, en vertu de laquelle ils se joignent aux substances amies et repoussent les substances ennemies. Nul corps ne peut être changé sans une perception primitive; le corps *perçoit* les pores par lesquels il s'insinue. »

Outre cette faculté occulte, cette force attractive et répulsive, commune à tous les êtres, dont le mode d'agir est fatal, involontaire, mais toujours sagement réglé, pour maintenir l'éternelle harmonie de la nature, l'homme possède une âme sensible et une âme rationnelle, divine, dont l'étude appartient à la théologie, *science abrupte*. L'âme sensible ou produite, dont le philosophe doit s'occuper, l'animal en est doué, mais non la plante, dont tous les mouvements sont déterminés par le fluide mortual. « Penser qu'en arrachant une branche d'arbre, on s'expose à l'entendre pousser des gémissements, comme celle de Polydore, est une absurdité. La plante ne *sent* pas, elle *perçoit* ce qui lui est fatalement nécessaire. » De Maistre a dit ironiquement si Bacon avait vu l'âme sensible ou produite. Mon Dieu! non. Le chancelier l'avoue naïvement : « Substance ignéo-aérienne, atténuée par la chaleur, elle

est rendue invisible par cette atténuation. »
Siégant dans le cerveau, cette âme parcourt les
nerfs, arrive sans solution de continuité dans
toutes les parties du corps, se ramifie à l'infini
comme le système nerveux; bien différente en
cela du fluide *mortual,* localisé dans les utricules
du tissu cellulaire, n'offrant aucune solution
de continuité.

Si ces deux impondérables, invisibles, intangibles, diffèrent par leur siége, ils ne diffèrent
pas moins par leurs fonctions : l'un, le fluide
mortual, présidant aux actes de la vie organique, l'autre aux phénomènes de la vie de
relation. « Pourquoi les aliments sont-ils digérés
et rejetés par les excrétions? Pourquoi les humeurs, les sels se portent-ils tantôt en haut,
tantôt en bas? Pourquoi le cœur et les artères
vibrent-ils ? Pourquoi les viscères, comme
autant d'ateliers vivants, exécutent-ils leurs
fonctions? Tout cela a lieu sans que le *sentiment*
le fasse apercevoir. » L'âme sensible ou produite, présidant aux fonctions de la vie de
relation, n'est pas un en soi automatique,
comme le principe vital de l'école de Montpellier. Elle possède la mémoire, l'entendement,
la volonté, facultés dont s'est indigné avec

raison de Maistre ; et que M. Lordat, tout baconien qu'il est, ne saurait admettre. Elle peut agir et elle agit sur le fluide mortual (principe vital moderne); elle a conscience de ses actes, transforme la perception en sensation, l'acte fatal en acte volontaire.

Si l'on se reporte au siècle antérieur, il est facile de voir que Bacon répète, sous des termes différents, les notions de Van-Helmont. Fluide mortual, âme sensible, vitale, sont les blas et l'archée de Van-Helmont.

En parlant de l'entrevue de Démocrite et d'Hippocrate, Bordeu dit que la médecine jugea la philosophie. Nous pouvons ajouter que trop souvent la métaphysique, l'ontologie, ont jugé la médecine et ont légué à la science biologique des erreurs, des fictions dont l'illustre médecin béarnais n'a pas su lui-même se préserver.

Des anthropologistes, tels que Glisson, imbus de la philosophie baconienne, supposent dans tous les êtres l'existence d'une force appétive, perceptive, triant, choisissant ce qu'elle désire, se mouvant pour l'atteindre. Van-Helmont l'appelait ferment ; Bacon fluide mortual; Glisson la nomme irritabilité. Indépendamment de cet en soi, de cet absolu, le professeur de Cambridge doue l'homme d'une âme rationnelle, et d'une âme sensible : fluide impondérable, invisible, intangible, parcourant les nerfs, présidant aux actes de la vie animale, aux phénomènes de la vie de relation, sous la dépendance de l'âme; transformant la *perception* en *sensation*, le mouvement fatal en mouvement libre.

Des médecins cartésiens, Boerhaave, Borelli, etc., rejetant ces fluides, ces forces, ces impondérables, n'admettant que la matière et l'âme pensante, expliquent les phénomènes physiologiques par des notions empruntées à la physique, à la chimie, à la mathématique : les uns, par les esprits animaux; les autres, par les ferments; ceux-ci, par des théorèmes de mathématique.

A côté de ces deux grandes écoles métaphysiques qui ont divisé et divisent encore les médecins, il en surgit une nouvelle bien différente. Stahl, l'homme du passé théologique, voit avec chagrin, toutes ces hypothèses anthropologiques, il croit à la création *ex nihilo*, au péché originel, aux maux causés par la curiosité de notre premier père et la faiblesse d'Éve. Il se prononce résolument pour l'unité de l'âme, question agitée depuis l'antiquité, résolue néga-

tivement par Platon et sur laquelle Aristote a
montré tant d'incertitude. Cette âme n'est pas
l'âme rationnelle de Bacon, dont la *sacrée théologie, science abrupte,* s'occupe ; ni l'âme
pensante de Descartes, logée dans la glande
pinéale, ayant à ses ordres des esprits animaux
pour exécuter sa volonté. Elle accomplit seule
toutes les fonctions physiologiques sans avoir
besoin de tous ces impondérables, de ces esprits
animaux, de ces lieutenants-généraux, de cette
valetaille, qu'on met si gratuitement à son
service : elle règne et elle gouverne. Stahl n'était
pas un homme de transaction ; c'était un vrai
croyant, mais un croyant assez intelligent pour
entrevoir que l'empire de l'âme une fois affaibli,
tôt ou tard serait contesté et annihilé. Cette manière radicale de faire, ce tout ou rien, peut
déplaire aux esprits faibles, aimant les faux-
fuyants ; cependant, en psychologie, comme en
bien d'autres choses, c'est encore le parti le
plus sage à prendre, mais bien souvent le plus
dangereux.

Cartésiens, baconiens, stahlianistes, tous se
sont servi de l'inconnu pour expliquer l'inconnu.
Mais, quelle différence dans le caractère de
leurs hypothèses ! Les conjectures physiques,

chimiques, mécaniques de Descartes, de Boerhaave, de Sylvius Deleboë, de Borelli, par
leur nature de pouvoir être vérifiées, réfutées,
ont fui devant le progrès de l'anthropologie.
Quel est l'anthropologiste qui admettrait une
espèce de feu placé dans le cœur, raréfiant le
sang, le mouvant, le lançant dans l'organisme?
Quel est celui qui ferait jouer aux poumons le
rôle ridicule d'épaissir le sang? Quel est celui
qui parlerait des âcretés du sang, *des pressions,
des cribles, des pompes, des leviers, des globules
géométriques et de tant d'autres petits meubles
dont le corps vivant a été rempli et qui furent les
joujoux de nos pères?* Quel est le médecin, au
niveau de la science contemporainé, qui recour-
rait, dans le traitement des maladies, aux
théories de désobstruction, de relâchement,
d'épaississement des humeurs; théories si justement critiquées par Bichat? Aucun. Il n'en est
plus ainsi de la psychologie, science d'imagination, créée par la philosophie grecque pour
suppléer la biologie, science de positivité. Nous
possédons toujours des animistes, des cartésiens, des baconiens. On admet une âme *pensante,* apanage exclusif de l'homme; on reconnaît une âme fabricatrice, conservatrice,

curative de l'organisme ; on suppose l'existence
de facultés occultes, d'ordre vital et d'ordre
intellectuel.

De ces systèmes psychiques, celui qui ten-
dait le plus à la réalité, c'était le cartésianisme, le système atomistique de Démocrite,
amalgamé à la théologie révélée. Les métaphysiciens de notre siècle, les théologo-métaphysi-
ciens l'ont compris. Le père Ventura, M. Lordat
ont repoussé le système psychologique de Descartes, saisissant très-bien qu'il est l'avant-
coureur du matérialisme. Ils sont loin d'imiter
ces philosophes juvéniles, la plupart appartenant
à l'école organicienne, qui répètent : ça peut
être, comme ça ne peut pas être ; on ne s'inquiète pas de ces choses-là. Si, l'on s'en inquiète,
et, malheureusement, lancé sur la pente fatale
du doute, l'on ne peut plus s'arrêter, on doit
subir forcément les conséquences de son libre
arbitre.

Au XVIIe siècle, la physiologie créée, l'étude
dynamique de l'être vivant n'avait porté que
sur les actes physiologiques considérés isolément, en eux-mêmes et non dans leurs rapports
avec les modificateurs extérieurs. Au XVIIIe
siècle, les mêmes investigations continuent ; et,

si dans l'âge précédent, la physiologie s'était enrichie des noms de Harvey, Massa, Malpighi, etc., elle peut au XVIIIe siècle ajouter ceux, non moins illustres, de Haller, Bordeu, Spallanzani, Barthez et Bichat. Ce qui caractérise surtout ce dernier âge, ce sont les travaux remarquables accomplis en chimie, travaux faisant entrer l'anthropologie dans une phase nouvelle. Connaître les rouages d'une machine est chose utile ; mais, il faut plus encore : il faut connaître ce qui l'alimente, la force qui fait marcher ses rouages. Jusqu'au XVIIIe siècle, on connaissait les rouages de l'économie animale, et encore bien imparfaitement ; quant à ce qui sustente l'organisme, ce qui l'alimente, l'air, l'eau, les aliments, une telle étude était à réaliser. On savait que les milieux exercent une action puissante et nécessaire sur l'organisme, que l'être vivant et les modificateurs extérieurs sont inséparables ; on entrevoyait, depuis l'antiquité, toute l'importance que devait retirer la médecine de l'étude des phénomènes et des agents cosmologiques ; le traité des airs, des eaux et des lieux était un programme grandiose, mais ce n'était qu'un programme ; il fallait le réaliser, sanctionner les aperçus du

génie : tâche pénible, entreprise glorieuse que
le dernier siècle a commencé à ébaucher et que
le XIX° poursuit. Les découvertes merveilleuses
réalisées en chimie devaient changer la face de
l'anthropologie; elles devaient amener en physiologie une révolution radicale. Cette révolution,
ce changement ne fut pas aussi complet qu'on
pouvait l'espérer. Il fallait, chose difficile à faire
en science comme en tant d'autres choses,
rompre avec les notions fictives du passé; puis,
il était nécessaire que le temps achevât l'œuvre
des premiers jours. Mais quel nœud gordien
ne trancherait pas l'imagination? La science
des causes, la métaphysique intervint encore
pour expliquer la physiologie, offrant les mêmes
variantes, les mêmes oscillations que dans les
âges écoulés.

L'animisme, cette ontologie stoïcienne, ra-
jeûnie et appropriée par Stahl à la théologie
révélée, rend facilement compte des phénomènes physiologiques. S'agit-il d'un acte organique quelconque, normal ou pathologique?
præstò adest anima. Accepté par les conservateurs du passé, par ceux qui, dans tous les
siècles, en tout et partout, *oderunt et calumnia-*
runt quæ non valent attingere, ce système an-

thropo-théologique fut rejeté par les métaphysiciens partisans des fluides, des impondérables,
des facultés occultes : êtres intermédiaires entre
l'âme et le corps , ridiculisés par Stahl.

Haller, continuateur de la doctrine de Glisson,
admet l'irritabilité (fluide mortual de Bacon),
dont il doue seulement la fibre musculaire
(*in glutine residet*) , les autres fibres possédant
une force contractile morte , dont ce physiologiste renvoie l'étude aux physiciens (ce qui ne
veut rien dire). Cette irritabilité hallérienne a
des fonctions très - étendues : elle préside à
l'organisation du fœtus, à la nutrition , aux
mouvements involontaires ; son action , toute
puissante dans les actes de la vie organique ,
s'affaiblit insensiblement à mesure qu'on se
rapproche de la vie de relation. Les mouvements
volontaires sont sous la dépendance de l'âme :
être immatériel , pensant , mettant en jeu l'irritabilité non pas directement , mais par l'intermédiaire du fluide nerveux. *Impondérable, invisible, intangible, inétendue*, ce fluide parcourt
les nerfs , agit sur l'irritabilité, provoque sa
manifestation conformément à la volonté de
l'âme. Comme l'âme sensible ou produite de
Bacon (car c'est à peu près la même sornette

sous des noms différents) , il n'offre aucune solution de continuité, bien différent en cela de l'irritabilité de Glisson ou du fluide mortual du chancelier de Verulam. Si une partie retranchée du corps vivant possède le mouvement, ce mouvement ne dépend que de l'irritabilité, l'âme et le fluide nerveux étant indivisibles. Ce qui a fait dire à Barthez : « Ce raisonnement qui porte sur le dogme religieux de l'unité et de la simplicité de l'âme, tendrait à rendre odieux les adversaires de l'opinion de Haller, s'il n'était pas facile d'exclure de cette discussion l'application d'un dogme respectable. Comment Haller a-t-il pu croire qu'une grenouille possède une âme indivisible qui se sépare de son corps lorsqu'on lui coupe la tête? »

Bordeu arrive au moment où les notions de Stahl et de Bacon divisent les intelligences à Montpellier. Comme Haller, s'il croit à la création *ex nihilo*, comme lui, il est continuellement préoccupé du problème de la vie. L'étude de l'homme physique et moral lui paraît le but auquel doivent tendre tous les efforts, toutes les études d'un véritable médecin. « Qu'il y ait des praticiens qui s'attachent uniquement à la publication, à l'emploi des remèdes, cela ne doit pas nous étonner, et est parfaitement dans l'ordre des choses. C'est le vrai moyen d'acquérir des richesses et une sorte de réputation populaire qui peut en imposer et donner même quelque air de relief aux plus vils, aux plus plats vendeurs de drogues. Il est une autre manière d'étudier et de méditer, c'est de se laisser conduire par une sorte de curiosité philosophique qui se plaît à la contemplation des lois de la nature et à celles de notre économie. »

Notre célèbre médecin repousse et ridiculise les esprits qui jouèrent un rôle capital dans la physiologie de Galien et dans la métaphysique cartésienne. « Un homme sans préjugés, qui se donnerait la peine d'examiner la chose de bien près, ne pourrait-il pas prouver que les trois sortes d'esprits qui furent comme le trépied, le triumvirat de l'ancienne physiologie, étaient aussi bien établis l'un que l'autre ; il serait même curieux de voir *quœrelœ et vindiciœ spirituum naturalium et vitalium*, comme l'illustre Fizes en a fait sur la rate ; peut-être même, s'il fallait faire un parallèle des preuves des trois espèces d'esprits, les vitaux et les naturels paraîtraient-ils mieux prouvés que les animaux ? On dirait que les vitaux sont formés dans les poumons et le cœur, qu'ils vivifient le sang, qu'ils sont la plus subtile partie de l'air, sans laquelle les humeurs n'auraient ni le mouvement, ni l'élasticité qu'il leur faut. Pourquoi n'est-il pas permis de se flatter que les anciennes opinions sur cette matière reparaîtront un jour? (Elles ont reparu, voir l'ouvrage de M. Faget). Quant à la façon dont les modernes soutiennent les esprits, il y a d'abord lieu d'être frappé du nombre prodigieux de formes qu'ils leur donnent. Les uns disent qu'ils sont de l'air, d'autres de l'eau, du feu ; d'autres les font acides, sulfureux, actifs, passifs ; on en a fait de deux, de trois espèces qui roulent dans les nerfs ; on leur a donné toutes sortes de figure, jusqu'à en faire de petits tourbillons. » Notre physiologiste rejette également l'animisme et rit de cette pauvre âme, *pauper anima*, accomplissant toutes les fonctions organiques ; il repousse aussi et se raille de ce principe vital de Fizes, *opérant le blanc et le noir, présidant à ce qui lui est opposé comme à ce qui lui est nécessaire*, principe qui, sous un nom différent, est l'irritabilité de Haller, la force appétive, organisatrice de Glisson, le fluide mortual de Bacon.

Bordeu sera-t-il aussi révolutionnaire en physiologie que le feraient supposer sa sortie ironique contre les esprits, son rejet de l'animisme et du principe vital de Fizes? Rompra-t-il avec toute espèce de notions fictives? Malheureusement non.

Sentir et se mouvoir est la vie, d'après le médecin Béarnais. Le mouvement ne dépend pas d'une propriété particulière des muscles, de l'irritabilité, mais est un phénomène, une manifestation du système nerveux, ou plutôt d'un seul nerf ramifié à l'infini dans l'organisme, l'animant. Ce nerf, sensible et moteur, fabrique le corps. *Aussi petit qu'une puce*, il se développe dans l'utérus à la faveur de la chaleur, de l'humidité, de la mucosité qu'il trouve dans la semence : pâte muqueuse lui servant d'enveloppe, dans laquelle il se nourrit, végète, s'étend ; à laquelle il donne différentes formes selon la direction de son activité. Cette fibre nerveuse, dont les plantes sont privées, a le même degré de force dans une puce que dans un lion ; elle renferme le germe de toutes les parties animales. Si le sentiment et le mouvement ne se manifestent pas les mêmes chez les individus, cela tient uniquement à la diversité de configuration des organes, configuration indépendante de l'atome nerveux, dépendant du degré de chaleur et d'humidité de la pâte muqueuse sur laquelle il va travailler merveilleusement. L'organisme formé, cette monade industrieuse prend soin de son œuvre; trie, choisit, repousse ce qui est nécessaire ou nuisible à l'existence, exerce une action générale, commune à toutes les parties du corps, et une infinité d'actions particulières inhérentes à la texture de chaque organe.

Cette sensibilité animale, cette fibre nerveuse, fabricatrice, conservatrice de l'être vivant, donnant à chaque glande son *goût* particulier, sa sensation particulière, rendant les nerfs attentifs, qu'est-elle? Est-ce un simple attribut? Est-ce une de ces facultés occultes que l'esprit humain est si généralement porté à substituer à la matière? Ces questions, Bordeu se les est posées, mais ne les a pas résolues d'une manière positive. « Quoi qu'il en soit, dit-il, on peut dire que toutes les parties qui vivent sont dirigées par une force conservatrice qui veille sans cesse. *Serait-elle à certains égards de l'essence d'une portion de la matière ou un attribut de ses combinaisons?* Encore un coup, nous ne prétendons donner qu'une manière de découvrir les choses, des expressions métaphysiques. » Ailleurs, il est plus explicite : « Qu'est la vertu dont les nerfs sont doués, c'est leur vie, *une action qui est la suite nécessaire de leur constitution, de leur position.* Pourquoi vouloir pénétrer plus avant. » Dans un autre passage, il se contredit. Comme Bichat, il admet des propriétés distinctes de la matière, greffées sur elle. « *La vie, la vertu des nerfs n'est pas la conséquence de leur constitution, de leur position, mais une faculté innée qui n'est pas plus étrange que la gravité, l'attraction.* »

Outre cette force innée, Bordeu admet une âme pensante dont l'homme seul est doué, car cet illustre anatomiste est un croyant, un théologo-métaphysicien. Au sujet du rôle de cette âme, il montre d'abord un scepticisme très-grand. « L'âme, substance spirituelle, a-t-elle la force de mouvoir le corps par elle-même ou n'est-elle simplement que la cause occasionnelle de ces mouvements ? Nous nous garderons bien d'entrer dans cette question. » Dans un autre passage, il ne garde plus la même réserve, il tranche résolument la question : « L'âme immortelle et spirituelle, unie à l'atome vivant, à la monade (peut-être par union hypostatique), honore et éclaire dans l'*homme* la sensibilité. Le nerf sensitif et moteur, base fondamentale de l'organisme, qu'on peut concevoir aussi petit qu'un atome, est subordonné à l'empire de l'âme. »

En toutes choses, l'homme doit être logique, s'il ne veut pas tomber dans des contradictions déplorables, parfois ridicules. Bordeu avait ri du principe vital de Fizes, de ce principe opérant le *blanc* et le *noir*; il avait ridiculisé les esprits animaux; il avait rejeté l'âme stahlienne. On devait espérer qu'il prémunirait son intelligence contre les fictions métaphysiques et romprait avec l'ontologie. Il ne l'a pas fait. Si ce célèbre anatomiste avait donné encore le jour à de nouvelles conjectures, on pourrait l'excuser; mais il n'a répété que de vieilles notions fictives. Son système ontologique est un amalgame de vitalisme et d'animisme. La faculté innée de sentir et de se mouvoir, c'est l'archée et les blas de Van-Helmont, le fluide mortual et l'âme sensible de Bacon, l'irritabilité et le fluide nerveux de Haller, de Glisson. Ce sont les mêmes hypothèses reproduites d'âge en âge, avec quelques variantes et sous des noms différents. Son âme est, non pas l'âme stahlienne qui règne et gouverne par elle-même; mais l'âme de Haller, de Van-Helmont, ayant besoin d'un lieutenant-général qu'elle éclaire et auquel elle transmet ses ordres.

Barthez, l'illustre ami de Bordeu, vivait, lorsque l'école discourait à vol d'oiseau sur le stahlianisme et le vitalisme. Il avait assisté à toutes ces discussions puériles; il avait vu les criailleries des partisans de Fizes et de Sauvages; il avait pu juger, apprécier toute leur incertitude, toute leur incohérence. Homme du doute, d'un doute profond qu'ébranla malheureusement la croyance, ce célèbre professeur déclare qu'il est, on ne peut plus indifférent pour l'ontologie, en tant qu'elle est la science des entités. Parlant de l'opinion de Gassendi qui croyait l'âme une, quoique formée de deux parties : l'une irrationnelle, végétative, sensitive, l'autre intellectuelle; l'homme un, quoique composé d'un corps et d'une âme, opinion rejetée par Condillac, il écrit : « C'est un exemple remarquable de l'incertitude que peuvent avoir des opinions métaphysiques où des hommes d'ailleurs très-éclairés, croient reconnaître le caractère de l'évidence. » Barthez n'a pas assez

tenu compte de ses paroles. Imbu de la philosophie baconienne, il veut qu'on observe, constate les faits, qu'on les groupe, les synthétise;
à ces faits généralisés il suppose, avec le
chancelier, des causes servant à faciliter le clas-
sement des faits, à en combiner les analogies,
sur la nature desquelles on doit garder le scepticisme le plus invincible : causes que l'esprit
humain a trop de tendance à vouloir faire passer
de l'état de simple conjecture à l'état de réalité.
M. Lordat en a donné un triste, mais éclatant
exemple.

Bacon avait supposé, dans tous les êtres
organisés, l'existence d'une faculté occulte,
automatique, présidant aux actes de la vie végétative; outre ce fluide, atténué et rendu indivisible par la chaleur, possédant la *perception* et
non la sensibilité, il avait doué l'homme et
l'animal d'une âme sensible et motrice exerçant
les fonctions de la vie de relation. Glisson avait
répété Bacon, Haller avait répété Glisson. Le
physiologiste suisse et l'anatomiste anglais
avaient admis deux impondérables : l'irritabilité
(fluide mortual), le fluide nerveux (âme sensible), avec quelques légères modifications.
Hoffmann, partisan des causes invisibles, in-

tangibles, n'avait admis dans les êtres organisés qu'un seul en soi, une seule faculté occulte, le fluide nerveux : substance très-subtile, détachée de la substance éthérée universelle, fabricatrice de l'organisme, lui donnant la vie et l'action, ayant conscience de ses besoins et de ses actes, ennoblie et éclairée dans l'homme par l'âme pensante.

Comme Hoffmann, et contrairement à Bacon, à Glisson et Haller, Barthez admet un principe unique présidant aux phénomènes de la vie ; seulement cette faculté occulte, on ne saurait dire si elle est éthérée, car sur sa nature on doit garder le scepticisme le plus profond, on ne peut en donner que des doutes, des conjectures, des assertions négatives. Sa fin est aussi incertaine que son origine, car elle peut périr ou se rejoindre à un principe immatériel répandu dans l'univers, ou passer dans d'autres corps et les vivifier par une sorte de métempsycose. Et ces sornettes, ces puérilités sont produites sérieusement par Barthez ! Sensible et motrice, cette abstraction on doit la personnifier pour pouvoir en parler plus librement. Ah ! on peut bien en parler librement aujourd'hui ; on l'a si bien personnifiée que sa dubitation est une preuve de noviciat et sa négation une preuve d'inscience médicale. Quelles que soient sa fin et son origine, cette puissance vitale, douée de forces motrices et sensibles, préside à la structure des êtres organisés, régit leurs fonctions, mais automatiquement, bien différente du principe de vie d'Hoffmann, ayant conscience de ses actes et de ses besoins.

Le végétal et l'animal possèdent-ils un principe animateur unique et identique? Bacon avait résolu négativement cette question. Considérant comme une absurdité d'accorder la sensibilité aux végétaux, il avait doué la plante du fluide mortual; et l'animal, de sa chère âme sensible ou produite. Le professeur de Montpellier ne partage point l'opinion du chancelier, car, d'après lui, il n'existe aucune ligne de démarcation parfaite entre le règne animal et le règne végétal. A ceux qui ont voulu en établir une, entre autres à Bacon, il répond par ces paroles que les médecins vitalistes devraient bien retenir : « L'esprit humain est porté généralement à voir, comme ayant hors de lui une existence réelle, le résultat des notions abstraites qu'il produit. Cette disposition générale a fait qu'on a presque toujours voulu

séparer, par des limites précises, les deux
classes des animaux et des végétaux ; mais la
nature se joue de ces vaines distributions crées
par l'art des hommes. » Les mouvements des
plantes et des animaux, sont : les uns produits
par les forces motrices seules de la force vitale,
agissant suivant des lois primordiales, les autres
par ces mêmes forces motrices, mais excitées
par les forces sensitives.

Si le fondateur du double dynamisme humain
rejette toute distinction radicale établie entre le
règne végétal et animal, il ne saurait accepter
une transition insensible entre l'homme et l'animal. Aussi accorde-t-il à l'être humain une
âme divine, pensante, éclairant le principe
vital dans l'accomplissement des actes volontaires.

Barthez, esprit essentiellement généralisa-
teur, se demande si l'âme et la force vitale ne
dépendent pas d'une cause plus générale. « Peut-
être, n'est-il pas impossible que la suite des
temps n'amène la connaissance des faits posi-
tifs qui sont ignorés aujourd'hui et qui pourront
prouver que le principe vital et l'âme pensante
sont essentiellement réunis dans un troisième
principe plus général ; et si ce cas arrive un

jour, ce sera seulement alors qu'en se confor-
mant aux règles de la vraie philosophie, on
pourra réduire ces deux causes ou facultés
occultes à une seule indiquée par l'expérience. »
Cette citation est assez singulière, si l'on se
reporte à ce que ce médecin a dit des causes,
des fictions que l'esprit humain est trop porté
à faire passer à l'état de réalité. Elle est plus
singulière encore, si l'on se rappelle ce scepticisme qu'il recommande de garder sur la
nature, l'existence, l'origine du principe vital.
D'ailleurs, si l'âme et l'en soi vital découlent
d'une même cause, ce qui peut être, les
preuves de leur existence doivent être les
mêmes, être tout aussi bien établies, car
douter de l'existence du principe vital serait
douter de l'existence de l'âme; nous ne sommes
donc pas surpris de voir M. Jaumes affirmer
que l'existence du principe vital est aussi bien
prouvée que celle de l'âme. Puis, si l'âme et
la puissance vitale émergent d'un même tronc,
d'un principe plus général, il est par trop logique que les animaux doivent posséder l'âme
spirituelle, pensante.

Periculosum credere et non credere.

Ce vers de Phèdre, cité par Barthez, peint exactement ce profond penseur. Son esprit sceptique oscille continuellement entre le doute et la croyance, la raison et la théologie. Il commence son traité de la science de l'homme par un discours préliminaire admirable et le termine par ces paroles incompréhensibles, dignes de figurer dans ces oraisons funèbres où la sonoréité des mots et des phrases s'allie à la stérilité et au vide des expressions. « La parole du Tout-Puissant, en créant les esprits, les a affranchis de la loi générale qui condamne à finir tout ce qui a commencé. Ils doivent l'immortalité de leur existence à la volonté de Dieu qui leur en renouvellera la sanction dans le moment terrible où ils verront les corps célestes se dissoudre et s'anéantir, le spectacle de la nature s'évanouir comme une ombre et le *Temps*, qui avait fait naître et périr toutes choses, être absorbé dans l'abîme de l'éternité. »

Bichat, contemporain de Barthez, rejette le principe vital, qui *n'a pas plus de réalité qu'en aurait un principe également unique qu'on supposerait présider également aux phénomènes physiques*. « Observons les phénomènes, écrit-il ;

analysons les rapports qui les unissent les uns aux autres sans remonter à leurs causes premières. » Ceci est très-bien. Malheureusement Bichat ne tient aucun compte de ses paroles ; il se contredit d'une façon déplorable. A peine a-t-il tracé ces lignes qu'il reprend : « Faisons dans la science des animaux comme les métaphysiciens modernes dans celle de l'entendement ; supposons les causes et ne nous attachons qu'à leurs grands résultats. » Aussi, notre physiologiste réalisant dans la science de l'homme ce que les métaphysiciens accomplissent dans celle de l'entendement, la psychologie (la jolie science !), crée des aperçus grandioses, admirables : la vie est un ensemble de fonctions qui résistent à la mort, fonctions dépendant de propriétés distinctes de la matière cahotique, greffées sur cet être informe par la divinité. Sensibilité organique, contractilité organique insensible, contractilité organique sensible, sensibilité animale, contractilité animale, ces cinq facultés occultes sont les causes de toutes les fonctions soit végétatives, soit animales. Quand on se rappelle la sortie de Bichat contre l'archée de Van-Helmont, l'âme de Stahl, la force vitale de Barthez, on est peiné de ces contradictions qui n'annoncent pas un esprit philosophique. Si le professeur de Montpellier avait supposé à la vie une cause, il l'a dit et n'a cessé de le répéter : c'était pour rendre plus facile l'explication des phénomènes physiologiques, pour les synthétiser, en tirer des analogies; jamais il n'a voulu donner à son entité cette existence réelle dont la négation, aujourd'hui, est une preuve d'inscience; sur sa nature, il a conservé le scepticisme le plus grand; s'il l'a personnifiée, c'était pour en parler plus à son aise. Bichat est bien loin d'avoir gardé la même réserve. Homme de conciliation, physiologiste éclectique, il admet l'irritabilité de Haller, la sensibilité de Bordeu; et si quelqu'un pouvait douter de ses assertions, il a soin de s'étayer sur la théologie, de forger une matière cahotique, d'inventer une création divine.

Dans la préface de son traité de la vie et de la mort, ce célèbre médecin a dit qu'allier la méthode expérimentale à des vues larges, philosophiques, doit être le but de tout esprit judicieux. Oui, aux vues étroites du travail doivent s'allier des idées philosophiques; la synthèse doit se marier à l'analyse, en être le couronnement. L'homme qui s'attache à la dé-

couverte de quelques faits, a certes bien de
mérite ; cependant, combien plane au - dessus
celui dont l'esprit embrasse l'universalité des
choses et se repose dans la contemplation des
lois de la nature, qui seule, comme l'a dit
Bordeu, fait le véritable médecin. Mais les vues
philosophiques, les aperçus généraux ne doivent
pas être la répétition modifiée des fictions du
passé. Or, Bichat a trop souvent été l'écho de
ces fictions ; il a trop goûté, ainsi que le lui
reproche, avec tant de raison, M. Lordat, les
hypothèses de Haller et de Bordeu ; son esprit
était trop empreint des notions théologiques.

Depuis Barthez et Bichat, la science de
l'homme n'a cessé de progresser dans des proportions merveilleuses. La science des entités,
la métaphysique, subsiste toujours, présentant
les mêmes fluctuations, offrant les mêmes oscillations, les mêmes incertitudes. Comme la théologie, sa sœur trop souvent, elle divise les intelligences. Qu'on se reporte aux étranges polémiques soulevées entre les hommes les plus
distingués que compte la médecine actuelle, on
dira si nous n'avons pas de justes griefs pour
nous prononcer contre des notions qui ont pu
avoir leur raison d'être au sortir des âges théo-

logiques, mais qui sont ridicules aux yeux de l'homme réfléchissant avec un esprit dégagé de toute espèce de préjugés, de croyances : préjugés et croyances servant d'entrave à la libre manifestation de la pensée.

FIN.

TITRES DE CHAPITRE.

www.ingramcontent.com/pod-product-compliance
Lightning Source LLC
Chambersburg PA
CBHW051518060726
47597CB00001B/102